Imasugu Tsukaeru Kantan Series

今すぐ使えるかんたん

ノートパソコン

Windows 11
Copilot 対応

改訂新版

技術評論社

本書の使い方

- 画面の手順解説（赤い矢印の部分）だけを読めば、操作できるようになる！
- もっと詳しく知りたい人は、左側の「補足説明」を読んで納得！
- これだけは覚えておきたい操作を厳選して紹介！

特長1

目的や操作ごとにまとまっているので、「やりたいこと」がすぐに見つかる！

メールを受信しよう

ここで学ぶこと

- 受信トレイ
- 同期
- 未読

「Outlook for Windows」は、使用状況に応じて自動的にメールが受信されます。また、メールが届いているか手動で確認することもできます。ここでは、メールを受信してメールの内容を表示する方法を紹介します。メッセージリストから見たいメールを選択します。

1 メールを受信する

ヒント

[受信トレイ]

受信したメールは、[受信トレイ]に入ります。[受信トレイ]のメッセージリストにあるメールの中で、まだ見ていない未読のメールは、青い印が付いています。メールを見ると未読の印が消えます。

1 [受信トレイ]をクリックします。

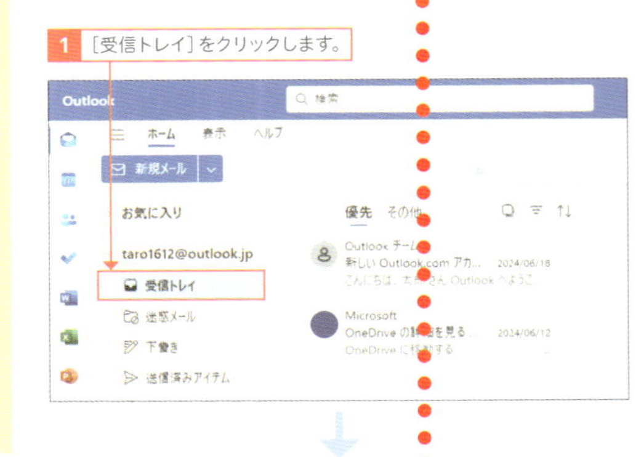

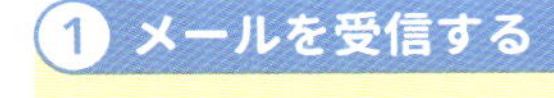

2 [同期]をクリックします。

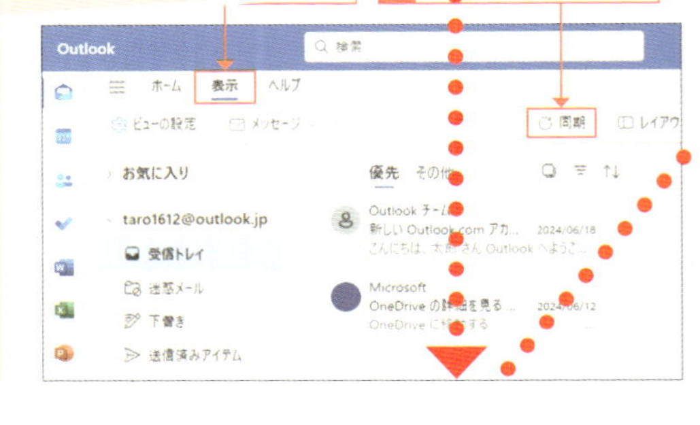

4 メールをやり取りしよう

94

特長2

赤い矢印の部分だけを読んで、パソコンを操作すれば、難しいことはわからなくても、あっという間に操作できる！

特長 3

やわらかい上質な紙を
使っているので、
開いたら閉じにくい！

●補足説明（側注）

操作の補足的な内容を側注にまとめているので、
よくわからないときに活用すると、疑問が解決！

追加解説

便利な機能

用語解説

応用操作

タッチ操作

補足 補足説明

注意 注意事項

時短 時短操作

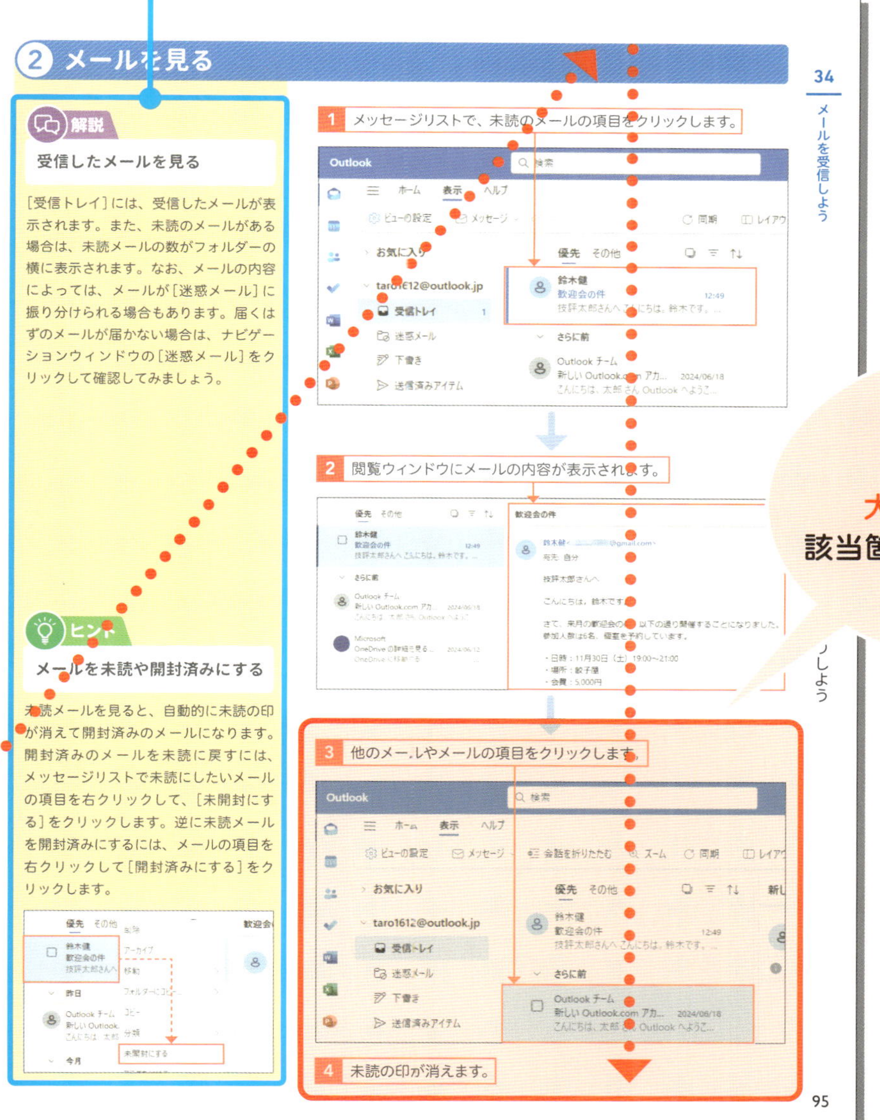

特長 4

大きな操作画面で
該当箇所を囲んでいるので
よくわかる！

目次

第2章 文字入力とファイルの操作を知ろう

第3章 インターネットを楽しもう

第4章 メールをやり取りしよう

第5章 写真や音楽を楽しもう

第6章 AIアシスタントを活用しよう

第7章 ワードでお知らせ文書を作成しよう

第8章 エクセルでお小遣い帳を作成しよう

第9章 ノートパソコンの困ったを解決しよう

付録 Appendix

ご注意：ご購入・ご利用の前に必ずお読みください

- 本書に記載された内容は、情報の提供のみを目的としています。したがって、本書を用いた運用は、必ずお客様自身の責任と判断によって行ってください。これらの情報の運用の結果について、著者および技術評論社はいかなる責任も負いません。
- ソフトウェアに関する記述は、特に断りのない限り、2024年10月現在での最新バージョンをもとにしています。ソフトウェアやWebサービスはアップデートされる場合があり、本書での説明とは機能内容や画面図などが異なってしまうこともあり得ます。あらかじめご了承ください。
- 本書は、以下のOSおよびアプリ上で動作確認を行っています。ご利用のOSおよびアプリによっては手順や画面が異なることがあります。あらかじめご了承ください。

・Windows 11 Home
・Excel 2024
・Word 2024

以上の注意事項をご承諾いただいた上で、本書をご利用願います。これらの注意事項をお読みいただかずに、お問い合わせいただいても、技術評論社は対応しかねます。あらかじめご承知おきください。

第 1 章

ノートパソコンをはじめよう

Section

01 ノートパソコンでできることを知ろう

ここで学ぶこと

- ノートパソコン
- Windows11
- OS（基本ソフト）

本書では、Windows 11という基本ソフト（OS）が入っているノートパソコンの操作を紹介します。Windows 11には、あらかじめさまざまなアプリが入っていますので、インターネットやメールなどをすぐに楽しめます。まずは、ノートパソコンでできることを知りましょう。

1 ノートパソコンについて

重要用語

ノートパソコン

ノートパソコンとは、画面やキーボード、本体が一体化しているパソコンです。一般的なノートパソコンは、蓋を開けるとキーボードが現れ、蓋の裏にディスプレイが付いています。ノートパソコンは、デスクトップ型のパソコンと同様のことができます。

重要用語

Windows 11

Windows 11とは、パソコンの基本ソフト（OS）の1つです。基本ソフトとは、パソコンでさまざまな操作をするときの土台となるソフトです。目的別に作成されたアプリというソフトを快適に動かしたり、マウスやプリンターなどパソコンの周辺機器を使用できる環境を整えたりするソフトです。

Windows 11には、さまざまなアプリが入っています。

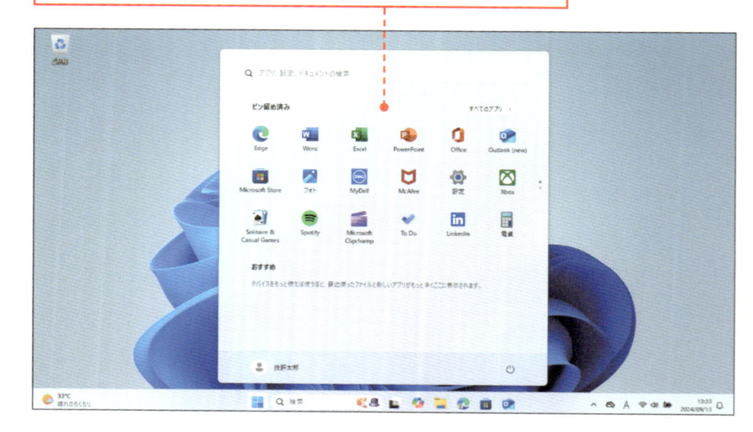

2 インターネットやメールをすぐに楽しめる

Windows 11付属のさまざまなアプリを使用できる

Windows 11には、インターネットを見るアプリや、メールのやり取りをするアプリ、写真を整理・閲覧するアプリ、音楽を取り込んで楽しむアプリなどがすでに入っています。本書では、第2章から第5章でWindows付属のさまざまなアプリを紹介します。

市販のアプリも利用できる

Windows 11に対応している市販のアプリを追加して利用できます。なお、ノートパソコンによっては、一般的に広く利用されている「Office」アプリなどの市販のアプリがあらかじめ入っています。自分のノートパソコンにどのようなアプリが入っているか確認してみましょう。「Office」アプリについては、第7章と第8章で紹介します。

生成AIの機能も利用できる

Windows 11では、音声や文章で質問したことなどに答えてくれるCopilotを利用できます。Copilotは、生成AIの技術を利用した機能です。第6章で紹介します。

「Microsoft Edge」アプリで、インターネットのホームページを閲覧できます。

「Outlook for Windows」アプリで、メールをやり取りできます。

「フォト」アプリで、写真を管理できます。写真を編集することもできます。

Section

02 ノートパソコンの各部名称を知ろう

ここで学ぶこと

- タッチパッド
- マウス
- キーボード

ノートパソコンを使用する前に、ノートパソコンの各部名称と役割を確認しておきましょう。画面を表示するディスプレイが見える状態にして、電源の位置や、ノートパソコンにさまざまな周辺機器を接続するための接続口の位置などを確認します。

1 ノートパソコンの各部名称

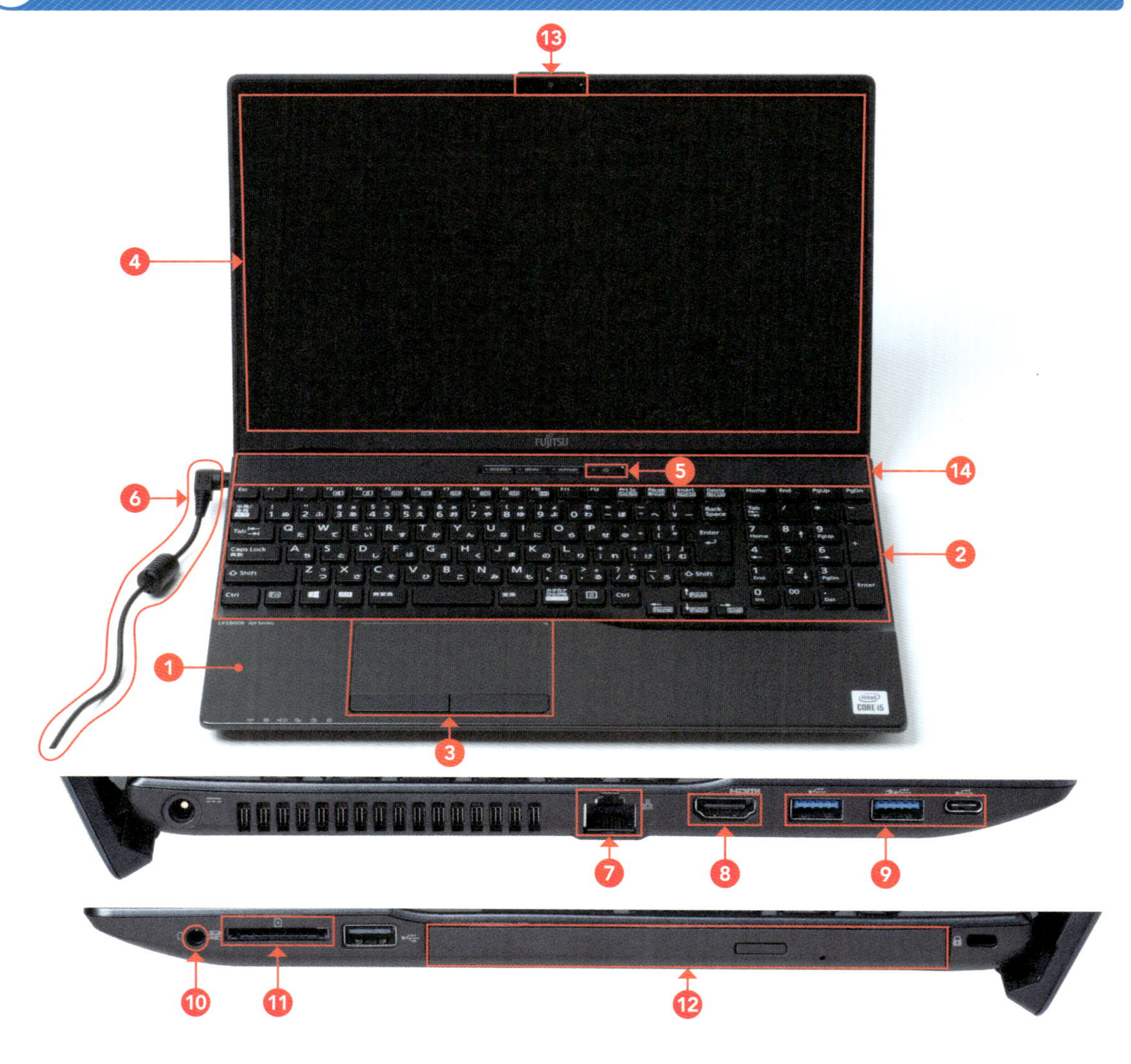

各部の役割

注意

ノートパソコンによって各部の場所は異なる

ノートパソコンの前面や左右、後ろにあるさまざまな接続口の位置や数、またその有無は、ノートパソコンの機種によって異なります。お使いのノートパソコンの説明書と合わせて確認してください。

補足

タッチパネル

タッチパネルとは、画面をタッチしてパソコンを操作できるタイプの画面のことです。タッチ操作が可能かどうかは、ノートパソコンの機種によって異なります。なお、本書では、タッチパッド、マウスを使った操作のみ解説します。

❶ 本体

パソコンの本体です。パソコンでさまざまな処理を行う装置や、データを保存するドライブなどが入っています。

❷ キーボード

文字を入力したりするキーが並んでいます。

❸ タッチパッド

ノートパソコンに指示をするときに使います。マウスの代わりに利用できます。

❹ ディスプレイ

ノートパソコンの画面です。タッチパネル対応のディスプレイの場合は、画面をタッチしてパソコンを操作できます。

❺ 電源ボタン

電源ボタンを押して電源をオンにします。

❻ ケーブル

電源ケーブルです。

❼ LANコネクタ

インターネットに接続するケーブルを挿すところです。なお、多くのノートパソコンには、ケーブルが必要ない無線LAN機能が搭載されています。

❽ HDMIコネクタ

ノートパソコンの画面をテレビなどに映すときに、HDMIケーブルを挿すところです。テレビ以外に、モニターやプロジェクターなどに映すこともできます。

❾ USBコネクタ

ノートパソコンとUSBに対応した周辺機器を接続するときに、USBケーブルを挿すところです。USBとは、パソコンと周辺機器を接続するための規格の1つです。Type-A（大きいもの）やType-C（小さいもの）などの種類があります。

❿ ヘッドフォンマイク端子

ヘッドフォンやヘッドフォンマイクのケーブルを挿すところです。

⓫ SDカードスロット

写真や文書などのファイルを保存するSDカードを挿すところです。

⓬ 光学ドライブ

BD／DVD／CDなどの光学ディスクをセットするところです。パソコンによっては、搭載されていない場合もあります。

⓭ 内蔵マイク&Webカメラ

ノートパソコンで音声通話やテレビ電話をするときに使うマイクやカメラです。

⓮ スピーカー

音を出すところです。

Section

03 ノートパソコンの電源を入れよう

ここで学ぶこと

- 電源ボタン
- ロック画面
- デスクトップ

ノートパソコンの電源が入っていない状態から、電源を入れて使える状態にすることを、「ノートパソコンを起動する」といいます。16ページを参考に電源ボタンを押して、ノートパソコンを起動しましょう。

1 電源ボタンを押す

解説

電源を入れる

ノートパソコンの電源ボタンを押して起動します。ノートパソコンのバッテリーが充電されているときは、電源ケーブルを接続しなくても、起動して使用できます。電源が入らない場合で、電源ケーブルが接続されていない場合はノートパソコンのバッテリーが切れている可能性があります。電源ケーブルを接続して電源を入れてみましょう。

重要用語

ロック画面

ロック画面とは、パソコンを一定時間使用しなかったり、パソコンを起動したりするときに表示される画面です。パソコンを誰かに勝手に使用されないようにするには、ロック画面を解除するときにパスワードが求められるように設定します。パスワードの設定については、232ページを参照してください。なお、ロック画面として表示される画面の絵柄は変更できますので、ここで紹介している画面とは異なる場合があります。

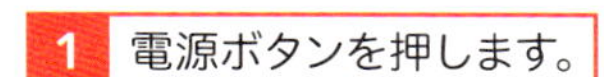
1 電源ボタンを押します。

2 ロック画面が表示されたら、いずれかのキーを押します。

17:24
6月12日 (水)

② ノートパソコンを起動する

解説

パスワードを入力する

パソコンにパスワードを設定しているときは、起動するときにパスワードを入力します。なお、Windows 11を使用するには、ローカルアカウントかMicrosoftアカウントを使用します。どちらを使用するのかによって表示される画面の内容は若干異なります。アカウントについては、230ページを参照してください。なお、ここではMicrosoftアカウントを使用して解説します。

補足

デスクトップの背景画像

デスクトップに表示される絵柄や写真は変更できます。そのため、ここで紹介している画面の絵柄と異なる場合があります。また、お使いのパソコンのメーカーに応じてさまざまなアプリが表示される場合もあります。

補足

PINの設定画面が表示された場合

PINとは、パソコンにサインインするときに、パスワードの代わりに使う暗証番号です。手順1の後で、次のような画面が表示されたら、PINを設定できます。PINを設定しない場合は、画面右上の［閉じる］をクリックします。

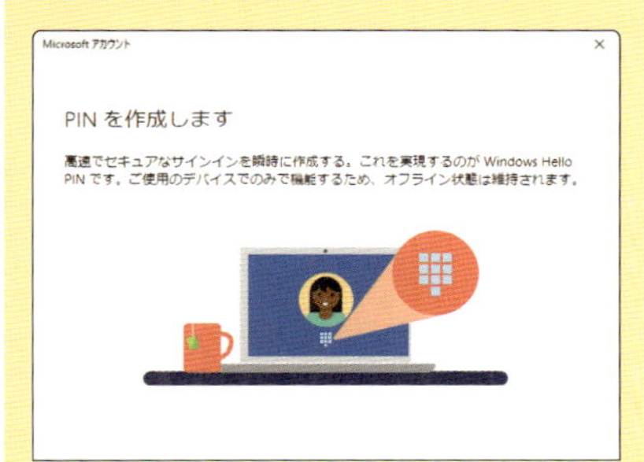

1 この画面が表示されたら、ここをクリックします。

2 ここをクリックして、パスワードを入力し、

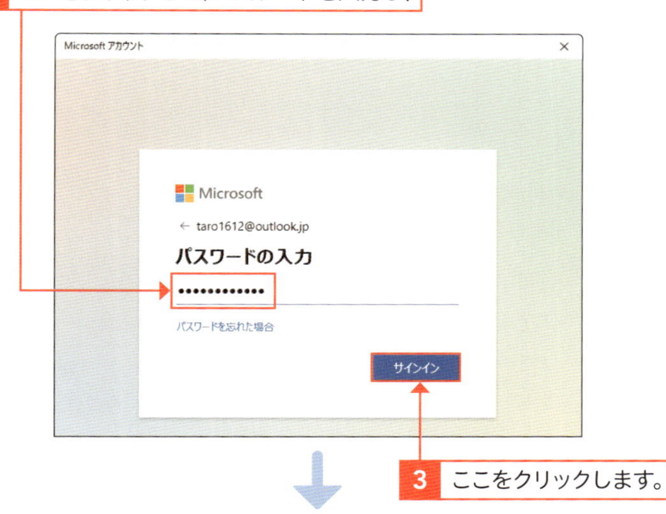

3 ここをクリックします。

4 パソコンが起動してデスクトップの画面が表示されます。

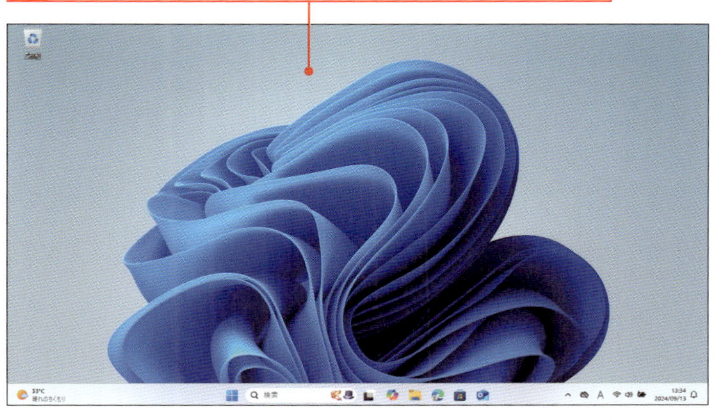

Section

04 Windows 11の画面構成を知ろう

ここで学ぶこと

- デスクトップ
- [スタート]ボタン
- タスクバー

Windows 11を起動したときに表示されるデスクトップの画面各部の名称や役割を知っておきましょう。ここで紹介する[スタート]ボタンやタスクバーなどの用語は、本書の中でも頻繁にでてきますので、覚えておきましょう。背景の画像などは、お使いのパソコンによって異なる場合があります。

1 デスクトップについて

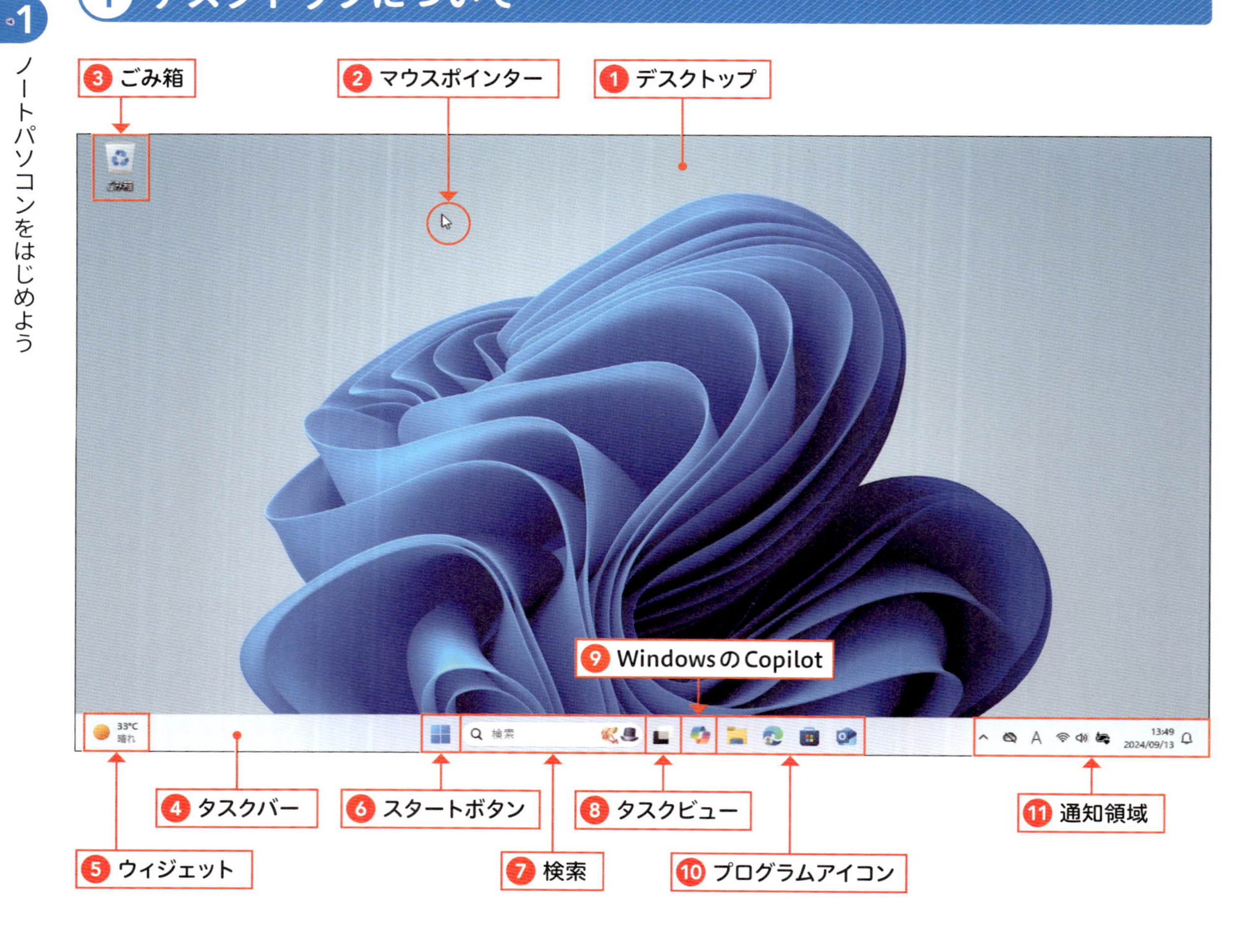

② 各部の名称と役割

プログラムアイコンは追加できる

タスクバーには、アプリをすばやく起動するためのプログラムアイコンを追加できます。199ページを参照してください。

通知

通知領域の左端には、パソコンからお知らせのメッセージが表示される場合があります。メッセージをクリックすると、詳細を確認したり設定画面が表示されたりします。

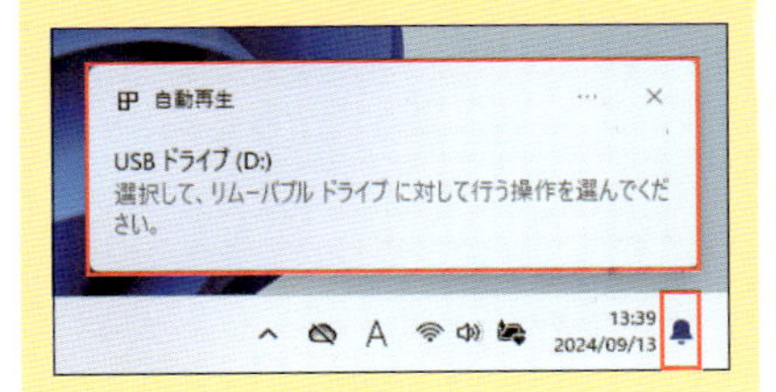

❶ **デスクトップ**
パソコンを起動した直後に表示される画面です。パソコンで作成したファイルやアプリを起動するアイコンなどを置くこともできます。さまざまな作業を行う机の上と思ってください。

❷ **マウスポインター**
パソコンに指示をするときに操作対象の位置を示す印です。形は、マウスポインターの移動先によって変わります。

❸ **ごみ箱**
削除したファイルが入るところです。

❹ **タスクバー**
開いているアプリのアイコンなどが表示されるところです。

❺ **ウィジェット**
天気やニュースなど、そのときどきに応じた情報などを表示する画面を開きます。

❻ **スタートボタン**
パソコンで何か操作を始めるときに使います。さまざまなアプリを起動したりします。

❼ **検索**
保存先がわからなくなったファイルを検索するときなどに使います。アプリや設定画面を検索して開いたり、インターネットの情報を検索したりもできます。

❽ **タスクビュー**
作業中のアプリを切り替えるときなどに使います。

❾ **Windows の Copilot**
Copilot in Windows を表示するアイコンです。

❿ **プログラムアイコン**
よく使うアプリをすばやく起動するためのアイコンです。

⓫ **通知領域**
日付や時刻が表示されるほか、スピーカーの音量やネットワーク接続の状況、バッテリーの残量などが表示される領域です。^ をクリックすると、隠れている内容を表示できます。

マウスポインターの形について

マウスポインターの形は、ほとんどの場合は ですが、マウスポインターがある場所によって異なります。たとえば、次のような形に変わることがあります。

  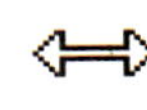 

Section 05

タッチパッドとマウスの使い方を知ろう

ここで学ぶこと

- タッチパッド
- マウス
- タッチパネル

パソコンにさまざまな指示をするときに使用するタッチパッドやマウスの使い方を確認しておきましょう。マウスポインターを移動してクリックやダブルクリック、ドラッグ操作などを練習します。ごみ箱を選択したり、ごみ箱の中を見たり、ごみ箱を移動したりしてみましょう。

1 タッチパッドの各部名称と操作

補足

タッチパッドにボタンがない場合

ノートパソコンによっては、タッチパッドの下にボタンがない場合もあります。その場合、クリックは左下、右クリックは、右下を押します。

注意

機種によって操作は異なる

ノートパソコンの機種によっては、タッチパッドではなく、キーボードの中央付近に埋め込まれたボタンのようなものでマウスポインターを移動するものもあります。タッチパッドやボタンの操作は、ノートパソコンの機種によって異なりますので、お使いのノートパソコンの説明書などと合わせて確認してください。

タッチパッド

マウスポインターの移動

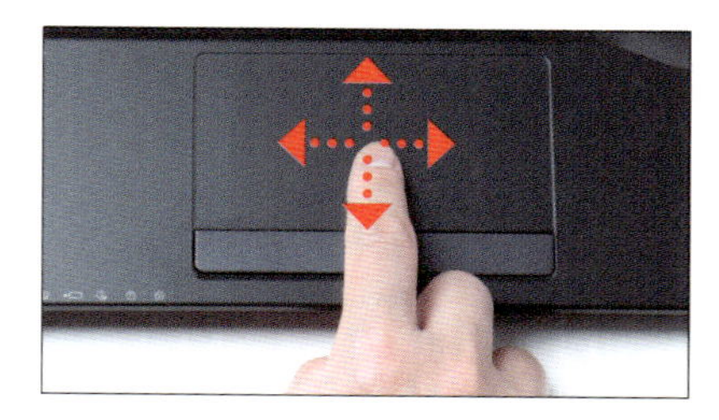

タッチパッドの上で指を動かすと、マウスポインターが移動します。

クリック

タッチパッドの左下を1回押します。または、タッチパッドの上を軽くたたきます。

解説

パソコンに指示を出す方法

ノートパソコンを操作するには、タッチパッドやマウスなどを使ってノートパソコンに指示をします。クリックやダブルクリックなどの操作は、次のような場面で使用します。

操作	内容
マウスポインターの移動	マウスやタッチパッドでマウスポインターを動かして指示をする場所を指定します。
クリック	何かを選択したり、文字を入力するカーソルを表示したりするときに使います。
ダブルクリック	アプリのウィンドウを開いたり、ファイルを開いたりするときに使います。
ドラッグ	配置を変更したり、移動したりするときに使います。
右クリック	その場所で行う操作を選択するショートカットメニューを表示するときなどに使います。
右ドラッグ	配置を変更したり移動したりしたあとに、ショートカットメニューを表示して操作方法を選択するときなどに使います。
スライド(タッチパッド)／ホイールの回転(マウス)	画面をスクロールするときなどに使用します。スクロールとは、ウィンドウ内の画面を動かして画面の見えていない場所を表示することです。

ダブルクリック

タッチパッドの左下を2回押します。または、タッチパッドの上を軽く2回たたきます。

ドラッグ

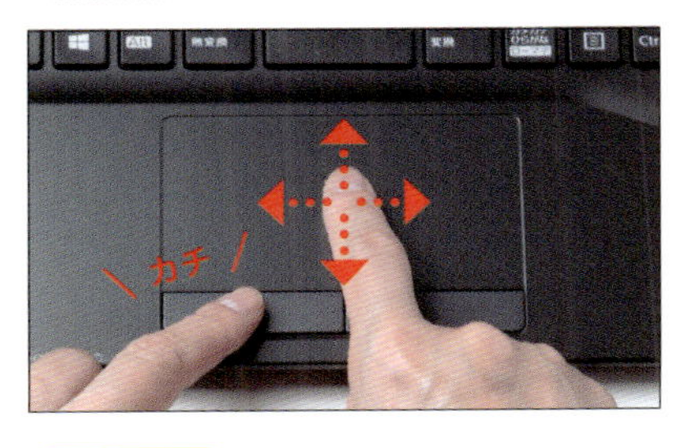

指でタッチパッドの左下を押したまま、別の指をタッチパッドの上で動かします。または、タッチパッドの上を軽く2回叩きそのままタッチパッドに指をつけたまま動かします。

右クリック

タッチパッドの右下を1回押します。

右ドラッグ

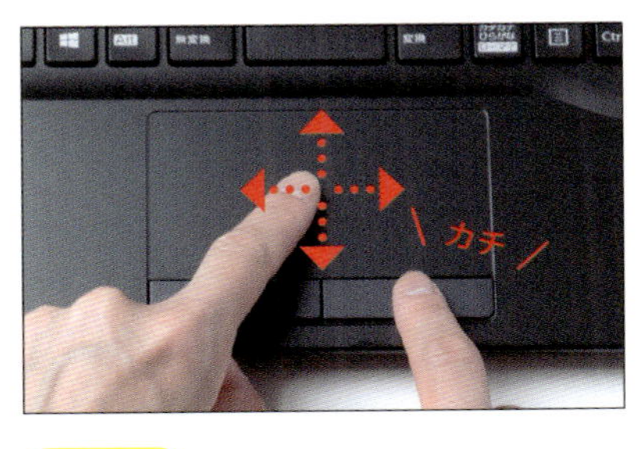

指でタッチパッドの右下を押したまま、別の指をタッチパッドの上で動かします。または、指でタッチパッドの右下を押したまま、タッチパッドの上を軽く2回叩きそのままタッチパッドに指をつけたまま動かします。

スライド

タッチパッドの上で人差し指と中指を上下左右に動かします。

② マウスの各部名称と操作

解説

マウスを使用する

16ページで紹介したように、ほとんどのノートパソコンは、マウスの代わりにタッチパッドなどを使って操作を行えますが、パソコン初心者の場合は、タッチパッドよりもマウスの方が便利です。マウスが付属していない場合は、Windows 11対応のUSBで接続できるマウスなどを購入して使用するとよいでしょう。マウスには有線のタイプや無線のワイヤレスのタイプがあります。

ヒント

マウスの持ち方

マウスを持つときは、左ボタンの上に人差し指、右ボタンの上に中指を置きます。また、ホイールを操作するときは、人差し指で操作します。手首は机の上に付けたままにして、手首の位置はずらさずに、マウスを軽く握って操作しましょう。

マウス

マウスポインターの移動

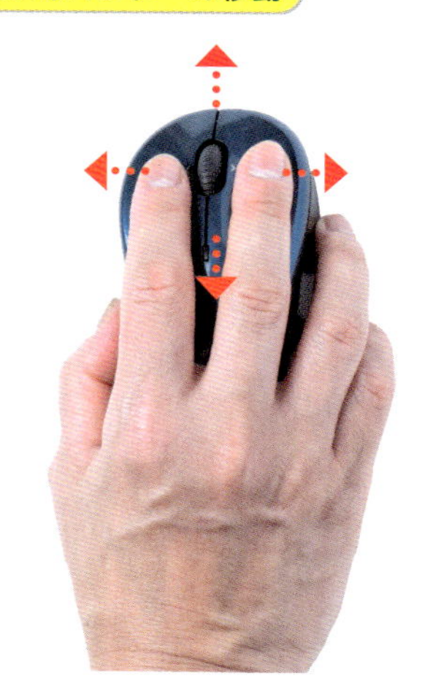

マウスを動かすと画面のマウスポインターが連動して動きます。

クリック

マウスの左ボタンを1回押します。

ヒント

複数のボタンがある

マウスによっては、左ボタンと右ボタン以外にもボタンがある場合もあります。その場合、頻繁に使用する操作をボタンに割り当てて利用することもあります。

解説

タッチパネルで操作する

タッチパネルに対応しているノートパソコンでは、画面を触って指示をすることができます。次のような操作ができます。

操作	内容
タップ	画面をタッチします。クリックにあたります。アイコンを選択したりするときに使用します。
ダブルタップ	画面を2回連続してタッチします。ダブルクリックにあたります。ウィンドウを開いたり、ファイルを開いたりするときに使います。
スライド	画面をタッチしたまま指を動かします。ドラッグにあたります。画面をスクロールするときなどに使用します。
スワイプ	画面をタッチしたまま指先を払うように動かします。メニューを表示したりするときに使用します。
長押し	画面をタッチしたままにします。右クリックにあたります。ショートカットメニューを表示したりするときに使用します。
ピンチ	2本の指を開いて画面にタッチしてつまむように指を近づけます。画面を縮小して表示するときなどに使用します。
ストレッチ	2本の指を閉じて画面にタッチして指を広げます。画面を拡大して表示するときなどに使用します。

ダブルクリック

マウスの左ボタンを2回押します。

ドラッグ

マウスの左ボタンを押しながらマウスを動かします。

右クリック

マウスの右ボタンを1回押します。

右ドラッグ

マウスの右ボタンを押しながらマウスを動かします。

回転

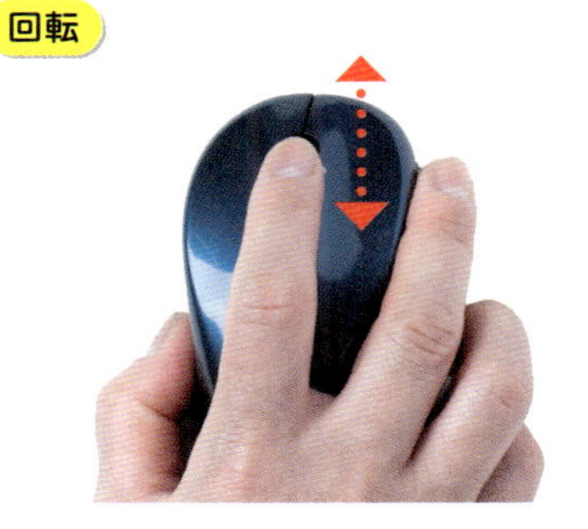

ホイールを上下に動かします。

3 マウスポインターを移動する

マウスポインターが見当たらない

マウスポインターが見当たらない場合は、タッチパッドの上で指を小刻みに動かしてみましょう。マウスの場合はマウスを左右に小刻みに動かします。そうすると、マウスポインターの位置がわかりやすくなります。

1 マウスを動かすか、タッチパッドの上で指を動かします。

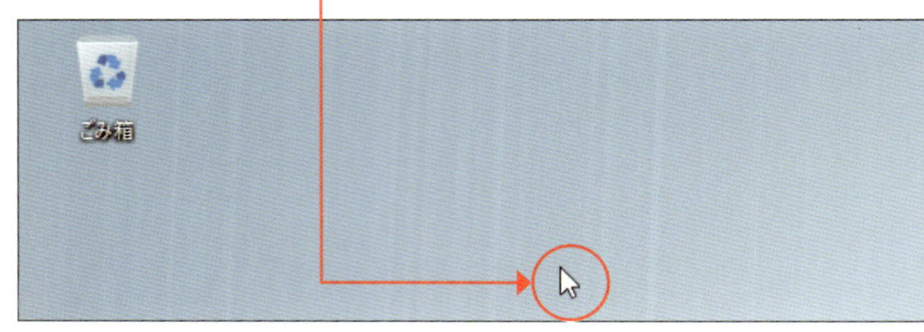

2 ごみ箱の上に移動します。

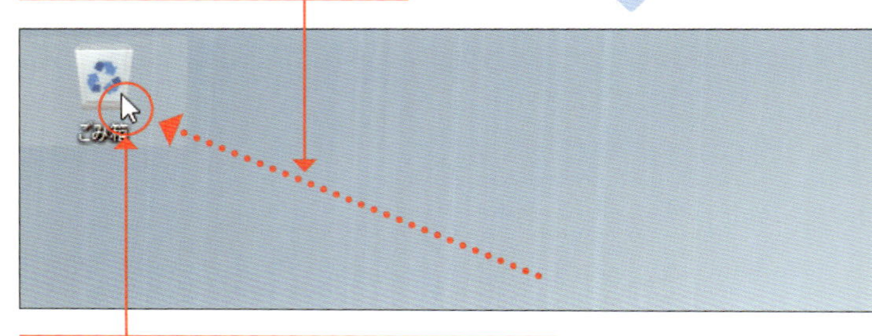

3 マウスポインターの位置が変わります。

4 クリックする

ヒント

右クリックする

右クリックは、その場所から行う操作を選択するショートカットメニューを表示するときに使います。ごみ箱を右クリックすると、ショートカットメニューが表示されます。ショートカットメニューの外の何もないところをクリックすると、ショートカットメニューが消えます。

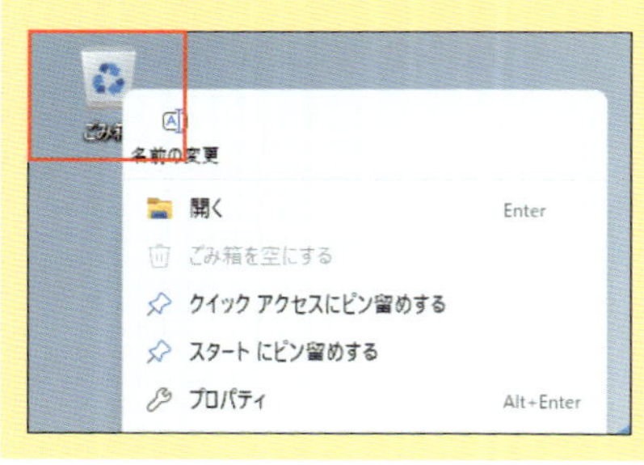

1 ごみ箱にマウスポインターを移動します。

2 ごみ箱の上でクリックします。

3 ごみ箱が選択されます。

4 ごみ箱以外の何もないところをクリックして、選択を解除します。

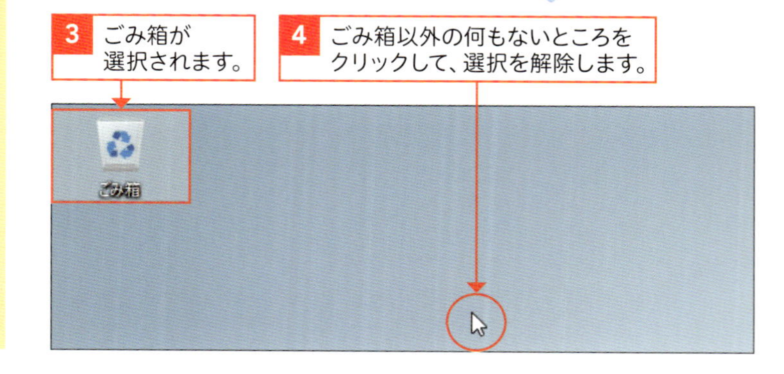

5 ダブルクリックする

解説

ごみ箱を開く

ごみ箱をダブルクリックしてごみ箱のウィンドウを開きます。ウィンドウを閉じるには、[閉じる]をクリックします。ウィンドウの操作については、38〜41ページで紹介します。

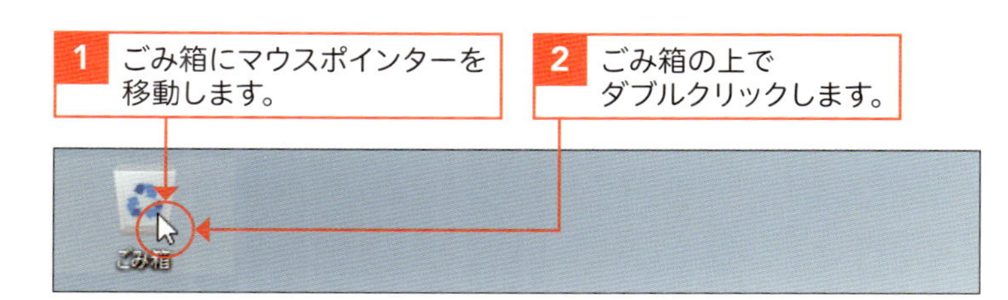
1 ごみ箱にマウスポインターを移動します。
2 ごみ箱の上でダブルクリックします。
ごみ箱

3 ごみ箱のウィンドウが開いて、ごみ箱の中身が表示されます。
ごみ箱
ホーム
ギャラリー
名前
元の場所
このフォルダーは空です。
4 [閉じる]をクリックして、ごみ箱のウィンドウを閉じます。

6 ドラッグする

ヒント

右ドラッグする

右ドラッグは、何かの配置を変更したり移動したりするときに、移動先で操作の詳細を選択するときなどに使います。ごみ箱を右ドラッグすると、右ドラッグ先でショートカットメニューが表示されます。操作をキャンセルする場合は、[キャンセル]をクリックします。

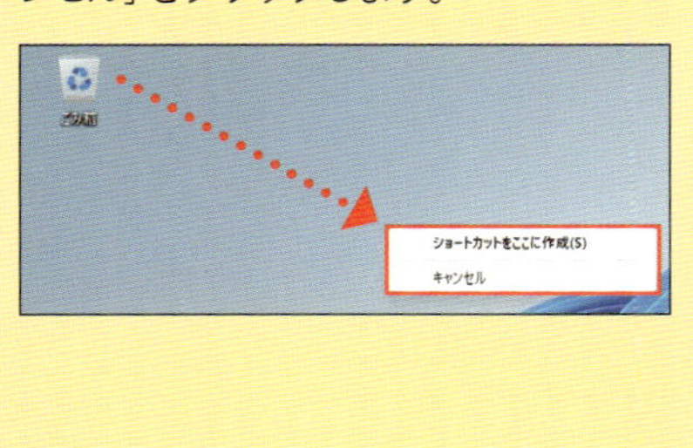
ショートカットをここに作成(S)
キャンセル

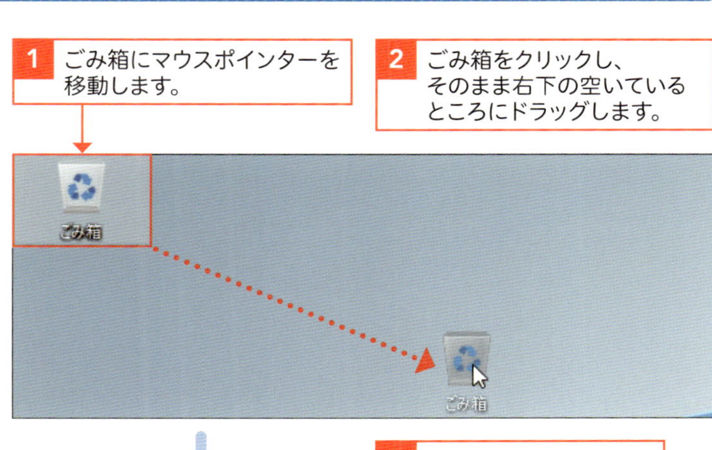
1 ごみ箱にマウスポインターを移動します。
2 ごみ箱をクリックし、そのまま右下の空いているところにドラッグします。
ごみ箱
ごみ箱

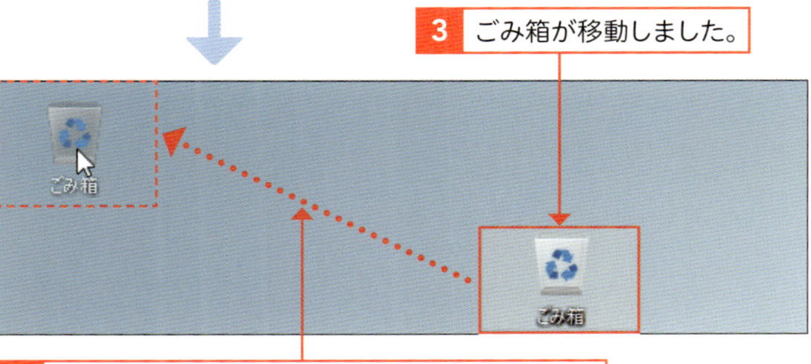
3 ごみ箱が移動しました。
ごみ箱
ごみ箱
4 ごみ箱をクリックし、元の位置にドラッグします。

Section

06 スタートメニューを使おう

ここで学ぶこと

- ［スタート］ボタン
- スタートメニュー
- すべてのアプリ

パソコンで何か操作を始めるときには、［スタート］ボタンをクリックしてスタートメニューから操作を選ぶことが多くあります。ここでは、スタートメニューの表示方法を紹介します。スタートメニューは、頻繁に使用しますので、画面構成も覚えましょう。

1 ［スタート］ボタンをクリックする

解説

スタートメニューを表示する

スタートメニューを表示するには、［スタート］ボタンをクリックします。スタートメニューで操作を選択すると、スタートメニューは自動的に閉じます。間違って表示したスタートメニューを閉じるには、スタートメニューの外の何もないところをクリックします。

ショートカットキー

スタートメニューの表示

スタートメニューを開くには、⊞キーを押す方法もあります。もう一度、⊞キーを押すと、スタートメニューが閉じます。

1 ［スタート］ボタンをクリックします。

2 スタートメニューが表示されます。

② スタートメニューについて

すべてのアプリ

スタートメニューの［すべてのアプリ］をクリックすると❶、アプリの一覧が表示されます。元の画面に戻るには、［戻る］をクリックします❷。また、［おすすめ］欄に［その他］が表示された場合、［その他］をクリックするとその他のおすすめが表示されます。

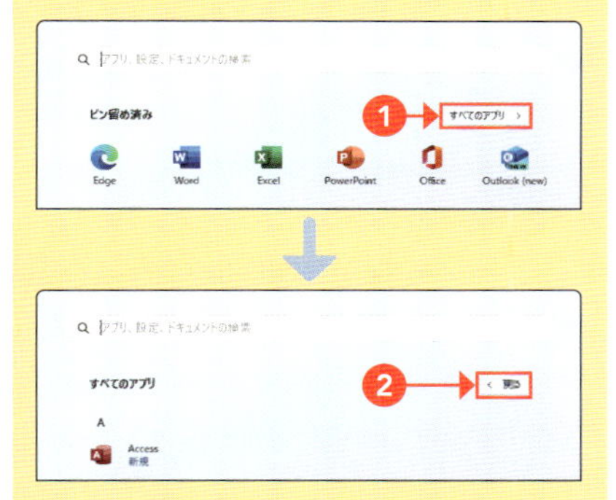

時短 アプリを検索する

スタートメニューの検索欄にアプリの名前や名前の一部を入力すると、該当するアプリが表示されます。アプリのアイコンをクリックすると、アプリを起動できます。

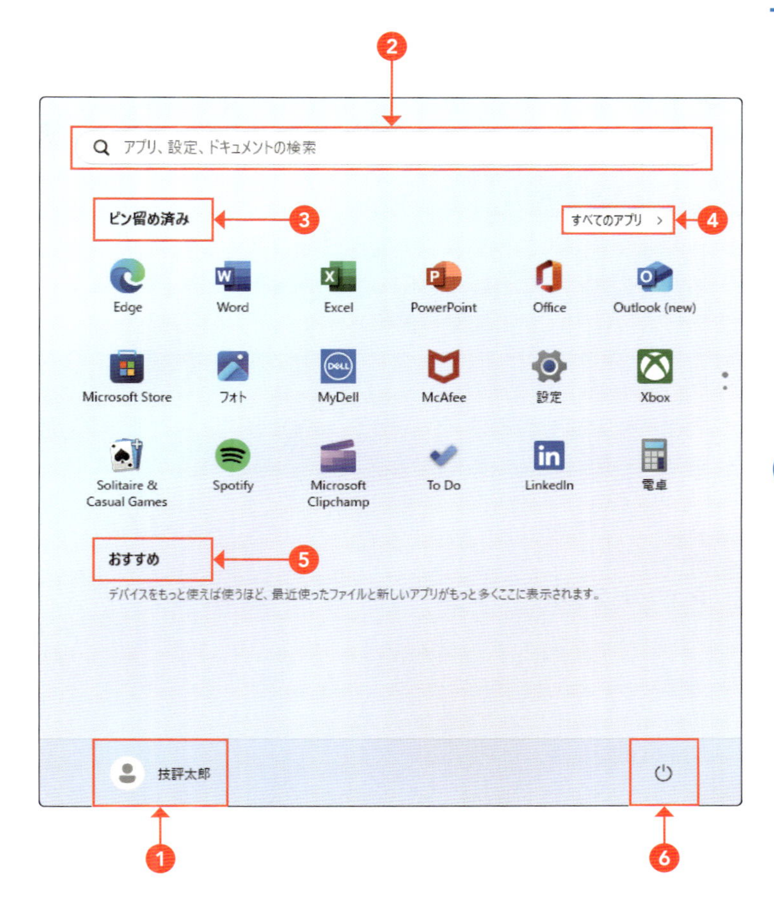

❶ **アカウント**
パソコンを使用しているアカウント名が表示されます。ここをクリックすると、アカウント情報を確認したり、アカウントの設定を変更する画面を開いたりできます。

❷ **検索**
アプリやパソコン内のファイルを検索するときに使います。

❸ **ピン留め済み**
アプリが起動しやすいように、固定表示されたアプリのアイコンが並ぶところです。

❹ **すべてのアプリ**
パソコン内のアプリの一覧を表示します。

❺ **おすすめ**
過去に使用したアプリやファイルなどが自動的に表示されます。

❻ **電源**
パソコンの電源をオフにしたり、省電力モードに切り替えたりするときに使います。

Section
07 ノートパソコンを終了しよう

ここで学ぶこと
- スタートメニュー
- シャットダウン
- スリープ

ノートパソコンの操作を終えたら、正しい手順で電源をオフにします。なお、パソコンの電源をオフにする前には、保存していないデータがないかどうか確認し、必要に応じてデータを保存しておきましょう。また、使用中のアプリなどを閉じてから操作します。

1 シャットダウンする

重要用語

シャットダウン

シャットダウンとは、パソコンを終了して電源を切ることです。シャットダウンする前には、必要なファイルを保存して使用中のアプリを閉じておきましょう。

ヒント

スリープ状態にする

ノートパソコンの使用を中断するときは、省電力モードのスリープ状態にしておきましょう。バッテリーの残量が無駄に減ってしまうのを抑えられます。それには、手順3で[スリープ]をクリックする方法や、電源ボタンを押す方法があります。

1 [スタート]ボタンをクリックします。

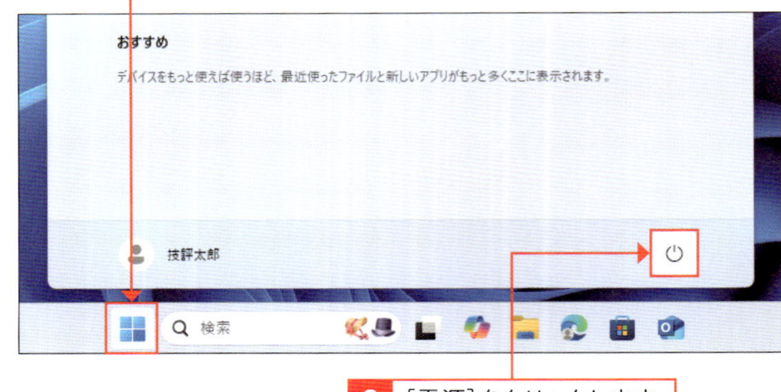

2 [電源]をクリックします。

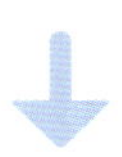

3 [シャットダウン]をクリックします。

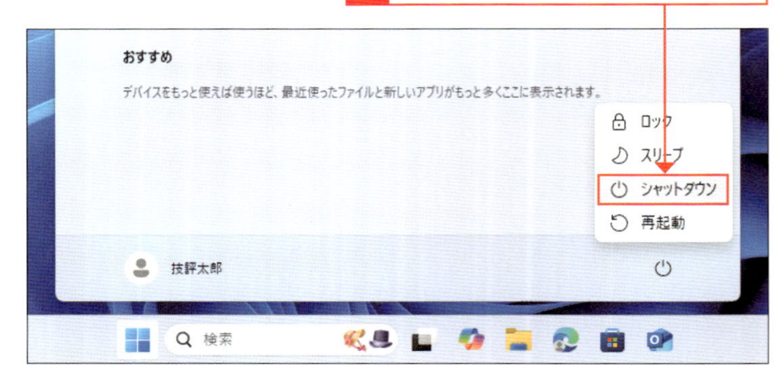

4 電源がオフになり画面が真っ暗になります。

2 ノートパソコンを再起動する

解説

再起動する

パソコンに更新プログラムをインストールした場合や、新しいアプリをインストールした場合に、パソコンの再起動を促される場合があります。その場合は、スタートメニューからパソコンを再起動できます。

1 ［スタート］ボタンをクリックします。

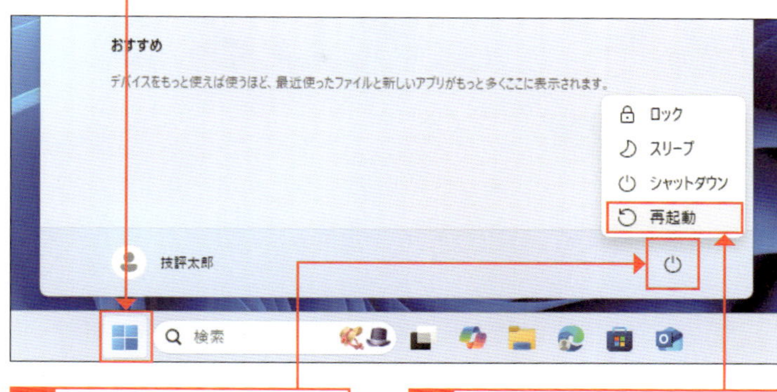

2 ［電源］をクリックします。

3 ［再起動］をクリックします。

4 パソコンが再起動します。

5 次の画面が表示されたらいずれかのキーを押します。

6 次の画面が表示されたら19ページの方法でサインインします。

ヒント

パスワードを設定する

パソコンを誰かに勝手に操作されることを防ぐには、パソコンを起動するときや、ロック画面を解除するときなどにパスワードの入力が求められるようにしておくとよいでしょう。ローカルアカウントでパスワードを設定する方法は、232ページを参照してください。

Section

08 インターネットに接続しよう

ここで学ぶこと

- インターネット
- プロバイダー
- Wi-Fi

ノートパソコンをインターネットに接続できるようにしましょう。自宅でインターネットに接続するための一般的な方法は、インターネット接続業者（プロバイダー）と契約して接続できるようにする方法です。ここでは、プロバイダーとの契約が済んでいることを想定して紹介します。

1 自宅でインターネットに接続する

重要用語

プロバイダー

プロバイダーとは、インターネットに接続する環境を整えるインターネット接続業者のことです。通信会社や電話会社、電力会社やパソコンメーカーなどが、プロバイダーのサービスを提供しています。

重要用語

Wi-Fi

無線でインターネットに接続するには、一般的にWi-Fiというネットワークを使用します。Wi-Fiとは、無線通信規格の1つです。

解説

自宅でWi-Fiに接続する

ここでは、自宅に設置したWi-Fiルーターを使用してWi-Fiに接続する方法を紹介しています。Wi-Fiルーターの説明書を見て、接続するネットワークの名前やパスワードを事前に確認しておきましょう。

有線で接続する

ネットワークに接続するLANケーブルをノートパソコンにつないでインターネットに接続する方法です。ルーターとLANコネクタ（16ページ参照）をLANケーブルで接続します。

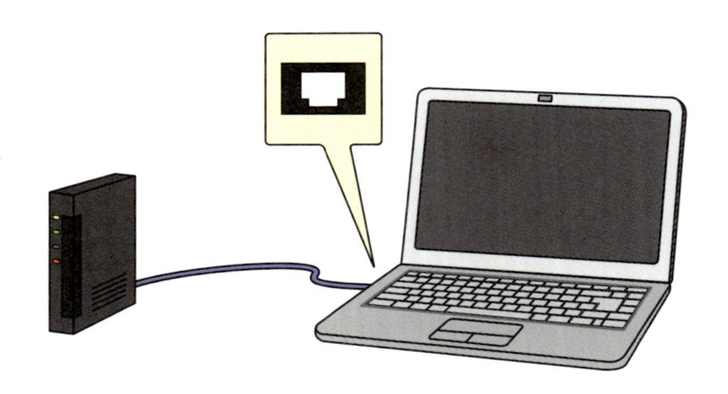

無線で接続する

Wi-Fiという無線のネットワークを使用してインターネットに接続する方法です。次のページで紹介します。

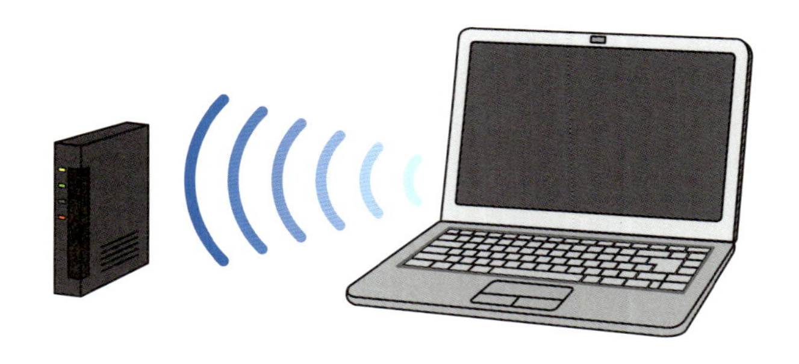

②Wi-Fiに接続する準備をする

ヒント

Wi-Fiがオフになっている場合

Wi-Fiがオフになっている場合は、ネットワークのアイコンをクリックして❶、[Wi-Fi]をクリックします❷。

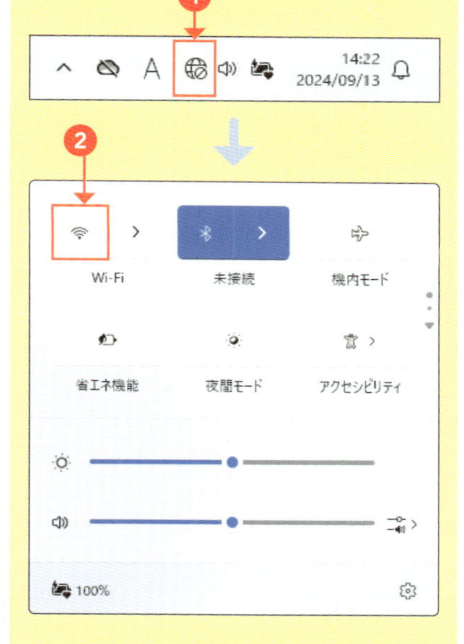

注意

似たような名前が表示される

Wi-Fiには、速度や電波の届きやすさなどによって複数の規格があります。多くのWi-Fiルーターは、複数の規格に対応しているため、Wi-Fiに接続しようとすると、似たような名前がいくつか表示される場合があります。どれに接続すればよいかは、接続する機器や場所などによって異なりますので、Wi-Fiルーターの説明書を参照してください。

3 Wi-Fiに接続する

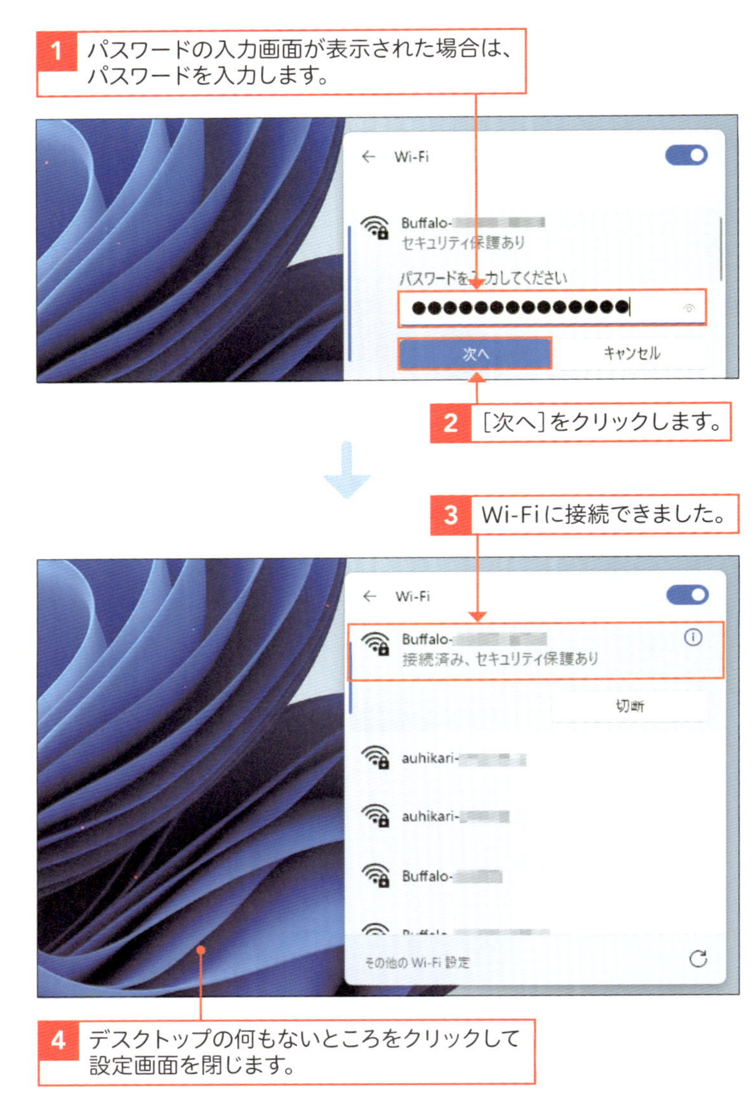

ヒント Wi-Fiをオフにする

Wi-Fiに接続する機能をオフにするには、タスクバーのネットワークのアイコン をクリックし❶、ネットワーク設定のWi-Fiをクリックします❷。

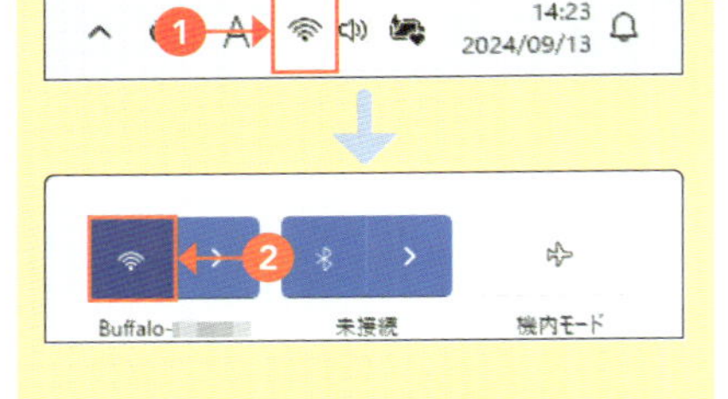

補足 Wi-Fi接続機能がない場合

多くのノートパソコンには、Wi-Fi接続機能が搭載されています。Wi-Fi接続機能のないパソコンでWi-Fiを利用するには、Wi-Fiに接続する無線LANアダプターなどの機器を使用する方法があります。

3 Wi-Fiに接続できました。

4 デスクトップの何もないところをクリックして設定画面を閉じます。

ヒント Wi-Fiの接続を切断する

Wi-Fiの接続を切断するには、タスクバーのWi-Fiのアイコン を クリックし❶、Wi-Fiのアイコンの横をクリックします❷。接続しているネットワークの項目をクリックして、［切断］をクリックします❸。

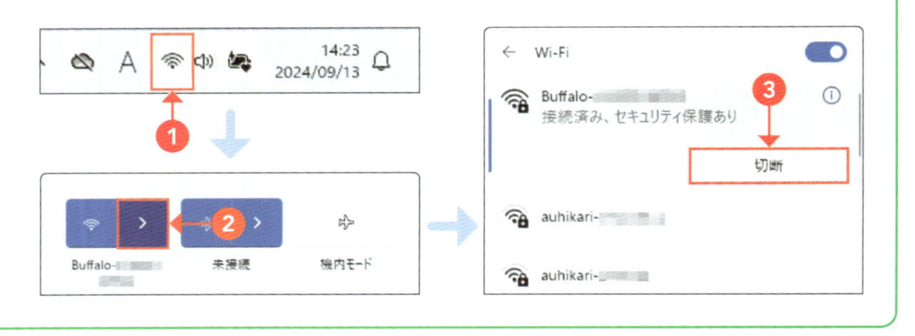

第 2 章

文字入力とファイルの操作を知ろう

Section

09 アプリを起動しよう

ここで学ぶこと

- [スタート] ボタン
- スタートメニュー
- メモ帳

Windows 11には、あらかじめ複数のアプリが入っています。ここでは、Windows 11に入っている「メモ帳」というアプリを起動してみましょう。「メモ帳」は、その名のとおりメモを書いたり、その内容を保存したりできるアプリです。スタートメニューからアプリを起動します。

1 スタートメニューを表示する

重要用語

アプリ

アプリとは、目的別に作成されたソフトのことです。Windowsには、複数のアプリが入っています。また、必要に応じて市販のアプリを購入してインストールすることもできます。その場合は、Windows 11に対応したアプリを購入します。

時短

アプリを素早く起動するには

頻繁に使用するアプリを素早く起動するには、タスクバーにそのアプリを起動するアイコンを表示しておく方法があります。199ページを参照してください。

1 [スタート] ボタンをクリックします。

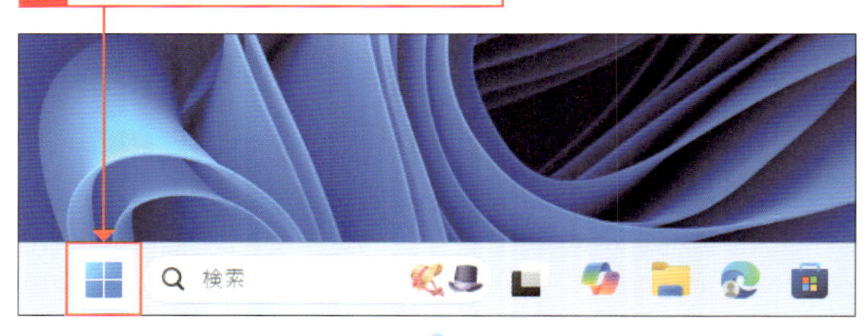

2 ここをクリックします。

②「メモ帳」を起動する

時短

インデックスを表示する

アプリが見つからない場合は、スタートメニューの「A」や「あ」のような見出しの文字をクリックします。そうすると、見出しの先頭文字の一覧が表示されます。たとえば、「W」をクリックすると、「W」に含まれる項目が表示されます。

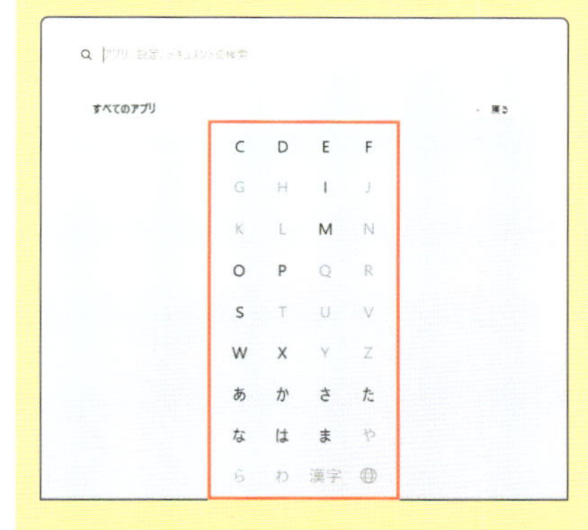

補足

スタートメニューをスクロールする

タッチパネルでスタートメニューの項目をスクロールするには、スタートメニューの項目を上下にスライドします（23ページ参照）。

1 ここにマウスポインターを移動します。

2 スクロールバーをドラッグします。

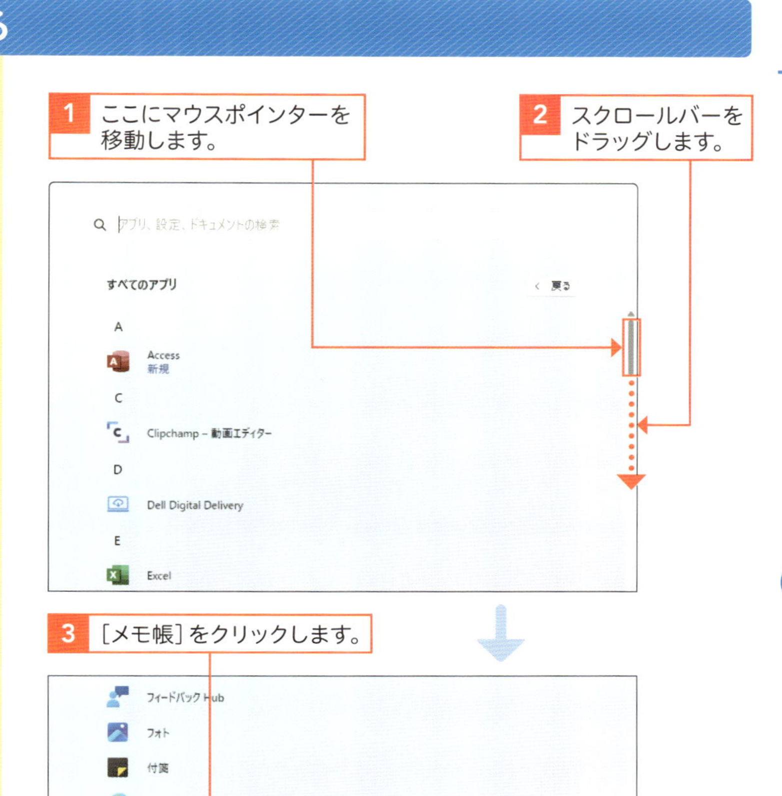

3 ［メモ帳］をクリックします。

4 「メモ帳」が起動しました。

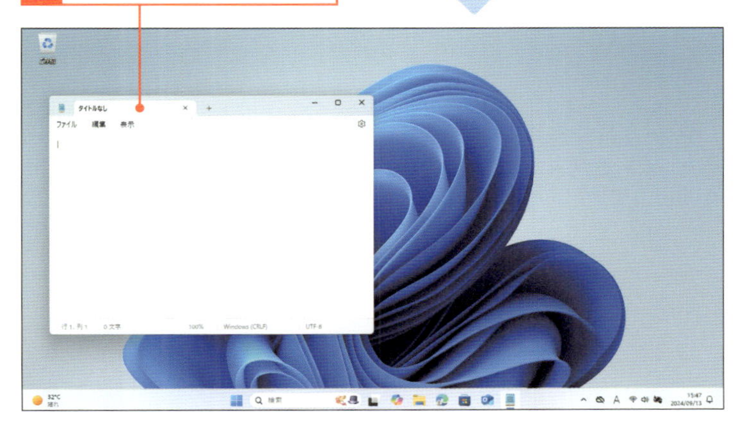

Section 10

ウィンドウを操作しよう

ここで学ぶこと

- 最大化
- 最小化
- 移動

アプリは、ウィンドウの中に表示されます。ウィンドウの大きさを変えたり表示位置を変更したりする操作は、どのウィンドウでも共通の操作ですので、基本的なウィンドウの扱い方を覚えておきましょう。ここでは、36ページで紹介した「メモ帳」のウィンドウを例に紹介します。

1 ウィンドウを最大化する

解説

ウィンドウを最大化する

ウィンドウを最大化するには、ウィンドウの右上にある3つのボタンの中央の[最大化]をクリックします。中央のボタンは、ウィンドウを最大化する前は□、最大化しているときは⧉の形になります。

ヒント

タイトルバーでウィンドウを最大化する

ウィンドウ上部には、アプリの名前やファイル名が表示されるタイトルバーが表示されています。タイトルバーをダブルクリックすると、ウィンドウを最大化して表示できます。

1 ウィンドウの[最大化]をクリックします。

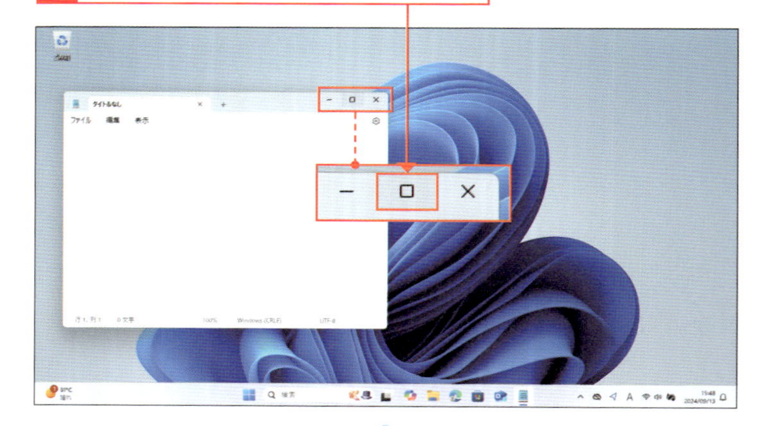

2 ウィンドウが画面いっぱいに大きく表示されます。

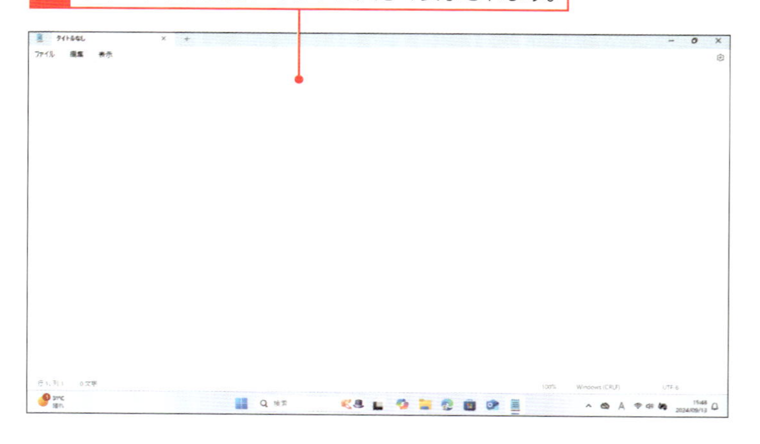

2 ウィンドウを元の大きさに戻す

解説

ウィンドウを縮小表示する

最大化しているウィンドウを元のサイズで表示するには、ウィンドウの右上にある3つのボタンの中央の［元に戻す（縮小）］をクリックします。ウィンドウを最大化しているとき、中央のボタンは、□の形です。

1 ウィンドウが最大化表示になっています。

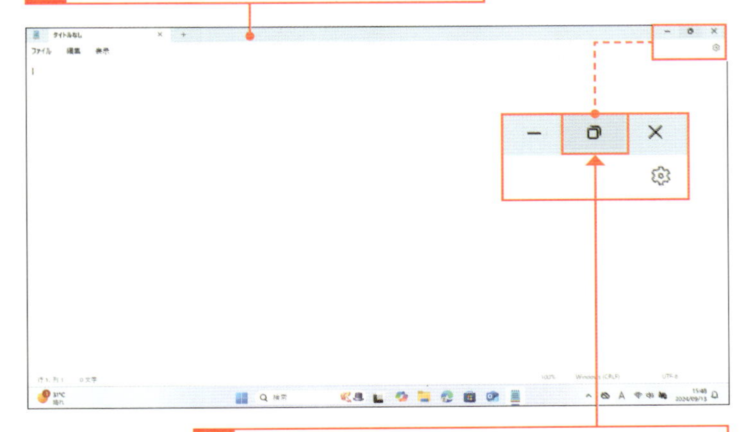

2 ウィンドウの［元に戻す（縮小）］をクリックします。

3 ウィンドウが元のサイズに縮小されて表示されました。

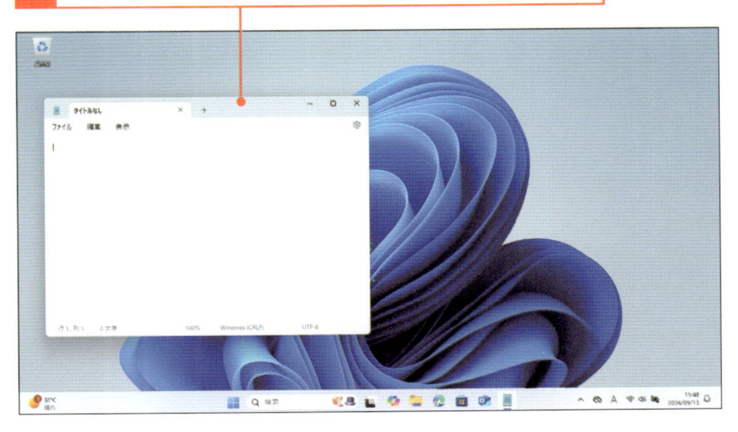

タイトルバーでウィンドウを縮小表示する

ウィンドウが最大化されているとき、ウィンドウ上部のタイトルバーをダブルクリックすると、ウィンドウが元のサイズで表示されます。

ヒント ウィンドウの大きさを変更するには

ウィンドウを縮小表示しているとき、ウィンドウの大きさを変更するには、ウィンドウの外枠部分にマウスポインターを移動してドラッグします。ウィンドウの四隅のいずれかにマウスポインターを移動してドラッグすると、ウィンドウの縦横の大きさを一度に変更できます。

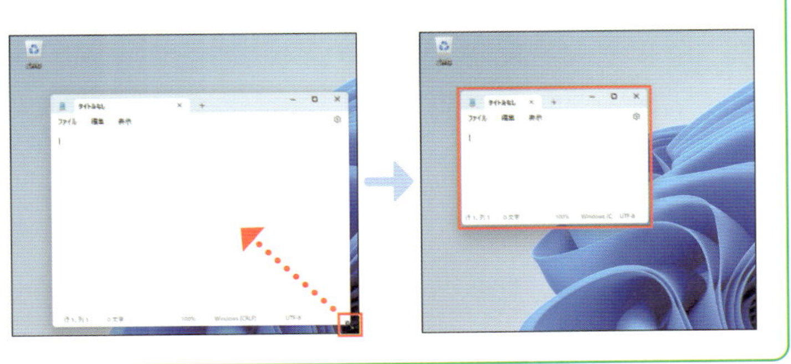

③ ウィンドウを最小化する

解説

ウィンドウを最小化する

ウィンドウを最小化するには、ウィンドウの右上にある3つのボタンの左の［最小化］をクリックします。ウィンドウを最大化や縮小表示しているときでも、最小化されます。また、タスクバーに表示されているアプリのアイコンをクリックする方法もあります。

ヒント

コントロールメニューから操作する

多くのウィンドウには、左上にアプリのアイコンが表示されます。このアイコンをクリックすると、ウィンドウを操作するコントロールメニューが表示されます。コントロールメニューから画面を最小化することもできます。

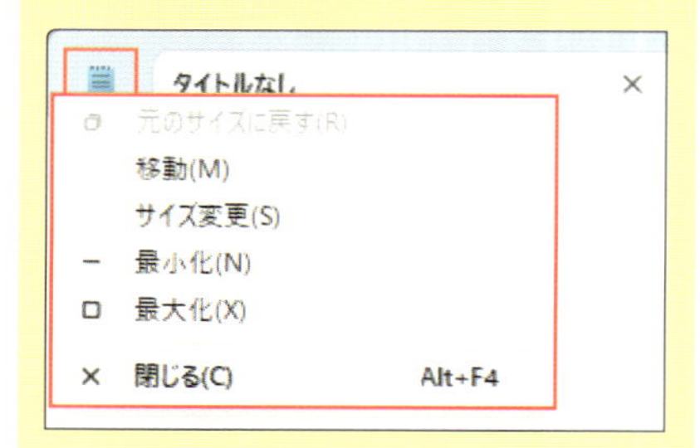

1 ウィンドウの［最小化］をクリックします。

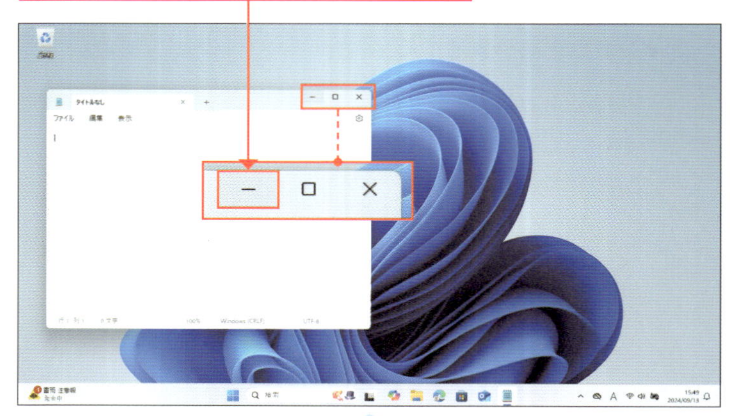

2 ウィンドウが最小化されてタスクバーに隠れます。

3 タスクバーにあるアプリのアイコンをクリックします。

4 ウィンドウが再び画面に表示されます。

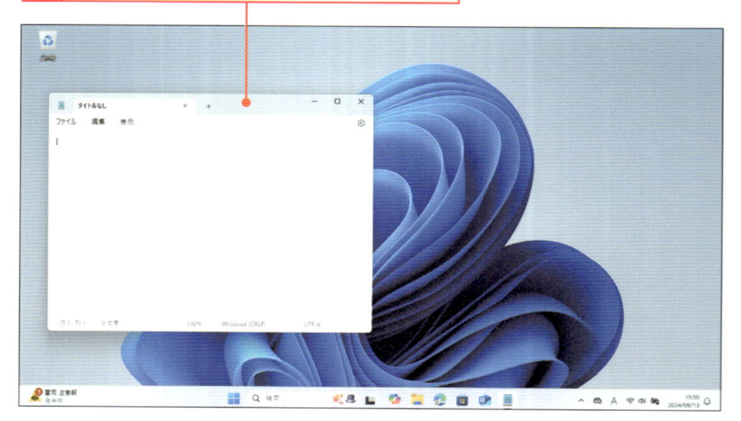

4 ウィンドウを移動する

解説

ウィンドウを移動する

ウィンドウの表示場所を移動するには、ウィンドウのタイトルバーをドラッグします。ウィンドウが最大化されているときも、タイトルバーをドラッグするとウィンドウを縮小表示にしてドラッグ先に移動できます。

ヒント

ウィンドウを画面の隅に表示する

ウィンドウのタイトルバーを画面の左右や四隅に向かってドラッグすると、ウィンドウを画面の半分、1/4のサイズで表示することもできます。

応用技

ウィンドウの配置を変える

ウィンドウの［最大化］ボタンや［元に戻す］ボタンにマウスポインターを移動すると、ウィンドウの配置を指定する小さいメニューが表示されます。配置したい箇所の□をクリックすると、ウィンドウの配置が変わります。

1 ウィンドウのタイトルバーにマウスポインターを移動します。

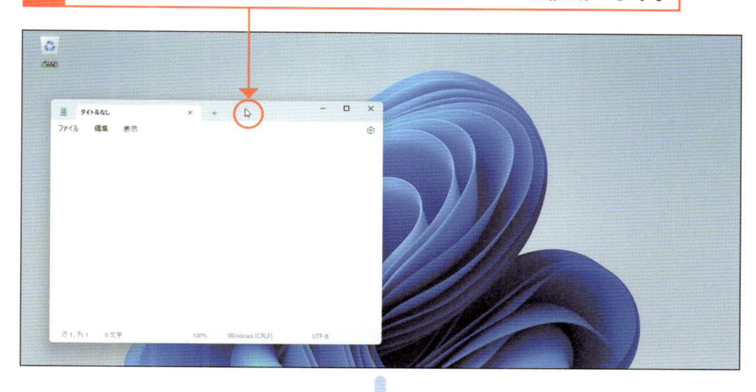

2 ウィンドウの移動先に向かってドラッグします。

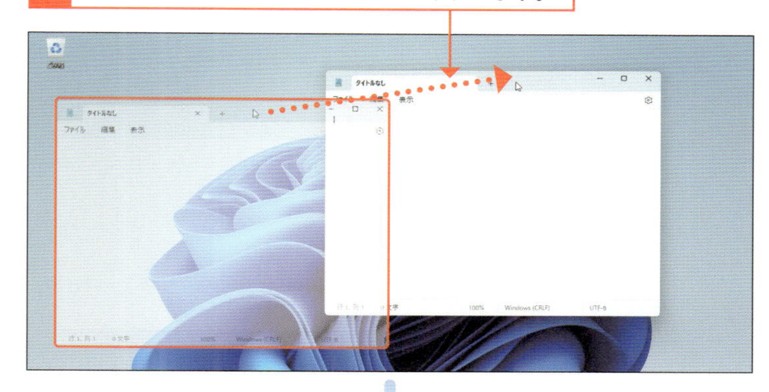

3 ウィンドウの表示場所が移動しました。

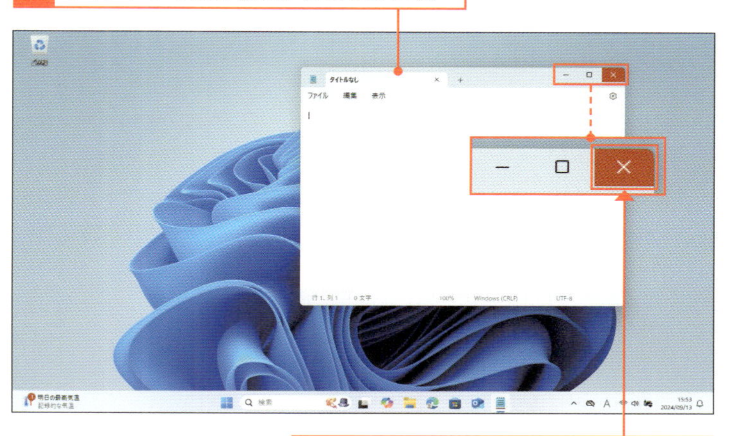

4 ウィンドウの［閉じる］をクリックしてウィンドウを閉じます。

Section 11

キーボードの使い方を知ろう

ここで学ぶこと

- キーボード
- ファンクションキー
- タッチキーボード

文字を入力するときは、キーボードの文字キーを使用します。また、キーボードには、文字キー以外にもさまざまなキーがあり、パソコンに指示をすることができます。キーボードの主なキーの名称や場所、役割を確認しておきましょう。文字の入力は、次のSection以降で紹介します。

1 キーの配列と役割

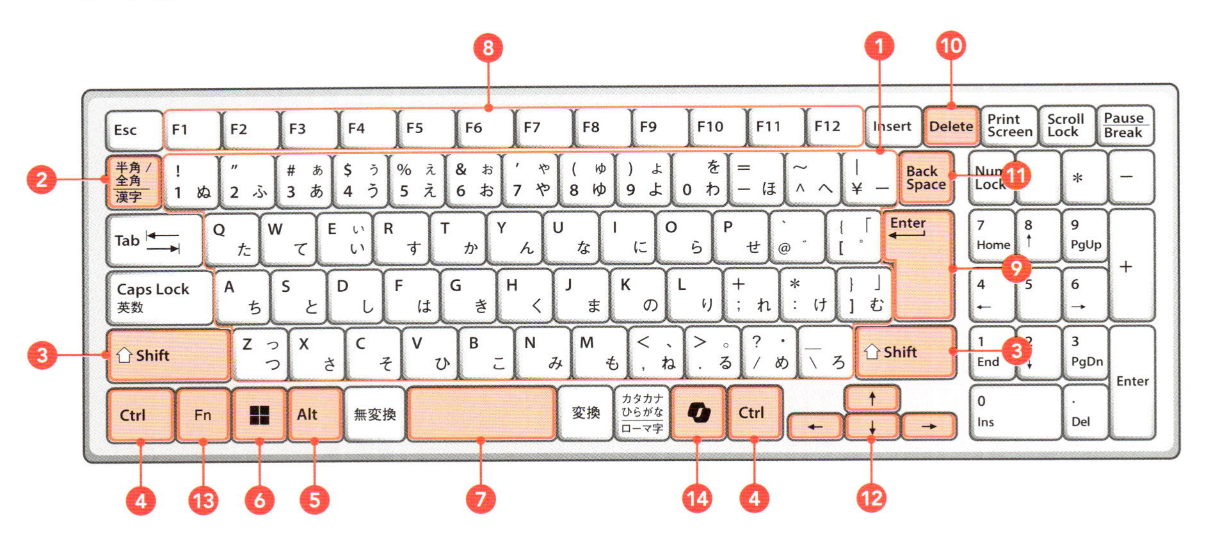

注意

キーの位置や表記されている文字について

ノートパソコンによって、キーの数やキーの位置、キーに表記されている文字などは異なります。

❶ **文字キー**

文字を入力するときに使用します。

❷ **半角／全角キー**

日本語入力モードのオンとオフを切り替えるときに使います。

❸ **Shift（シフト）キー**

キーボードに表記されている文字の左上の文字を入力するときに使用します。また、英字の大文字を入力するときなどにも使用します。ほとんどの場合、他のキーやタッチパッド、マウス操作などと組み合わせて使用します。

❹ **Ctrl（コントロール）キー**

Shift キーと同様に、ほとんどの場合、他のキーやタッチパッド、マウス操作などと組み合わせて使用します。頻繁に使用するキーの1つです。

数字が並んでいるキー

ノートパソコンによっては、キーボードの右側に数字や演算子が並ぶキーが配置されているものもあります。それらのキーをまとめてテンキーといいます。数字を続けて入力したり、計算をしたりするときに使います。

複数の役割のあるキーもある

多くのノートパソコンはデスクトップ型パソコンよりも、キーの数が少なくなっています。そのため、1つのキーに複数の役割がある場合があります。たとえば、単独で押す場合と fn キーを押しながら押す場合とで、異なる指示になるキーがあります。

❺ Alt（オルト）キー

Shift キーや Ctrl キーなどと同様に、ほとんどの場合、他のキーやタッチパッド、マウス操作などと組み合わせて使用します。

❻ ウィンドウズキー

スタートメニューを表示するときに使用します。また、Shift キーや Ctrl キーと同様に、他のキーと組み合わせて使用することでさまざまなことを実行できます。

❼ スペースキー

文字を変換したり、空白文字を入力したりするときに使用します。

❽ ファンクションキー

アプリごとに、さまざまな機能が割り当てられているキーです。F1 キーから F12 キーまであります。

❾ Enter（エンター）キー

文字を決定したり、改行したりするときに使用します。

❿ Delete（デリート）キー

文字を削除するときに使用します。カーソルのある場所の右の文字を消します。

⓫ Backspace（バックスペース）キー

文字を削除するときに使用します。カーソルのある場所の左の文字を消します。

⓬ 方向キー

文字を入力する位置を示すカーソルを移動するときに使用します。

⓭ Fn（エフエヌ）キー

キーの役割を切り替えるときに使用します。詳細はこのページのヒントを参照してください。

⓮ Copilot キー

Copilot in Windowsを表示します。パソコンによっては、このキーがない場合もあります。

重要用語　タッチキーボード

タッチパネル対応のパソコンで、画面をタッチして文字を入力するには、通知領域の［タッチキーボード］をクリックします。そうすると、タッチキーボードが表示されます。タッチキーボードに表示される文字をタップして文字を入力できます。タッチキーボードのアイコンがない場合は、タスクバーの何も表示されていないところを右クリックし、［タスクバーの設定］をクリックし、表示される画面で［タッチキーボード］をオンにして表示します。

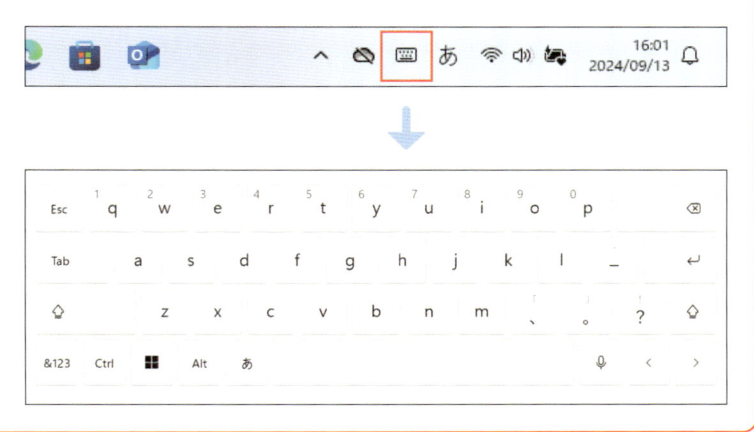

Section

12 英数字を入力しよう

ここで学ぶこと

- 日本語入力モード
- 入力モードアイコン
- 「半角／全角」キー

日本語を入力するときは日本語入力モードをオンにします。英数字を連続して入力するときは日本語入力モードをオフにします。日本語入力モードのオンとオフの切り替え方を覚えましょう。ここでは、日本語入力モードをオフにして英数字を入力してみましょう。

1 日本語入力モードを切り替える

解説

日本語入力モードを切り替える

日本語入力モードのオンとオフの状態を切り替えるには、[半角/全角]キーを押します。[半角/全角]キーを押すたびに日本語入力モードのオンとオフが交互に切り替わります。日本語入力モードがオンの場合は入力モードアイコンが[あ]になります。日本語入力モードがオフの場合は入力モードアイコンが[A]になります。

ヒント

入力モードアイコンをクリックして切り替える

入力モードを切り替えるには、入力モードアイコンをクリックする方法もあります。クリックするたびに日本語入力モードのオンとオフが交互に切り替わります。

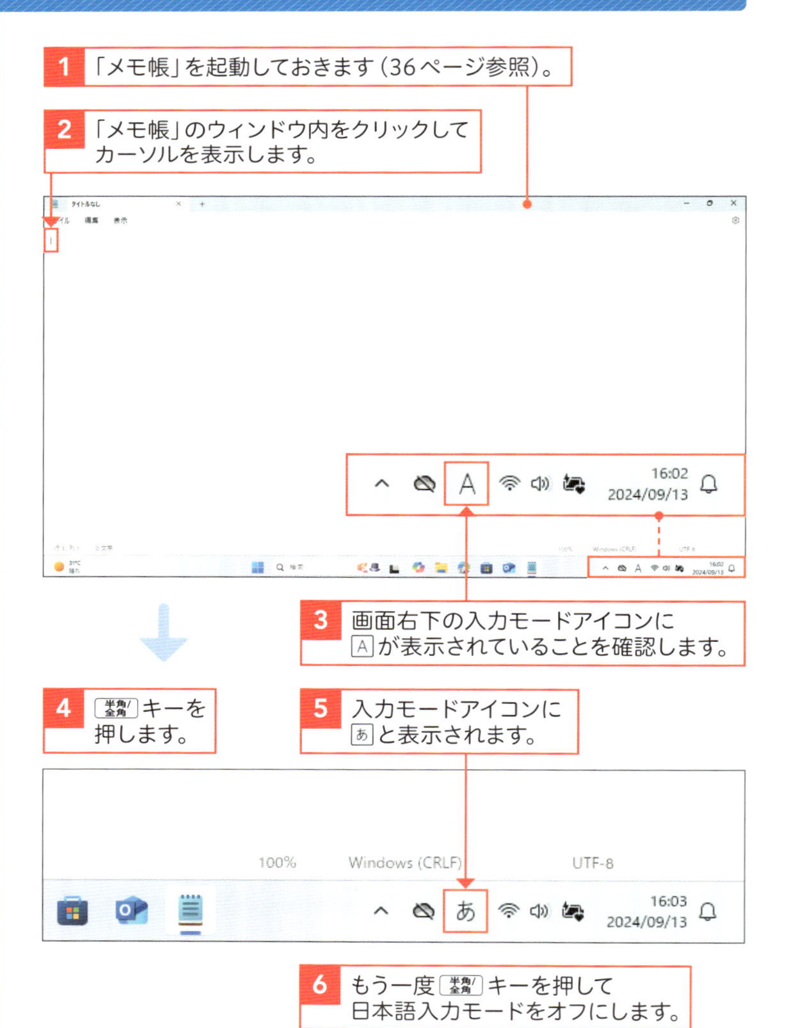

1 「メモ帳」を起動しておきます（36ページ参照）。
2 「メモ帳」のウィンドウ内をクリックしてカーソルを表示します。
16:02
2024/09/13
3 画面右下の入力モードアイコンに[A]が表示されていることを確認します。
4 [半角/全角]キーを押します。
5 入力モードアイコンに[あ]と表示されます。
100%
Windows (CRLF)
UTF-8
16:03
2024/09/13
6 もう一度[半角/全角]キーを押して日本語入力モードをオフにします。

A 16:03 2024/09/13

2 英数字を入力する

重要用語

全角／半角文字

日本語のひらがなや漢字の一文字分のサイズを全角文字といいます。これに対して、全角文字の半分のサイズの文字を半角文字といいます。半角文字で入力できる文字の種類は、英字や数字、カタカナ、記号などです。「abcABCｱｲｳ123!"#」のように表示されます。なお、英字や数字、カタカナ、記号などは、全角文字で入力することもできます。その場合、「ａｂｃＡＢＣアイウ１２３！”＃」のように入力されます。

ヒント

日本語入力モードがオフの場合

日本語入力モードがオフの場合は、半角文字の英数字や記号などの文字を入力できます。ひらがなや漢字カタカナなどの日本語や、全角サイズの英字や数字などは入力できません。英語で文章を入力したり、数字を連続して入力したりする場合に使用します。

1 日本語入力モードをオフにします。

2 アルファベットのキーを押します。ここでは、a b c キーを押しています。

3 「abc」と入力されます。

4 Shift キーを押しながら a b c キーを押します。

5 「ABC」と大文字で入力されます。

6 1 2 3 キーを押します。

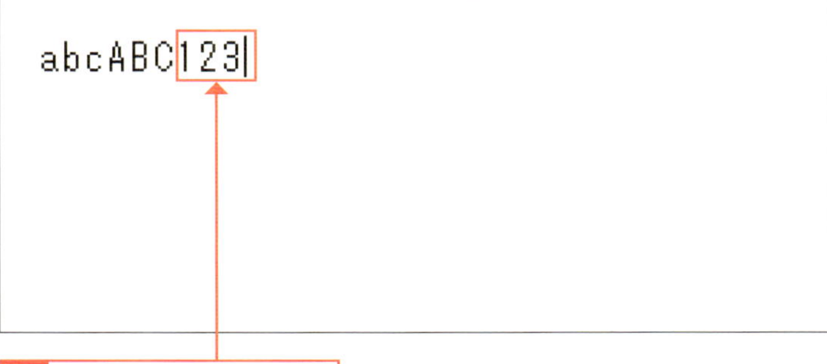

7 「123」と入力されます。

Section

13 ひらがなを入力しよう

ここで学ぶこと

- 日本語入力モード
- ローマ字入力
- かな入力

ひらがななどの日本語を入力するには、日本語入力モードをオンに切り替えて文字を入力します。ここでは、ひらがなの入力方法を知りましょう。「あさって」や「きょう」などの小さい「っ」や「ょ」などの文字を入力する方法も知っておきましょう。

1 ひらがなを入力する

解説

日本語入力モードをオンにする

ひらがなを入力するには、日本語入力モードをオンにした状態で入力します。日本語入力モードについては、44ページを参照してください。

重要用語

ローマ字入力／かな入力

日本語を入力するときは、キーボードに表記されているローマ字を見て入力するローマ字入力と、かな文字を見て入力するかな入力の方法があります。たとえば、「はな」と入力するとき、ローマ字入力ではHANAキーを押します。かな入力では、はなキーを押します。本書は、ローマ字入力の方法で文字入力を紹介します。

1 日本語入力モードをオンにします。

2 AIUEOキーを押します。

3 「あいうえお」と表示されます。

abcABC123あいうえお

Tab キーを押して選択します

1 あいうえお
2 あいうえおかきくけこ
3 あいうえおかきくけこさしすせそ
4 アイウエオ
5 あいうえおかきくけこさしすせそたちつてと

4 Enter キーを押して決定します。

5 「あいうえお」と入力できました。

abcABC123あいうえお

② 小さい「よ」や「つ」を入力する

単独で小さい「っ」や「ょ」を入力するには

小さい「っ」や「ょ」を一文字だけ入力したい場合は、X キーのあとに「つ」や「よ」と入力します。たとえば、「っ」と入力するには、X T U キーを押します。かな入力でキーボードの右上に表示されている文字を入力するには、Shift キーを押しながらキーを押します。小さい「っ」や「ょ」を入力するには Shift キーを押しながら つ や よ のキーを押します。

「、」や「。」を入力するには

「、」を入力するには ね のキー、「。」を入力するには る のキーを押します。また、かな入力で「、」や「。」を入力するには、Shift キーを押しながら ね る のキーを押します。

かな入力を使う場合

日本語を入力するときに、ローマ字入力ではなく、キーボードのかな文字を拾って入力するかな入力の方法を使用したい場合は、画面右下の入力アイコンを右クリックします。表示されるメニューの[かな入力（オフ）]をクリックします。

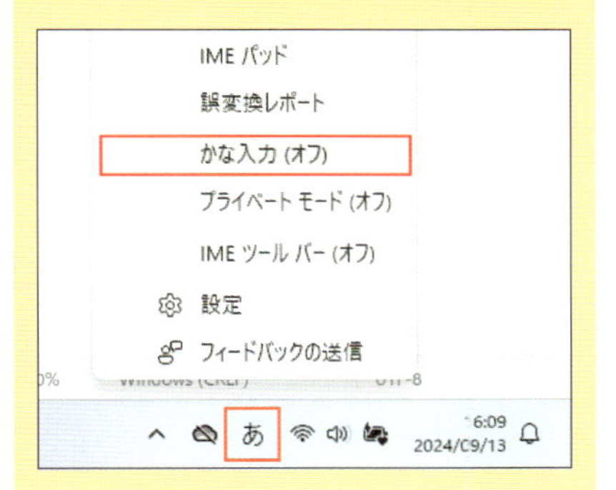

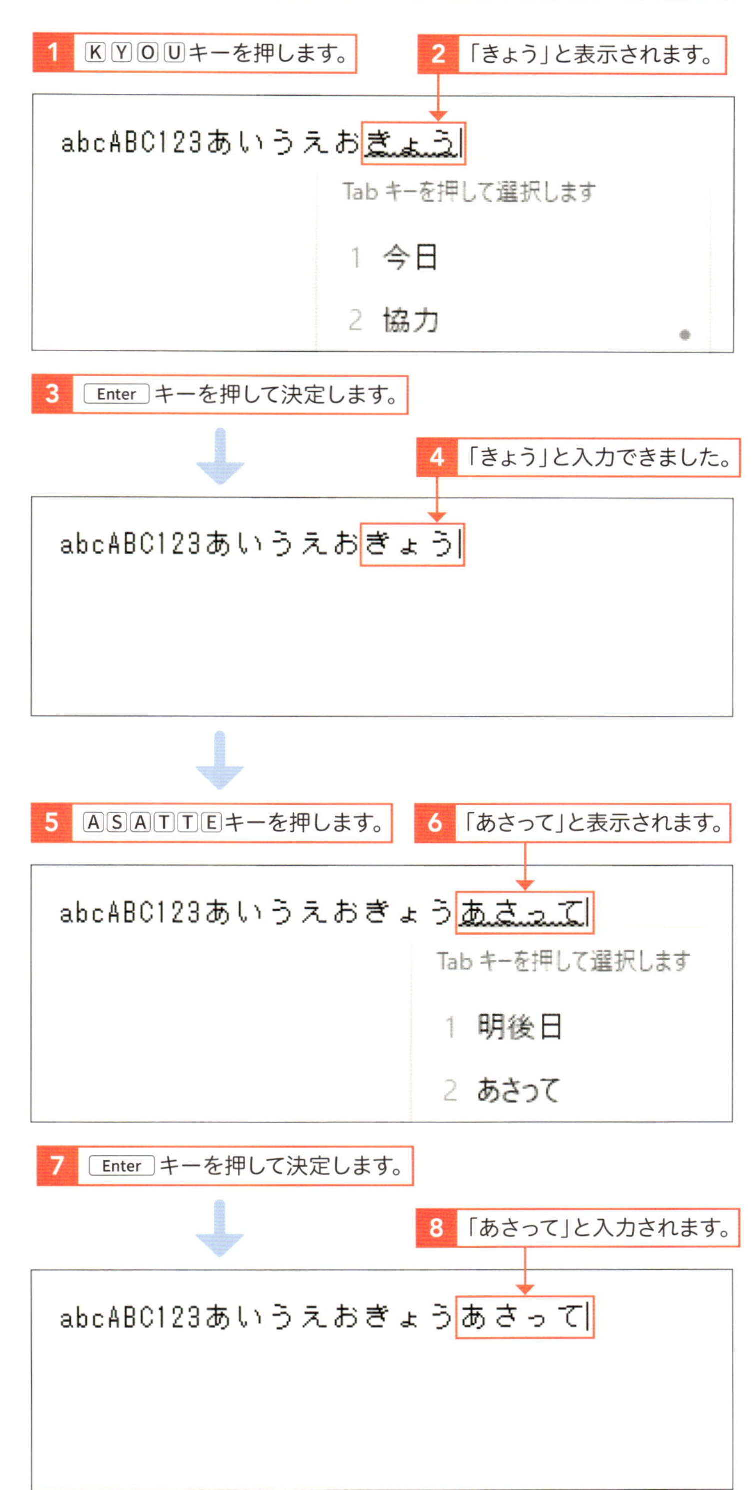

Section 14

漢字を入力しよう

ここで学ぶこと

- 日本語入力モード
- 変換
- 漢字

漢字を入力するには、ひらがなで漢字の読みを入力して変換します。正しい文字に変換されない場合は、変換候補を表示して変換候補の中から正しい漢字を選択します。正しい漢字に変換されたら、最後にEnterキーを押して文字を決定します。

1 漢字に変換する

解説

漢字を入力する

漢字は読みを入力して変換します。最初の変換で正しい漢字が表示された場合は、手順4のあとEnterキーを押して決定します。目的の漢字に変換されない場合は、スペースキーを押して変換候補の一覧を表示し、何度かスペースキーを押して目的の漢字を選択して入力します。また、「さっかー」と入力してスペースキーを押すと「サッカー」や「soccer」などカタカナや英単語などにも変換できます。

ヒント

変換中の文字について

文字を入力中に、文字が決定されていないときは、文字の下に下線が付きます。文字を決定すると、下線が消えます。

5 もう一度スペースキーを押します。

2 変換候補から漢字を選ぶ

単語の意味が表示される

変換候補の右に□が表示されている漢字を選択すると、単語の意味が表示されます。意味を確認しながら漢字を選択できます。

変換前に漢字が表示される

ひらがなを入力すると、スペースキーを押さなくても、変換候補が表示される場合があります。入力したい漢字が表示されている場合は、↓↑キーでその漢字を選択してEnterキーを押すと入力できます。

応用技

変換候補を複数表示する

漢字の変換中に、Tabキーを押すとより多くの変換候補を表示できます。←→↑↓キーで候補を選択してEnterキーを押すと、選択した漢字を入力できます。また、入力したい変換候補をクリックして入力することもできます。

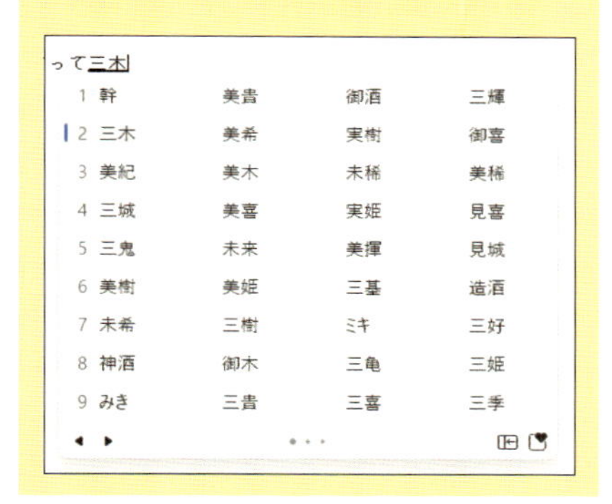

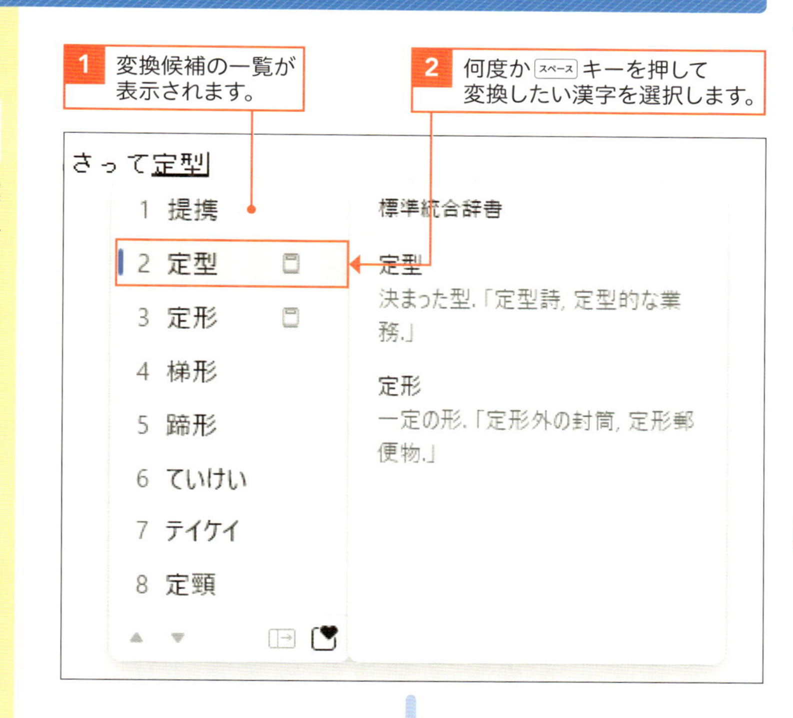

3 変換したい漢字が選択されたらEnterキーを押して決定します。

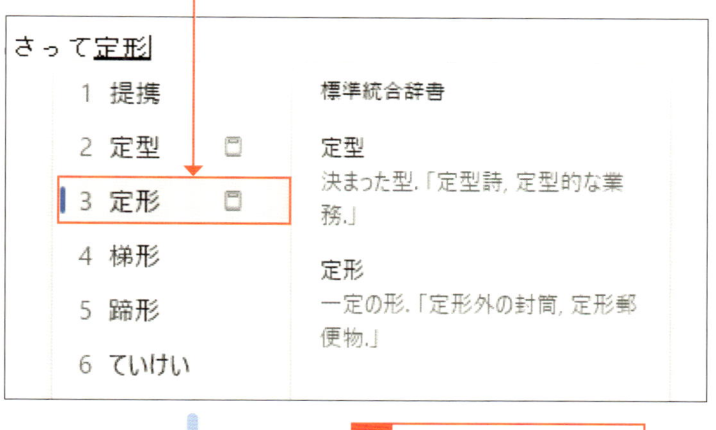

4 漢字が入力されました。

abcABC123あいうえおきょうあさって定形

Section 15

記号を入力しよう

ここで学ぶこと

- 日本語入力モード
- 変換
- 記号

ここでは、記号の入力方法を紹介します。キーボードの左上に表記されている記号を入力するには、Shift キーを押しながらそのキーを押します。また、記号の読みを入力して変換する方法もあります。この場合、キーボードにはない「★」や「〒」などの記号も入力できます。

1 Shift キーを押しながら入力する

1 Shift キーを押しながら、5 キーを押します。

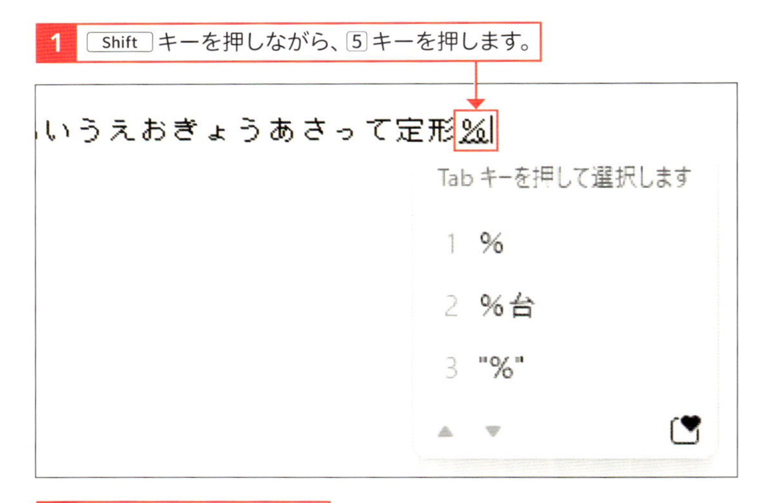

2 Enter キーを押します。

3 「%」の記号が入力されます。

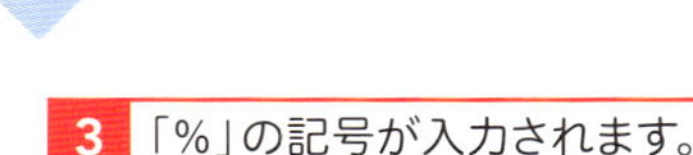

解説

日本語入力モードがオフの場合

日本語入力モードがオフの場合、Shift キーを押しながら左上に記号が表示されているキーを押すと、半角の記号が入力されます。

ヒント

かな入力の場合

かな入力の場合、Shift キーを押しながら左上に記号が表示されているキーを押すと、キーの右上の文字が表示されます。そのまま確定をせずに F9 キー（または Fn ＋ F9 キー）を押すと全角の記号、F10 キー（または Fn ＋ F10 キー）を押すと半角の記号が表示されます。Enter キーで確定すると記号が入力されます。Fn キーについては43ページを参照してください。

② 読みを入力して変換する

読みを入力して変換する

記号を入力するには、記号の読みを入力して変換する方法があります。たとえば、「★」「☆」「☆彡」などの記号は、「ほし」と入力して変換することで入力できます。また、「きごう」と入力して変換すると、さまざまな記号を入力できます。

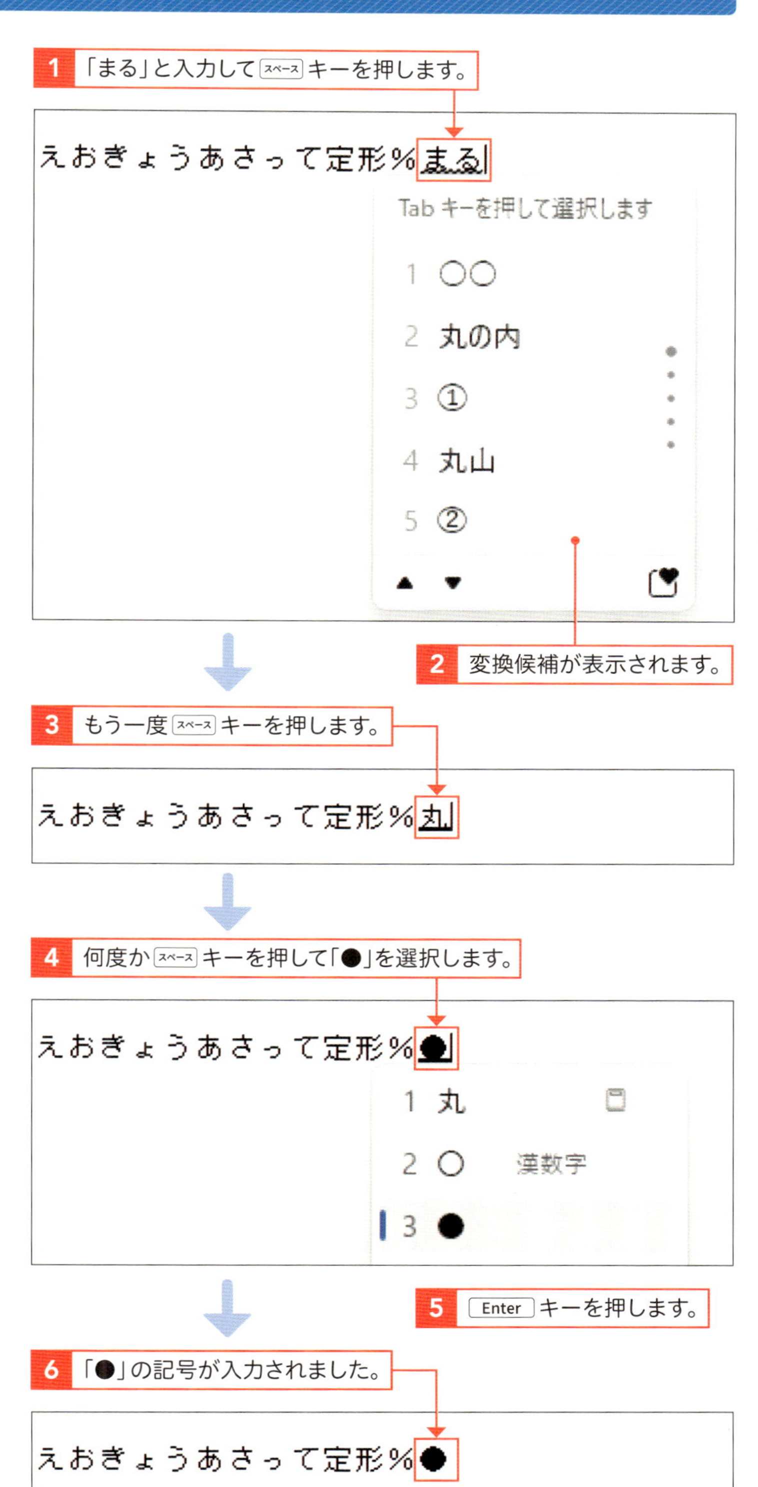

記号の読みについて

記号の読みには、次のようなものがあります。よく使う記号の読みは覚えておきましょう。

読み	記号
まる	○ ● ◎
しかく	◇ ◆ □ ■
さんかく	△ ▲ ▽ ▼
ほし	☆ ★ ☆彡
いち	① Ⅰ
に	② Ⅱ
かっこ	【】 () 「」『』
ゆうびん	〒
おんぷ	♪
かぶ	㈱
きろぐらむ	㎏ kg
きごう	○ ◆ ① ㎏

Section

16 文章を入力しよう

ここで学ぶこと

- 日本語入力モード
- 変換
- 文節

日本語を入力するときは、句読点などの区切りのよい単位で文字を変換しながら入力することができます。ひらがなや漢字が混ざった短文単位で変換しながら入力してみましょう。変換する文節を変更したり、文節の長さを変更したりする方法も知っておきましょう。

1 改行する

解説

改行する

次の行の先頭にカーソルを移動するには改行します。文字を決定したあと Enter キーを押すと、改行されます。

1 行末にカーソルがある状態で Enter キーを押します。

abcABC123あいうえおぎょうあさって定形%●|

2 改行されて次の行の先頭にカーソルが表示されます。

abcABC123あいうえおぎょうあさって定形%●
|

補足

改行しすぎた場合

Enter キーを何度か押すと、その分だけ改行されます。改行を削除するには、Enter キーを押したあと Back space キー（43ページ参照）を押します。

2 文章を途中まで入力する

ヒント

句読点を入力する

「、」はねキーを押して入力します。「。」はるキーを押します。

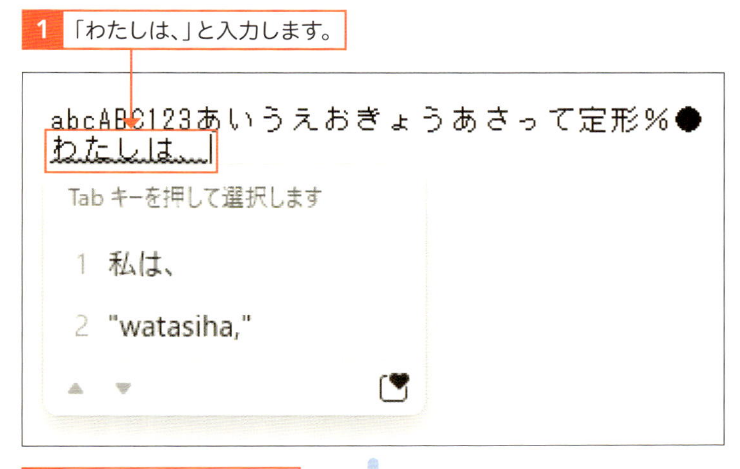

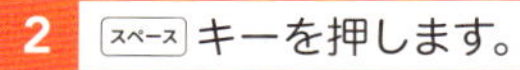

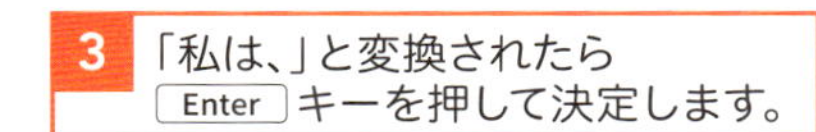

abcABC123あいうえおぎょうあさって定形%●
私は、

4 「私は、」の文字が入力されました。

abcABC123あいうえおぎょうあさって定形%●
私は、

時短

Enter キーを押さずに文字を決定する

ここでは、「私は、」の文字を決定してから次の文を入力していますが、正しい漢字に変換されたら必ずしも Enter キーで決定する必要はありません。たとえば、手順3で Enter キーを押さずに次の文を入力すると、「私は、」の文字が自動的に決定されます。

3 残りの文章を入力する

解説

文章を変換する

文章を入力して変換すると、複数の文節ごとに文字を変換できます。変換対象の文節の下には太い下線が表示されます。スペースキーを押すと、太い下線がついている箇所の変換候補が表示されます。変換する文節を選んで変換する方法は、次のページで紹介しています。

1 「あしたこうえんにいきます。」と入力します。

abcABC123あいうえおきょうあさって定形%●
私は、あしたこうえんにいきます。

Tab キーを押して選択します
1 明日公園に行きます。

2 スペースキーを押して変換します。

3 漢字に変換されます。

abcABC123あいうえおきょうあさって定形%●
私は、明日公園に行きます。

4 Enterキーを押します。

5 文章を入力できました。Enterキーを押します。

abcABC123あいうえおきょうあさって定形%●
私は、明日公園に行きます。

再変換する

文字を決定したあとに、別の漢字に変更したい場合は、対象の単語の中にカーソルを移動して変換キーを押します。そうすると、変換候補が表示されます。

4 文節を選んで変換する

ヒント
変換する文節を選択する

文章は、複数の文節ごとに文字を変換できます。変換対象の文節の下には太い下線が表示されます。変換対象の文節を移動するには、→←キーを押します。変換対象を変更して スペース キーで変換します。

ヒント
文節の区切りを変更する

変換をする文節の区切りが異なる場合は、区切りの位置を変更できます。それには、Shift キーを押しながら→←キーを押して区切りを変更します。たとえば、「私歯医者に行く」と入力したいのに「私は医者に行く」と変換されてしまった場合は、Shift キーを押しながら「←」キーを押します❶。そうすると、文節の区切りが短くなり太線の変換対象の長さが変わります❷。スペース キーを押すと、太線部分を変換できます❸。

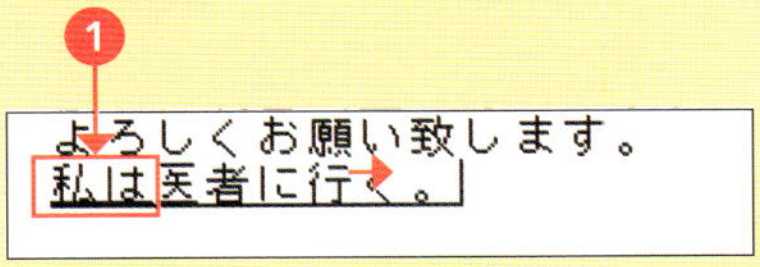

1
よろしくお願い致します。
私は医者に行く。

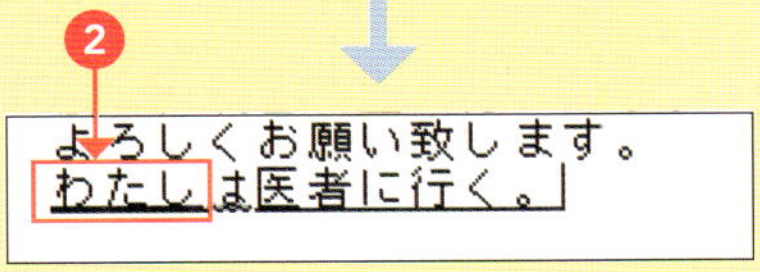

2
よろしくお願い致します。
わたしは医者に行く。

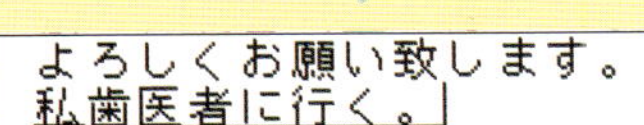

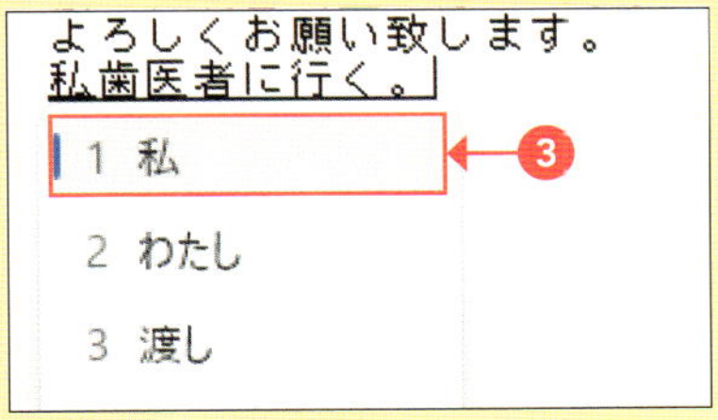

よろしくお願い致します。
私歯医者に行く。
1 私
2 わたし
3 渡し
3

1 「よろしくおねがいいたします。」と入力します。

2 スペース キーを押します。

abcABC123あいうえおきょうあさって定形%●
私は、明日公園に行きます。
よろしくおねがいいたします。
Tab キーを押して選択します
1 よろしくお願いいたします。

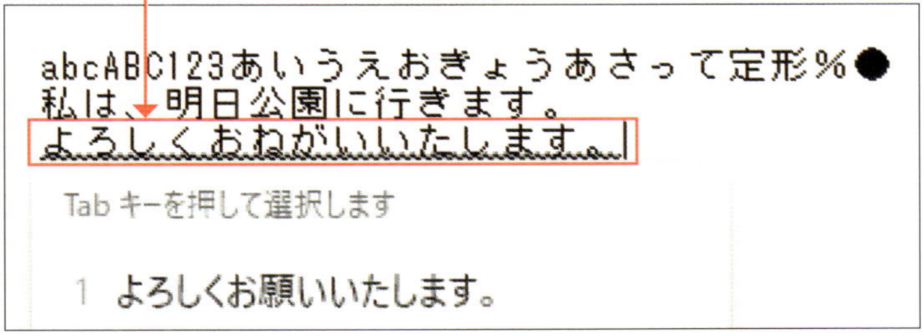

3 変換対象の文節の下に太線が表示されます。

4 → キーを押します。

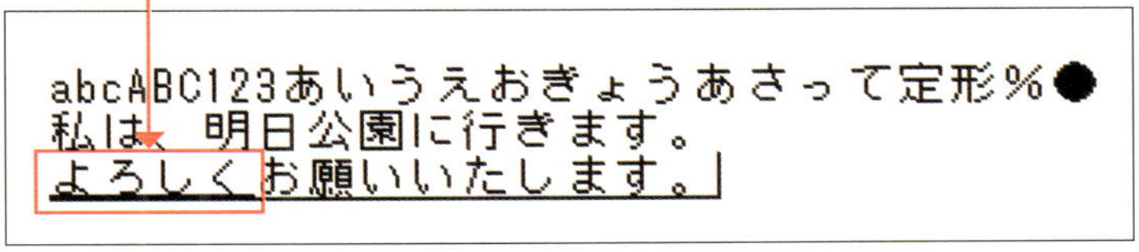

abcABC123あいうえおきょうあさって定形%●
私は、明日公園に行きます。
よろしくお願いいたします。

5 変換対象が変更になります。

6 スペース キーを押します。

私は、明日公園に行きます。
よろしくお願い致します。
1 お願いいたします
2 お願いいたし
3 御願いいたします
4 お願い致します

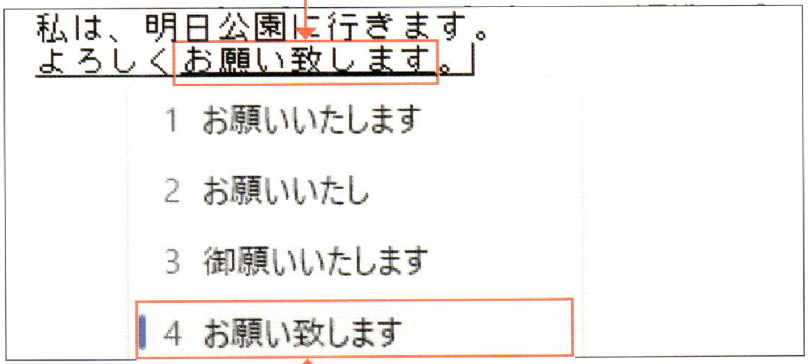

7 何度か スペース キーを押して変換候補を選択して Enter キーを押します。

8 文節の変換ができました。

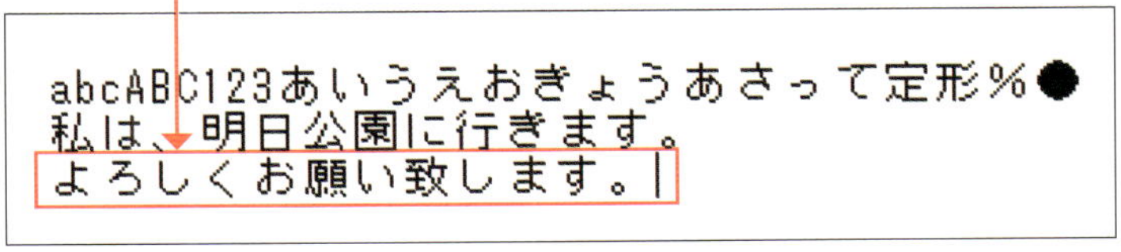

abcABC123あいうえおきょうあさって定形%●
私は、明日公園に行きます。
よろしくお願い致します。

Section

17 文字を削除／修正しよう

ここで学ぶこと

- Back space キー
- Delete キー
- カーソル

間違った文字を修正するには、カーソルを消したい文字の右側に移動してから Back space キーで文字を削除します。文字を削除したあとは、正しい文字を入力しましょう。そうすると、カーソルのある位置に、入力した文字が追加されます。

1 間違えた箇所にカーソルを移動する

解説

カーソルを移動する

ここでは、「明日」の文字を消して「来週」に修正します。「明日」を消すので「日」の右側をクリックします。そうすると、文字を入力する位置を示すカーソルが表示されます。タッチパネル対応のパソコンの場合、カーソルを表示したい場所をタップすると、カーソルが移動します。

ヒント

方向キーでカーソルを移動する

キーボードの→←↓↑キーを押しても、カーソルを移動できます。カーソルを近くの場所に移動するときは、方向キーを使用した方が、素早く移動できます。

1 消したい文字の右側をクリックします。

abcABC123あいうえおぎょうあさっ
私は、明日公園に行きます。
よろしくお願い致します。
私歯医者に行く。

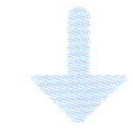

2 カーソルが表示されます。

abcABC123あいうえおぎょうあさっ
私は、明日公園に行きます。
よろしくお願い致します。
私歯医者に行く。

② 文字を修正する

解説

文字を消して修正する

カーソルの左の文字を消すには Back space キー、カーソルの右側の文字を消すには、Delete キーを押します。文字と文字の間に文字を入力すると、通常は、カーソル位置に文字が追加されます。文字を入力したときに、カーソル位置の右の文字が消えて上書きされてしまう場合は、上書きモードになっています。この場合は、Insert キーを押すと、上書きモードと挿入モードを切り替えられます。

時短

複数の文字をまとめて消す

複数の文字をまとめて消すときは、Delete キーを何度も押すのは面倒です。その場合は、消したい文字の上をなぞるようにドラッグして選択し、Delete キーを押します。

abcABC123あいうえおきょうあ
私は、来週公園に行きます。
よろしくお願い致します。
私歯医者に行く。

ヒント

改行を消す

改行を消して行を詰めるには、行末で Delete キーを押します。たとえば、「●」の後ろにカーソルがある状態で Delete キーを押すと、2行目が1行目の後に続いて表示されます。または、2行目の行頭にカーソルがあるとき Back space キーを押しても同様に改行を消せます。

1 Back space キーを押します。

2 左にある文字が1文字消えます。

abcABC123あいうえおきょうあさっ
私は、明公園に行きます。
よろしくお願い致します。
私歯医者に行く。

3 もう1度 Back space キーを押します。

4 さらに1文字消えます。

abcABC123あいうえおきょうあさっ
私は、公園に行きます。
よろしくお願い致します。
私歯医者に行く。

5 「来週」を入力して Enter キーを押します。

abcABC123あいうえおきょうあさっ
私は、来週公園に行きます。
よろしくお願い致します。
私歯医者に行く。

6 文字が修正されました。

abcABC123あいうえおきょうあさっ
私は、来週公園に行きます。
よろしくお願い致します。
私歯医者に行く。

Section

18 ファイルを保存しよう

ここで学ぶこと

- ファイル
- 保存
- 上書き保存

パソコンで作成したさまざまなデータを保存するときは、ファイルという単位で保存します。ここでは、「メモ帳」で入力した文字データをファイルとして保存します。ファイルを保存するときは、ファイルの保存場所とファイル名を指定します。

1 ファイルを保存する準備をする

解説

ファイルを保存する

ファイルを保存するときは、ファイルの保存先とファイル名を指定します。ここでは、自分のパソコンの「ドキュメント」というフォルダーに「文字入力」という名前を付けて保存します。OneDriveと「ドキュメント」フォルダーを同期する設定にしている場合は（124ページ参照）、OneDriveフォルダーの「ドキュメント」を指定します。

ヒント

上書き保存をする

一度保存したファイルを開いて内容を変更したあとに、ファイルの内容を新しい内容に更新して保存し直す場合は、ファイルを上書き保存します。その場合、保存する内容が表示された状態で、［ファイル］をクリックしたあとに、［保存］をクリックします。

1 ［ファイル］をクリックします。

abcABC123あいうえおきょうあさって定形
ファイル　編集　表示
abcABC123あいうえおきょうあさって定形%●
私は、来週公園に行きます。
よろしくお願い致します。
私歯医者に行く。

2 ［名前を付けて保存］をクリックします。

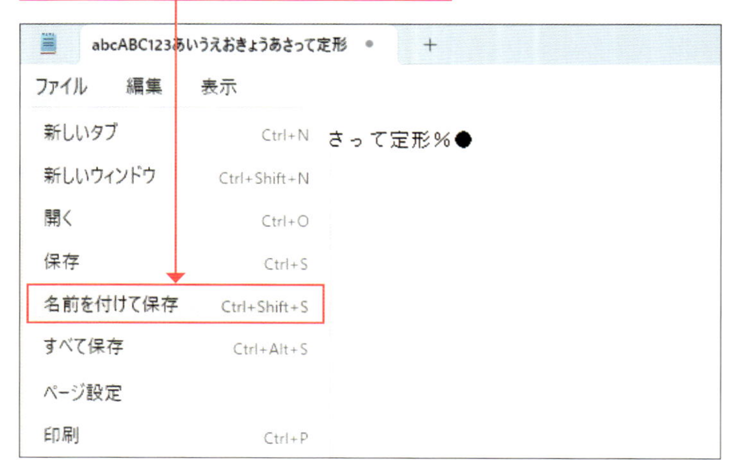

② ファイルを保存する

ファイル名が表示される

ファイルを保存すると、ファイルの名前が、タブやウィンドウ上部のタイトルバーに表示されます。「メモ帳」の場合は、タブに表示されます。

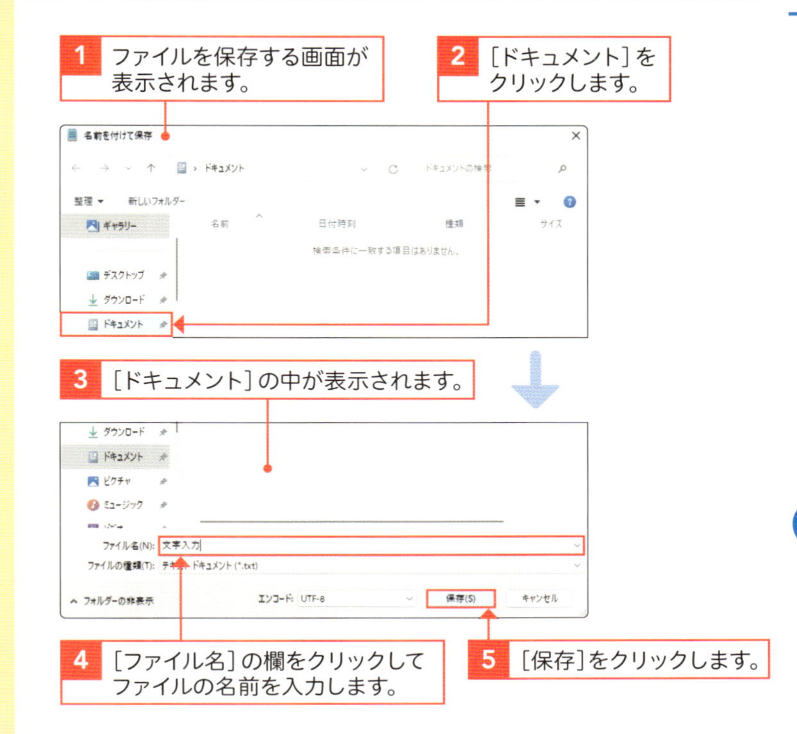
2 [ドキュメント]をクリックします。
3 [ドキュメント]の中が表示されます。
4 [ファイル名]の欄をクリックしてファイルの名前を入力します。
5 [保存]をクリックします。

③ 「メモ帳」を終了する

[タブを閉じる] ボタンで閉じる

「メモ帳」のタブにある[タブを閉じる]をクリックしても、「メモ帳」を終了できます。この場合、次回「メモ帳」を開いたときに、前回開いていたファイルは表示されません。

2 「メモ帳」が終了します。

応用技 「メモ帳」を終了する

上の画面の手順1の ✕ ([閉じる])をクリックして「メモ帳」を終了すると、ファイルを保存している場合も保存していない場合も、次回「メモ帳」を開いたときに、前に表示していたファイルが表示されます。なお、このように、ファイルを保存しなくても次にアプリを起動したときに前に使用していた内容が表示されるアプリは一般的ではありません。多くのアプリでは、アプリを閉じる前にファイルを保存する必要があります。なお、「メモ帳」でファイルを保存していない状態で、タブの横の ✕ ([タブを閉じる])をクリックすると、ファイルを保存するかメッセージが表示されます。このとき、[保存しない]をクリックすると、ファイルを保存せずに「メモ帳」が閉じるので注意してください。

Section

19 ファイルを表示しよう

ここで学ぶこと

- エクスプローラー
- ファイル
- ドキュメント

ファイルを表示したり整理したりするには、ファイルを管理する「エクスプローラー」というアプリを使用します。ここでは、「エクスプローラー」を起動して59ページで保存したファイルを確認してみましょう。「エクスプローラー」からファイルを開くこともできます。

1 「エクスプローラー」を起動する

重要用語

エクスプローラー

「エクスプローラー」は、パソコンに保存されているファイルを確認したり整理したりするときに使用します。ウィンドウの左側のナビゲーションウィンドウでファイルの保存先を選択すると、右側にその中身が表示されます。ナビゲーションウィンドウが表示されていない場合は、[…]をクリックし、[表示] – [表示] – [ナビゲーションウィンドウ]をクリックします。または、[表示] – [表示] – [ナビゲーションウィンドウ]をクリックします。

ヒント

スタートメニューからも表示できる

「エクスプローラー」を起動するには、スタートメニューの[エクスプローラー]をクリックする方法もあります。

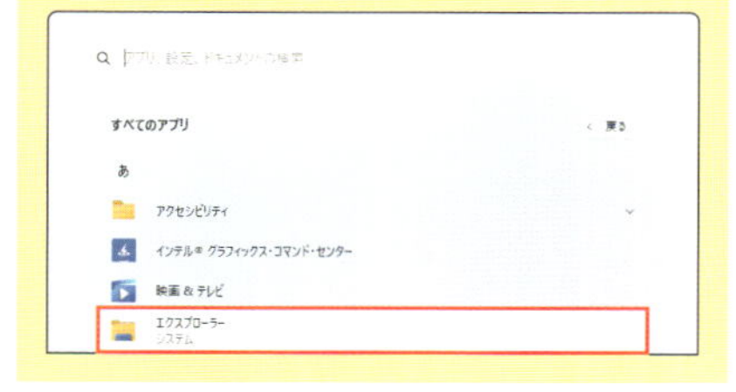

1 タスクバーの[エクスプローラー]のアイコンをクリックします。

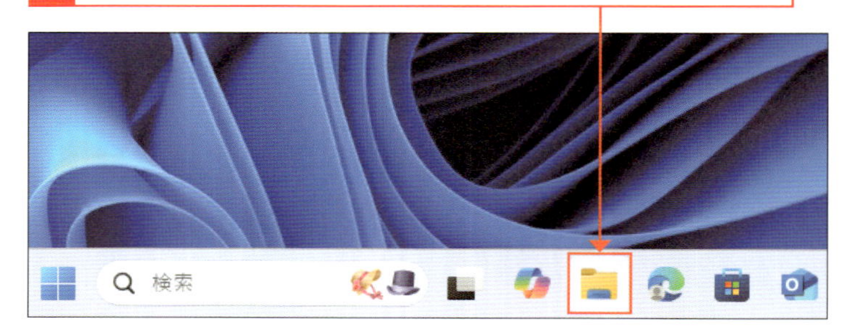

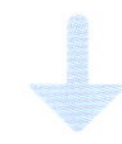

2 「エクスプローラー」のウィンドウが表示されます。

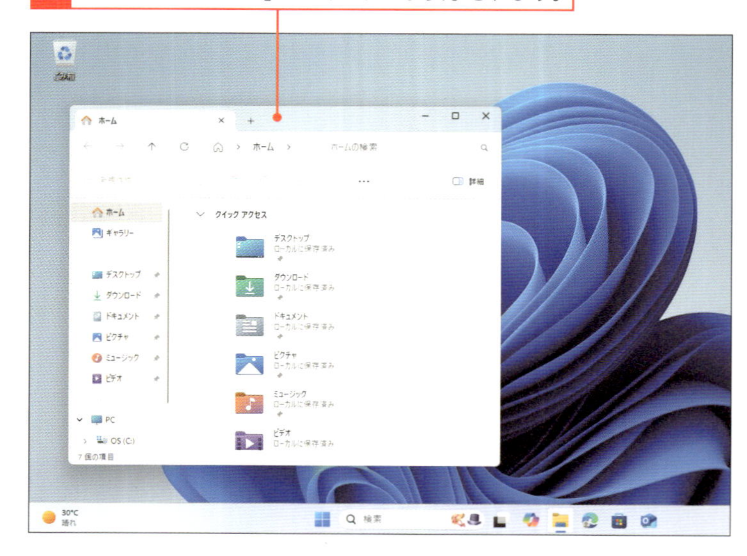

2 ファイルの場所を表示する

解説
ファイルを表示する

ここでは、59ページで「ドキュメント」フォルダーに保存したファイルを表示します。「エクスプローラー」で「ドキュメント」の中身を表示します。OneDriveと「ドキュメント」フォルダーを同期する設定にしている場合は(124ページ参照)、OneDriveフォルダーの「ドキュメント」を指定します。

重要用語
ドキュメント

「ドキュメント」とは、自分のパソコンの中にあるファイルの保存先の1つです。「ドキュメント」は、ファイルを保存したりするときにかんたんに指定できます。頻繁に使用するファイルを保存しておくと便利です。

ヒント
「メモ帳」でファイルを開く

「メモ帳」からファイルを開くこともできます。それには、「メモ帳」の[ファイル]をクリックして[開く]をクリックします。表示される画面でファイルの保存先をクリックし、ファイルをクリックして[開く]をクリックします。

1 [ドキュメント]をクリックします。

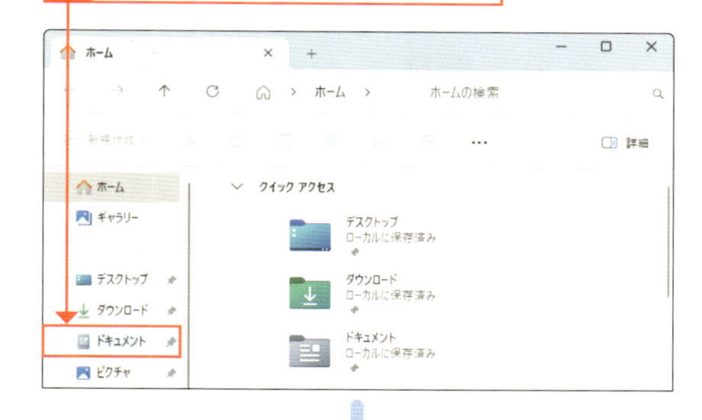

2 「ドキュメント」フォルダーの中が表示されます。

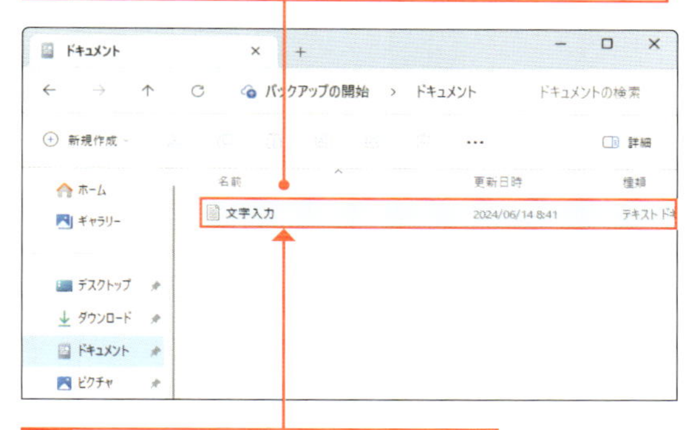

3 59ページで保存したファイルをダブルクリックします。

4 「メモ帳」が起動してファイルが表示されます。

5 [閉じる]をクリックして「メモ帳」を閉じます。

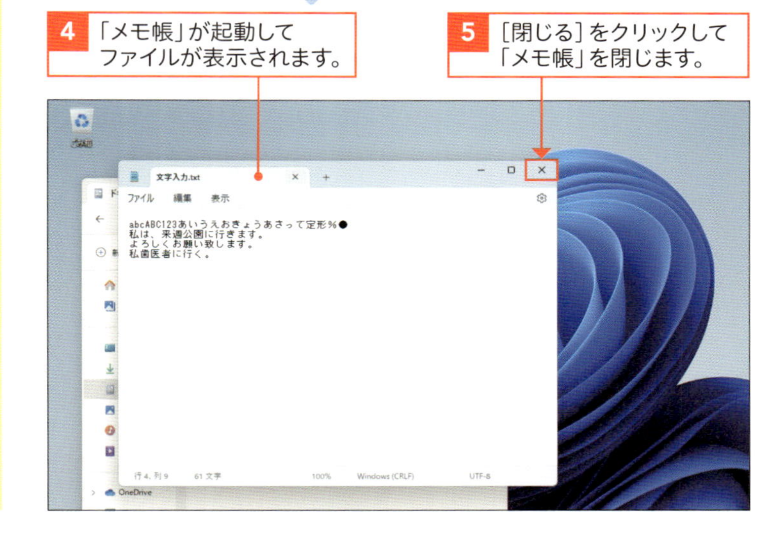

3 タブを使ってフォルダーの内容を表示する

解説

タブを表示する

「エクスプローラー」の画面では、複数のタブを表示して、それぞれ別のフォルダーの中身を表示できます。不要なタブを閉じるには、タブの横の × ([タブを閉じる]) をクリックします。また、タブをウィンドウの外にドラッグすると、新しいウィンドウでタブの内容が表示されます。

時短

ほかの方法で表示する

タブの横の + ([新しいタブの追加]) をクリック、または、「エクスプローラー」が表示されている状態で、Ctrl + T キーを押すと新しいタブが表示されます。左のナビゲーションウィンドウから表示したい場所を選択すると、その中身が表示されます。

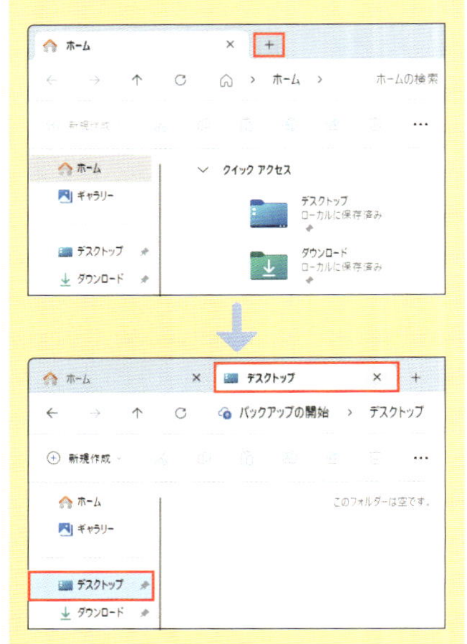

1 新しいタブで開くフォルダー(ここでは[デスクトップ])を右クリックします。

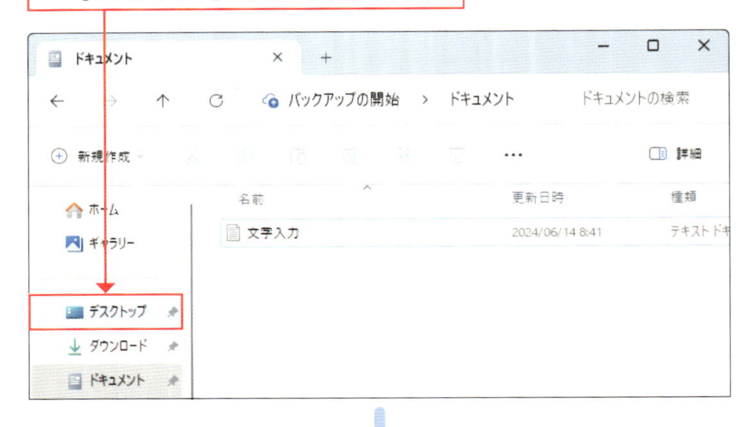

2 [新しいタブで開く]をクリックします。

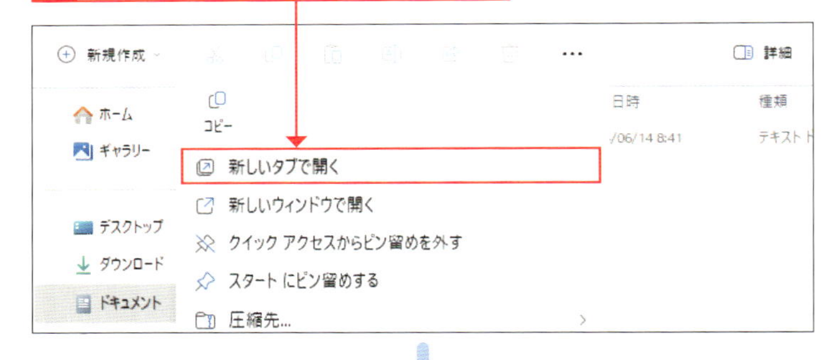

3 新しいタブが表示されます。ここをクリックすると、デスクトップの中が表示されます。

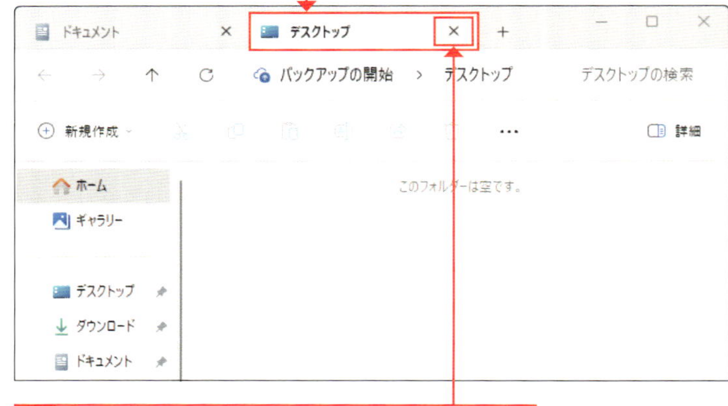

4 [タブを閉じる]をクリックしてタブを閉じます。

4 新しいウィンドウでフォルダーの内容を表示する

解説

フォルダーを並べて表示する

新しいウィンドウでフォルダーを表示すると、複数のフォルダーの中を見比べることができます。フォルダーからフォルダーにファイルを移動したりコピーしたりするときに便利です。

時短

ほかの方法で開く

⊞キーを押しながらEキーを押すと、「エクスプローラー」のウィンドウを表示できます。もう一度、⊞キーを押しながらEキーを押すと、新しいウィンドウで「エクスプローラー」のウィンドウが開きます。また、「エクスプローラー」の右の領域に表示されているフォルダーをCtrlキーを押しながらダブルクリックすると、そのフォルダーが新しいウィンドウで開きます。

1 新しいウィンドウで開くフォルダー（ここでは［デスクトップ］）を右クリックします。

2 ［新しいウィンドウで開く］をクリックします。

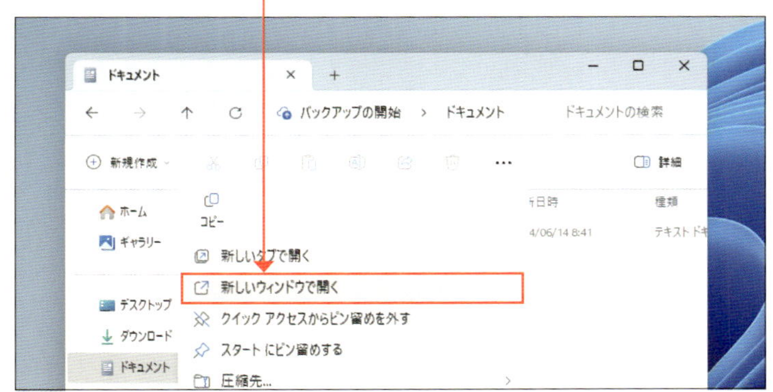

3 選択したフォルダーが新しいウィンドウで開きます。

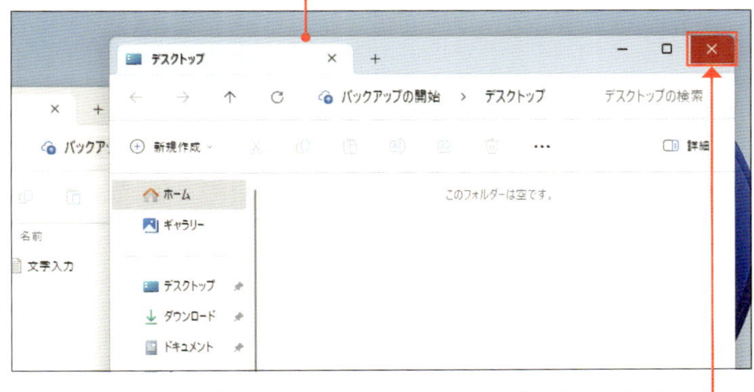

4 ［閉じる］をクリックしてウィンドウを閉じます。

Section

20 フォルダーを作成しよう

ここで学ぶこと

- フォルダー
- エクスプローラー
- フォルダー名

フォルダーとは、複数のファイルをまとめる小物入れのようなものです。フォルダーを作成して利用すると、複数のファイルを整理できます。なお、61ページで紹介した「ドキュメント」もフォルダーです。「ドキュメント」フォルダーは、あらかじめパソコンに作成されています。

1 フォルダーを作成する場所を表示する

解説

フォルダーを作成する

フォルダーは、あらかじめパソコンに作成されているものもありますが、自分で作成することもできます。ここでは、「ドキュメント」フォルダーの中に「練習」という新しいフォルダーを作成してみましょう。フォルダーは、「エクスプローラー」で作成できます。まずは、「エクスプローラー」を起動してフォルダーを作成する場所を表示します。

1 「エクスプローラー」を起動しておきます（60ページ参照）。

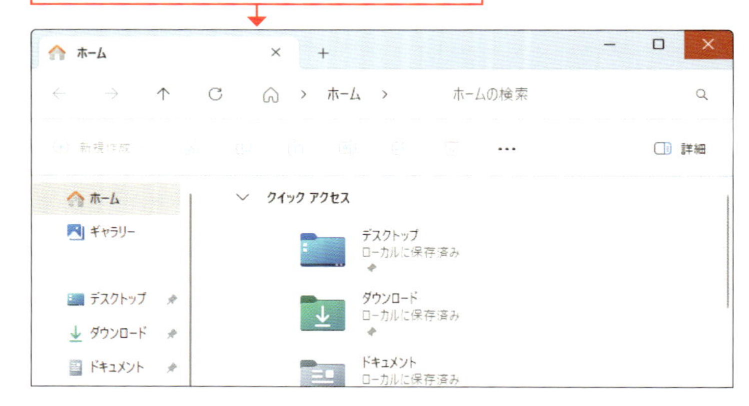

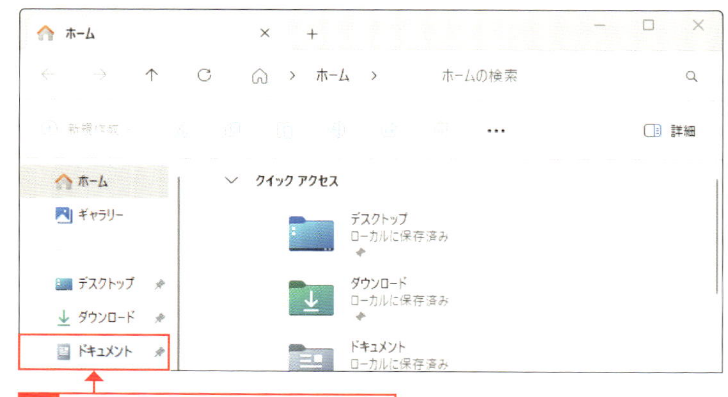

2 ［ドキュメント］をクリックします。

② フォルダーを作成する

中身がわかる名前を付ける

フォルダーを作成すると、「新しいフォルダー」という仮の名前の付いたフォルダーが作成されます。フォルダーには、わかりやすい名前を付けましょう。たとえば、仕事用のファイルを入れるフォルダーは「仕事用」というように付けます。

フォルダー名を変更する

フォルダーの名前は、あとから自由に変更できます。それには、フォルダーをクリックし、[名前の変更]をクリックします。続いて、フォルダー名を入力します。

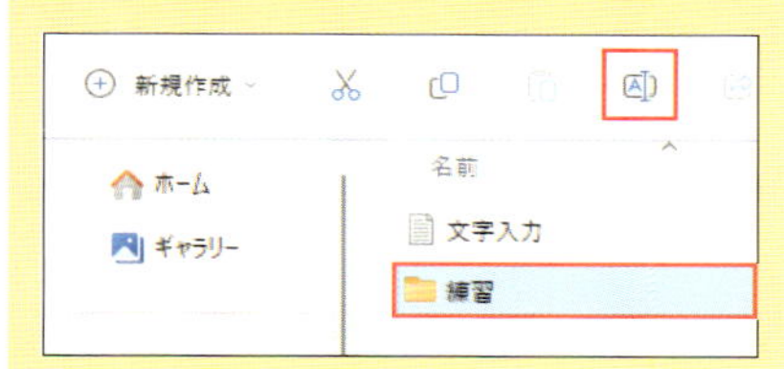

ヒント デスクトップにフォルダーを作成する

デスクトップにもフォルダーを作成できます。それには、デスクトップ画面で右クリックし、ショートカットメニューの[新規作成]－[フォルダー]をクリックして、フォルダー名を入力します。デスクトップに作成したフォルダーは、デスクトップ画面からかんたんにフォルダーの中身を表示できます。

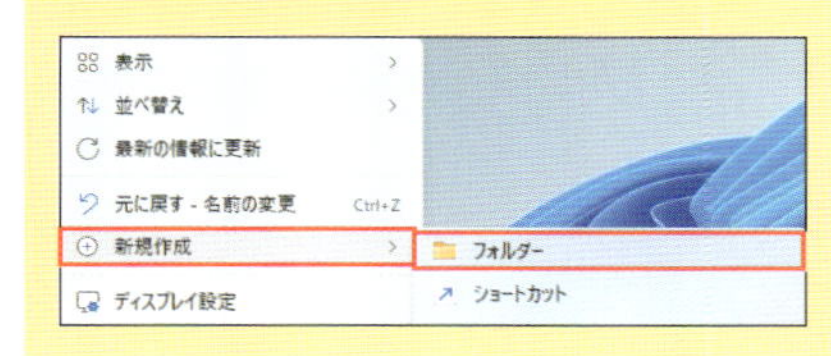

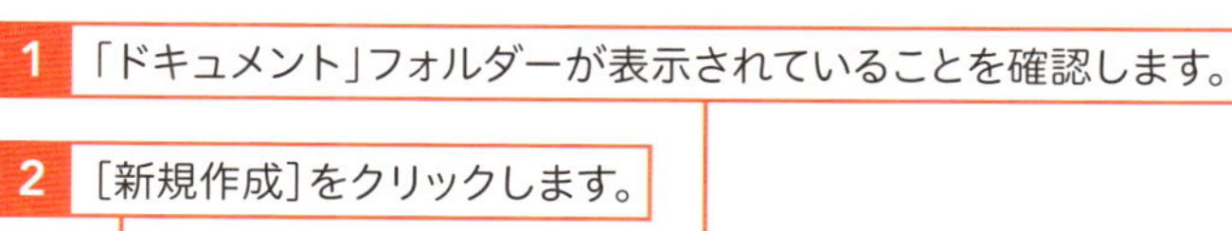

1 「ドキュメント」フォルダーが表示されていることを確認します。

2 [新規作成]をクリックします。

3 [フォルダー]をクリックします。

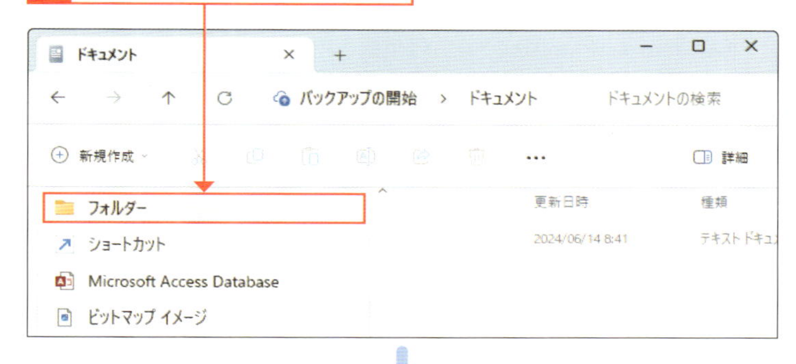

4 フォルダー名を入力して Enter キーを押します。

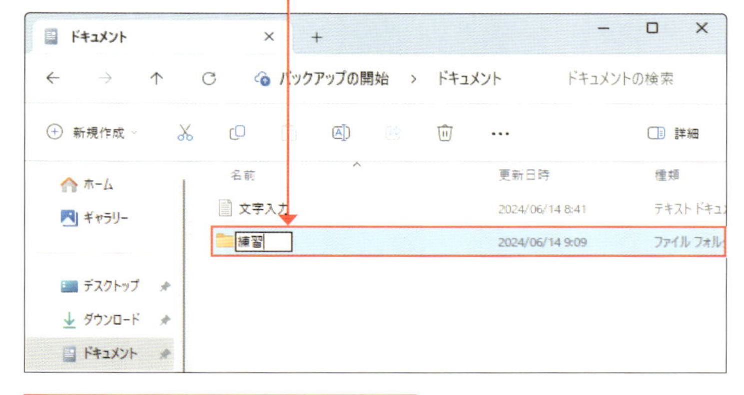

5 新しいフォルダーが作成できます。

Section

21 ファイルを移動／削除しよう

ここで学ぶこと

- 移動
- 削除
- ごみ箱

ファイルの保存先は、あとから別の場所に移動することができます。また、不要になったファイルは削除することもできます。ここでは、ファイルの移動や削除など、基本的なファイル操作を紹介します。ファイルを管理する「エクスプローラー」を使って操作します。

1 ファイルを移動する

解説

ファイルを移動する

ここでは、59ページで「ドキュメント」フォルダーに保存した「文字入力」ファイルを、65ページで作成した「練習」フォルダーに移動します。ファイルのアイコンを移動先のフォルダーにドラッグします。

ヒント

ファイルをコピーする

ファイルを指定したフォルダーにコピーするには、Ctrl キーを押しながらドラッグします。Ctrl キーを押しながらドラッグすると、[+]が表示されます。[+]は、コピー中を示す印です。

ヒント

ファイルの移動を元に戻す

ファイルを間違って移動してしまった場合、移動した直後ならかんたんに元に戻せます。それには、「エクスプローラー」のウィンドウ内で右クリックして、[元に戻す]をクリックします。

1 「エクスプローラー」を起動します（60ページ参照）。

2 「ドキュメント」フォルダーを表示します（61ページ参照）。

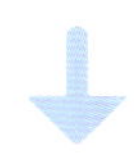

3 「文字入力」ファイルを「練習」フォルダーの上にドラッグします。

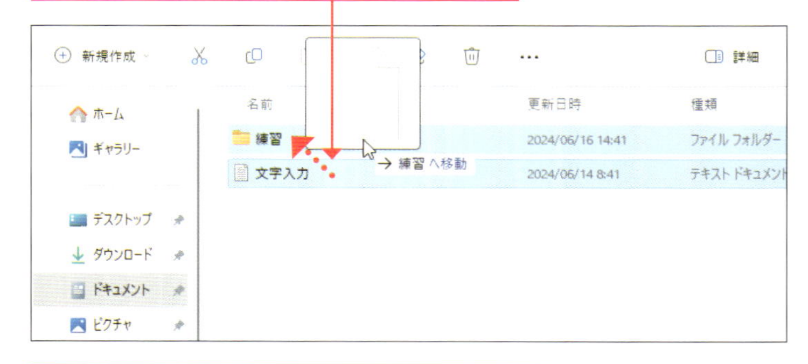

4 「ドキュメント」フォルダーから「文字入力」ファイルのアイコンが消えます。

② ファイルを確認する

解説

ファイルやフォルダーを開く

ファイルやフォルダーを開くには、ファイルやフォルダーをダブルクリックします。ここでは、「練習」フォルダーを開き、その中にある「文字入力」ファイルを開いて中身を表示しています。

応用技

別のドライブに移動・コピーする

USBドライブなど、別のドライブにあるフォルダーにファイルを移動・コピーするときは、Shift キーを押しながらドラッグすると移動、単にドラッグするとコピーになります。ドラッグ先に表示される「移動」や「コピー」の文字を確認しながら操作するとよいでしょう。ファイルを右ドラッグすると、移動するかコピーするかをドラッグ先で選べます（下の図参照）。

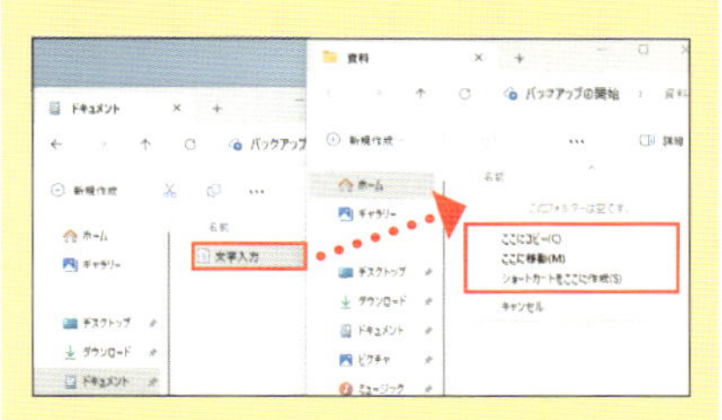

ヒント

タブが表示される

「メモ帳」を起動した状態で、「メモ帳」で作成したほかのファイルを開くと、別のタブに内容が表示されます。タブをクリックすると、ファイルを切り替えられます。

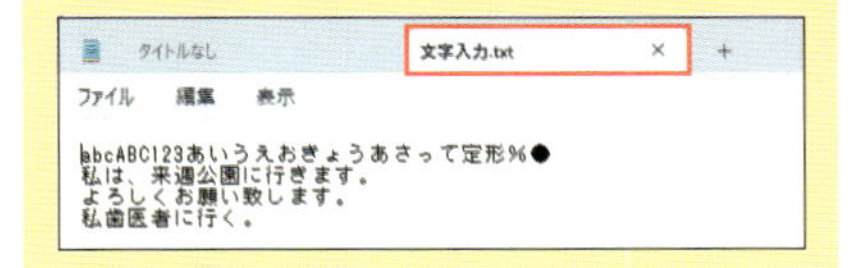

1 「練習」フォルダーをダブルクリックします。

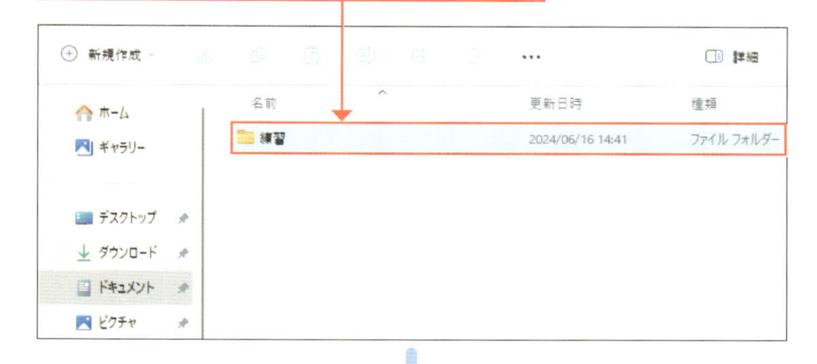

2 「練習」フォルダーが開きます。

3 移動したファイルのアイコンをダブルクリックします。

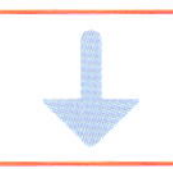

4 「メモ帳」が起動してファイルの中身が表示されます。

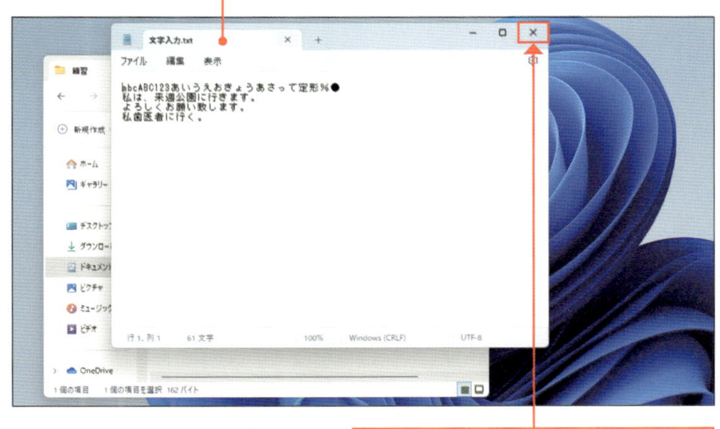

5 ［タブを閉じる］をクリックして「メモ帳」を閉じます。

3 ファイルを削除する

解説 ファイルを削除する

不要になったファイルを削除します。ここでは、「練習」フォルダーの「文字入力」ファイルを削除します。67ページの方法で、「練習」フォルダーの中を表示してから操作しましょう。削除したファイルは、ごみ箱に移動します。

ヒント フォルダーごと削除する

ファイルと同様にしてフォルダーを選択して Delete キーを押すと、フォルダーを削除できます。フォルダーを削除すると、フォルダーの中のファイルも一緒に削除されます。

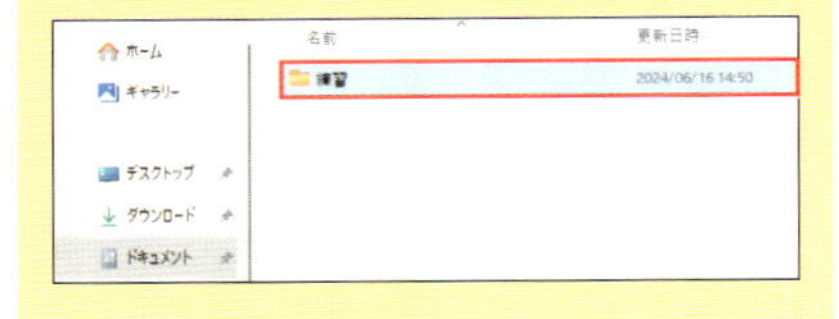

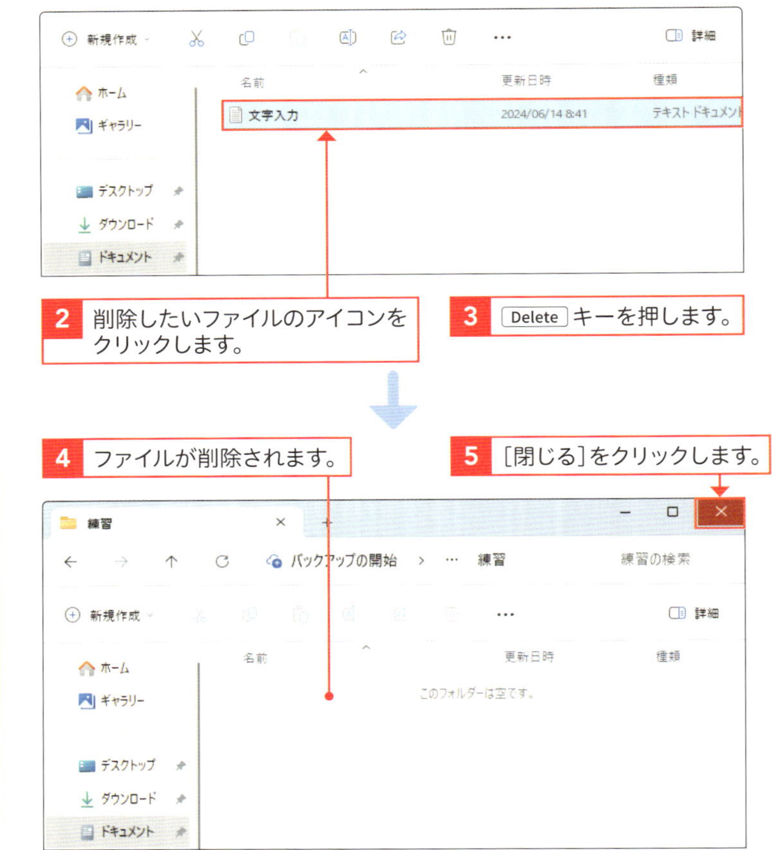

1 「練習」フォルダーを表示しておきます（67ページ参照）。
2 削除したいファイルのアイコンをクリックします。
3 Delete キーを押します。
4 ファイルが削除されます。
5 ［閉じる］をクリックします。

ヒント ごみ箱からも削除する

削除したファイルは、デスクトップのごみ箱の中に入っています。ごみ箱からもファイルを削除するには、ごみ箱を開いてごみ箱のファイルをクリックして Delete キーを押します。また、ごみ箱にあるファイルをまとめて削除するには、ごみ箱を右クリックして、［ごみ箱を空にする］をクリックします。メッセージ画面で［はい］をクリックすると、ごみ箱のファイルが削除されます。

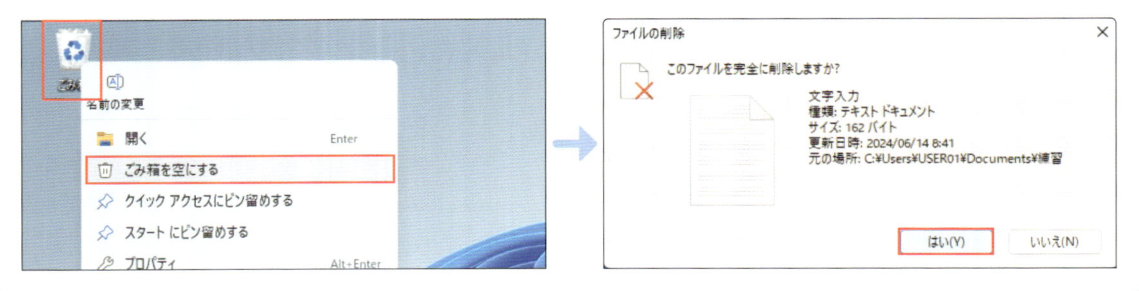

第 3 章

インターネットを楽しもう

Section

22 ブラウザーを起動しよう

ここで学ぶこと

- ブラウザー
- Microsoft Edge
- ホームページ

インターネットのホームページを見るには、ホームページを見るためのブラウザーというアプリを使います。ブラウザーには、さまざまなものがありますが、Windows 11には、「Microsoft Edge（マイクロソフト エッジ）」というブラウザーが付いています。まずは、起動してみましょう。

1 ブラウザーを起動する

重要用語

Microsoft Edge

「Microsoft Edge」とは、Windows 11に付属しているブラウザーです。「Microsoft Edge」を利用すると、インターネットのホームページを見ることができます。

1 タスクバーの「Microsoft Edge」のプログラムアイコンをクリックします。

2 「Microsoft Edge」が起動します。

重要用語

ブラウザー

ブラウザーとは、インターネットのホームページを見るときに使うアプリの総称です。

2 画面を最大化する

解説

ウィンドウを最大化する

ここでは、「Microsoft Edge」の画面を最大化して使います。ウィンドウの表示方法などは、38～41ページを参照してください。

1 ウィンドウの大きさが小さい場合は、［最大化］をクリックします。

2 「Microsoft Edge」のウィンドウが大きく表示されます。

3 ブラウザーを閉じる

ヒント

「Microsoft Edge」のウィンドウを閉じる

「Microsoft Edge」のウィンドウを閉じるには、ウィンドウの右上にある3つのボタンの右の［閉じる］をクリックします。ウィンドウの扱いについては、38～41ページを参照してください。

1 ［閉じる］をクリックします。

2 「Microsoft Edge」のウィンドウが閉じます

Section 23

「Microsoft Edge」の各部名称を知ろう

ここで学ぶこと

- Microsoft Edge
- アドレスバー
- お気に入り

「Microsoft Edge」のウィンドウの各部名称と役割を確認しましょう。特に覚えておきたいのは、アドレスバーです。ホームページの場所を指定したり、ホームページを検索したりするときに頻繁に使用します。また、表示するホームページをかんたんに切り替えるボタンを知りましょう。

1 各部の名称について知る

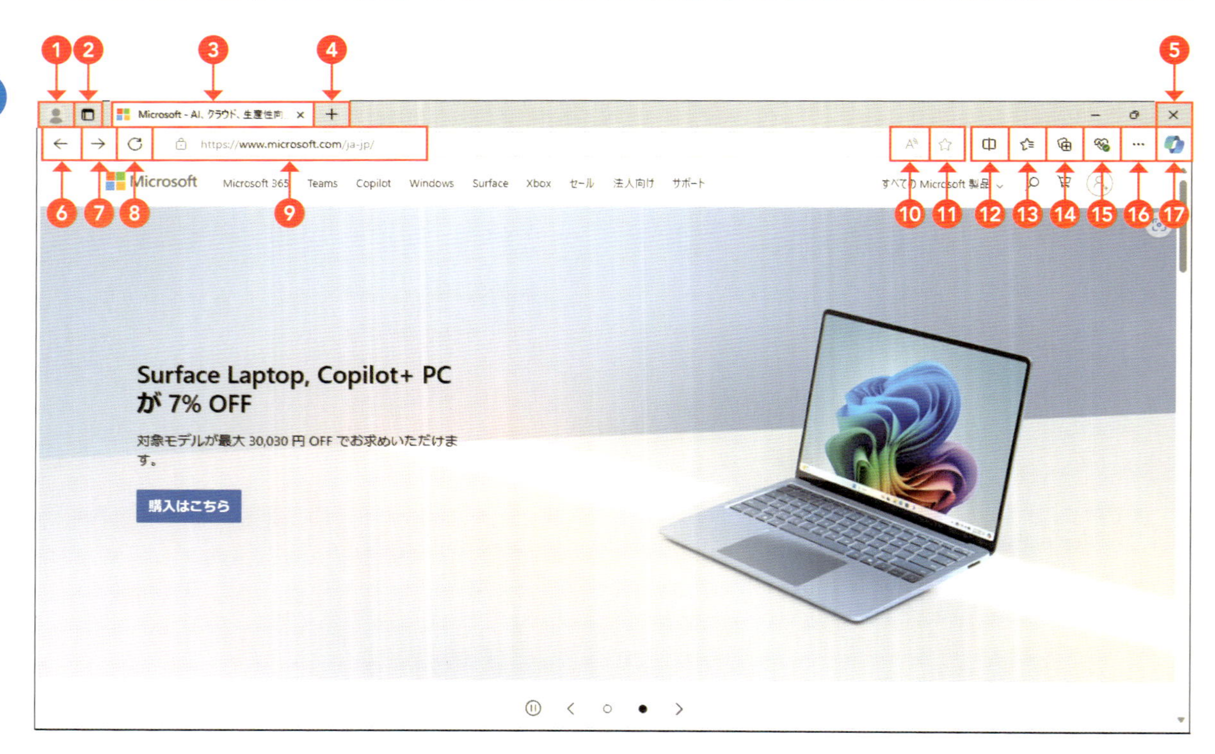

❶ **プロファイル**
「Microsoft Edge」では、お気に入りや履歴などの設定パターンをプロファイルという単位で管理できます。複数のプロファイルを用意すれば、用途別に設定パターンを使い分けられます。

❷ **[タブ操作] メニュー**
タブの表示方法を変更したり、最近閉じたタブを開いたりします。

❸ **タブ**
ホームページはタブごとに表示されます。複数のホームページを同時に開いているときは、タブをクリックしてホームページを切り替えます。

❹ **新しいタブ**
今見ているホームページはそのまま表示して、新しいタブにホームページを表示する場合は、ここをクリックしてタブを追加します。

❺ **[閉じる]**
「Microsoft Edge」を終了します。

❻ **戻る**
前に見ていたホームページに戻ります。使用できない場合はボタンがグレーになります。

❼ **進む**
前に見ていたホームページに戻ったあとに、次に見たホームページに進みます。使用できない場合は表示されません。

❽ **更新**
ホームページを再読み込みして最新の状態を表示します。

❾ **アドレスバー**
ホームページのアドレスが表示されるところです。アドレスを入力してホームページを表示したり、ホームページを検索したりするときなどに使用します。

❿ **このページを音声で読み上げる**
表示中のホームページを読み上げます。

⓫ **このページをお気に入りに追加**
表示中のホームページをお気に入りに追加するときに使います。

⓬ **画面を分割する**
画面を分割して別のホームページを並べて表示します。

⓭ **お気に入り**
お気に入りのリストを表示するときに使用します。

⓮ **コレクション**
ホームページやホームページ内の文字、画像などを収集します。収集したデータにメモを書くなど情報を整理できます。

⓯ **ブラウザーのエッセンシャル**
ブラウザーのパフォーマンスやセキュリティに関する情報などを確認します。

⓰ **設定など**
ホームページを印刷したり、「Microsoft Edge」の設定を変更したりするときに使用します。

⓱ **Copilot**
Copilotのウィンドウを表示します。146ページで紹介します。

2 アドレスバーを選択する

重要用語

アドレス

ホームページには、それぞれ、その場所を示す住所のような役割を持つアドレスというものがあります。アドレスが分かれば、そのホームページを表示できます。たとえば、ヤフーのホームページのアドレスは、「https://www.yahoo.co.jp」です（79ページ参照）。アドレスのことをURLともいいます。

1 アドレスバーをクリックします。

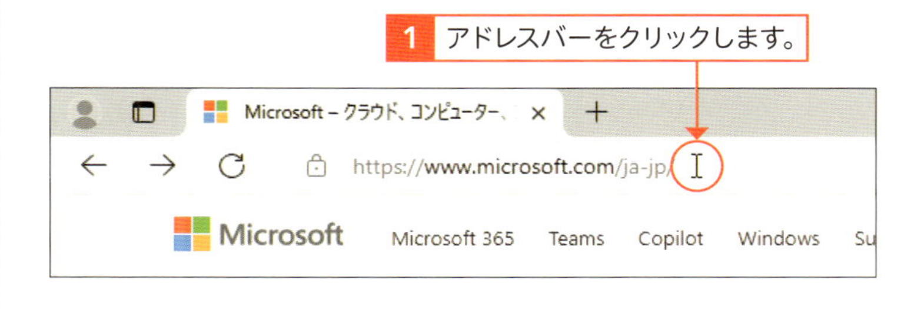

2 アドレスバーの文字が選択されます。

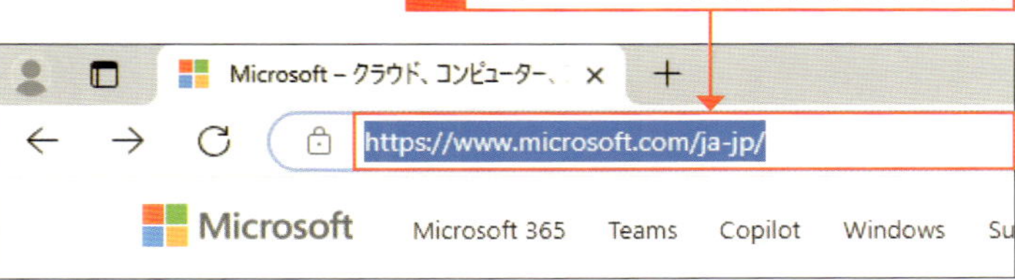

Section

24 ホームページを表示しよう

ここで学ぶこと

- ホームページ
- アドレス
- アドレスバー

「Microsoft Edge」のアドレスバーに、ホームページのアドレスを入力してホームページを表示してみましょう。ここでは、技術評論社のホームページを表示します。技術評論社のホームページのアドレス「https://gihyo.jp」を指定して表示します。アドレスバーを操作します。

1 アドレスを入力する

解説

ホームページのアドレスを指定する

ホームページのアドレスを入力して見たいホームページを表示します。ホームページのアドレスを入力するときは、日本語入力モードをオフにしてから入力します（44ページ参照）。

1 アドレスバーをクリックします。

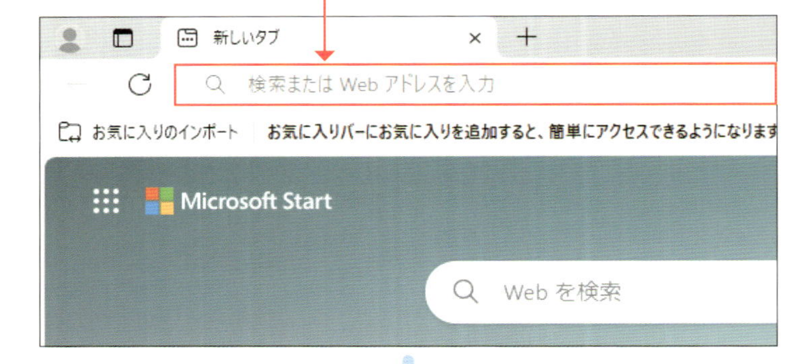

2 ホームページのアドレス「https://gihyo.jp」を入力します。

3 Enter キーを押します。

2 ホームページを表示する

ホームページが表示されない

ホームページのアドレスを1文字でも間違えていると、ホームページは表示されません。次のような画面が表示された場合は、アドレスが正しいかどうか確認しましょう。

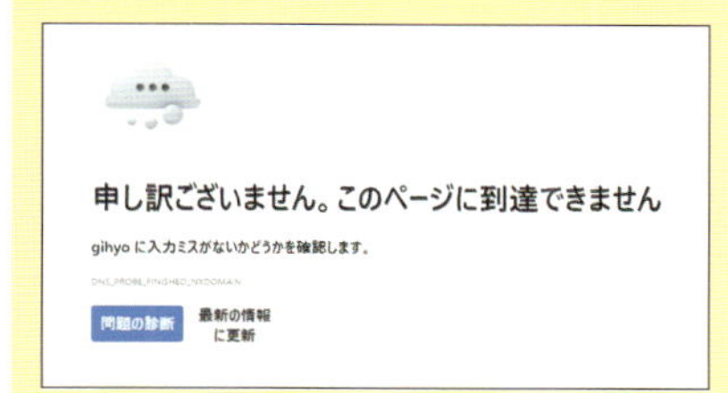

ハイパーリンク(リンク)

ホームページでは、項目や画像をクリックすると他のページを表示するしくみになっています。このようなしくみをハイパーリンク(リンク)といいます。リンクが設定されている箇所にマウスポインターを移動すると、マウスポインターの形が指の形になります。

1 ホームページが表示されます。

2 画面をスクロールして下の方を見ます。

3 見たい項目を左クリックします。

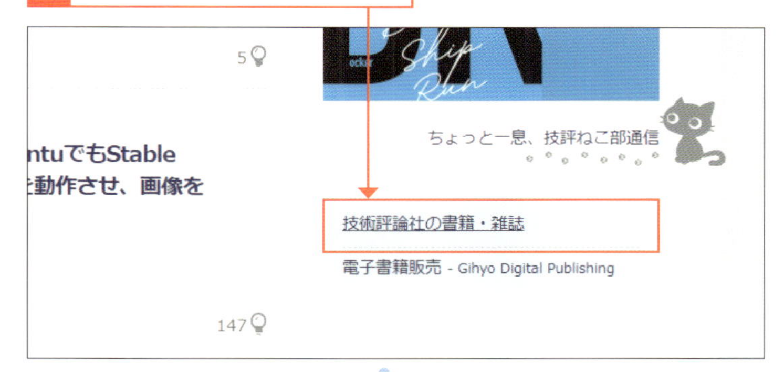

4 指定したページに移動します。

5 画面をスクロールして内容を確認します。

Section
25 直前のページに戻ろう

ここで学ぶこと

- 戻る
- 進む
- 履歴

ホームページは、見たい箇所をクリックして次から次へページを移動しながら閲覧します。このとき、閲覧したホームページの履歴が残ります。ここでは、前に見たページに戻って内容を確認したり、その後に表示したホームページに移動したりする方法を紹介します。

1 前のページに戻る

解説

直前に見たページに戻る

ホームページの閲覧中に、直前に見たページに戻ります。[戻る]をクリックします。

ショートカットキー

Alt + ← キーで戻る

ホームページの閲覧中、Alt + ← キーを押しても、直前に見たページに戻ります。

1 [戻る]をクリックします。

2 前に見ていたページに戻ります。

2 さらに前のページを表示する

解説

過去にさかのぼって表示できる

［戻る］を何度か続けてクリックすると、過去に見たホームページをさかのぼって表示できます。それ以上戻ることができない場合、［戻る］ボタンがグレーになります。

1 ［戻る］をクリックします。

2 さらに1つ前に表示していたページに戻ります。

3 次のページを表示する

解説

次のページを表示する

前に見たホームページを表示したとき、戻る前に見ていたページを表示するには、［次へ］をクリックします。

1 ［次へ］をクリックします。

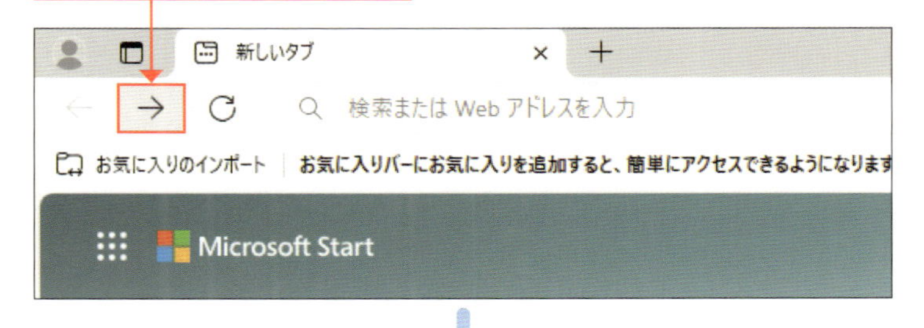

2 戻る前に見ていたページが表示されます。

ヒント

閲覧履歴からホームページを表示する

ホームページを見ると閲覧履歴が残ります。履歴の一覧を表示して過去に見たホームページを表示する方法は、86ページで紹介しています。

Section

26 ホームページを検索しよう

ここで学ぶこと

- アドレスバー
- 検索
- 検索エンジン

ホームページのアドレスがわからなくても、ホームページを検索して表示することができます。会社名やレストランの名前、商品名や地名などさまざまなキーワードでホームページを検索できます。ホームページを検索するときもアドレスバーを使用します。

1 キーワードを入力する準備をする

解説

アドレスを消す

アドレスバーにアドレスが表示されているとき、アドレスバーをクリックすると、アドレスが選択されます。アドレスを消すには、Delete キーを押します。また、アドレスが選択された状態で検索キーワードを入力しても構いません。その場合、選択されているアドレスが自動的に消えます。

ヒント

複数のキーワードを指定する

見たいホームページがうまく見つからない場合は、複数のキーワードを組み合わせて指定します。たとえば、「新宿 ランチ 焼肉」のように複数のキーワードをスペースで区切って指定します。

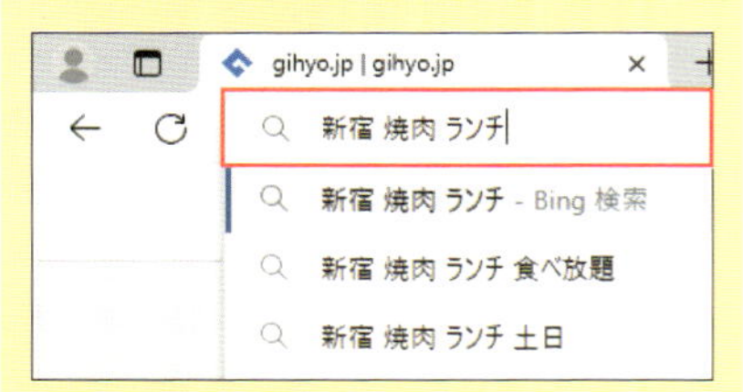

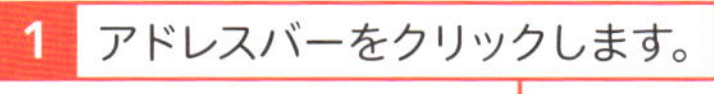

2 アドレスが選択されたら、Delete キーを押します。

2 ホームページを検索する

解説

ホームページを検索する

ここでは、「ヤフー(Yahoo!)」のページを検索します。「yahoo!」と入力してホームページを検索してみましょう。ホームページを検索すると、通常は複数の検索結果が表示されます。検索結果の中から見たいホームページをクリックして表示しましょう。

重要用語

検索エンジン

ホームページを検索するためのホームページを検索エンジンといいます。検索エンジンのホームページを表示して、そのホームページの検索ボックスにキーワードを入力して探すこともできます。代表的な検索エンジンには、グーグル「https://www.google.co.jp」、ヤフー「https://www.yahoo.co.jp」などがあります。

補足

タブを閉じる

不要なタブを閉じるには、閉じたいタブの横の ☒ をクリックします。

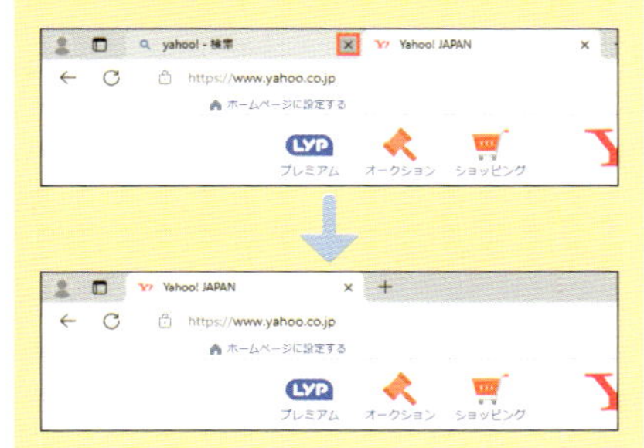

1 アドレスバーに検索キーワード（ここでは「yahoo!」）を入力します。

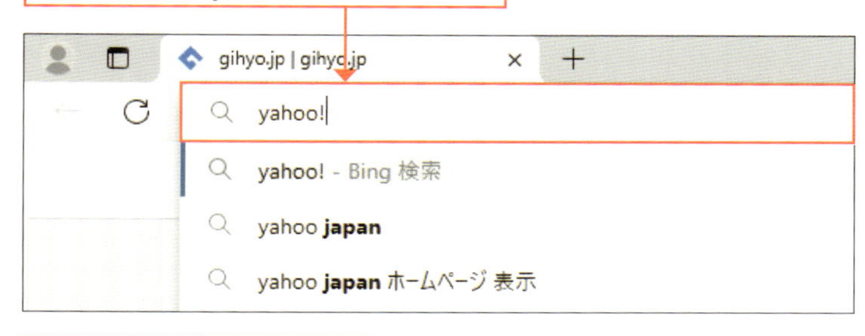

2 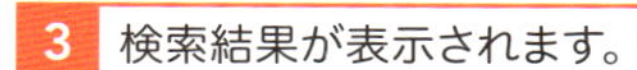 Enter キーを押します。

3 検索結果が表示されます。

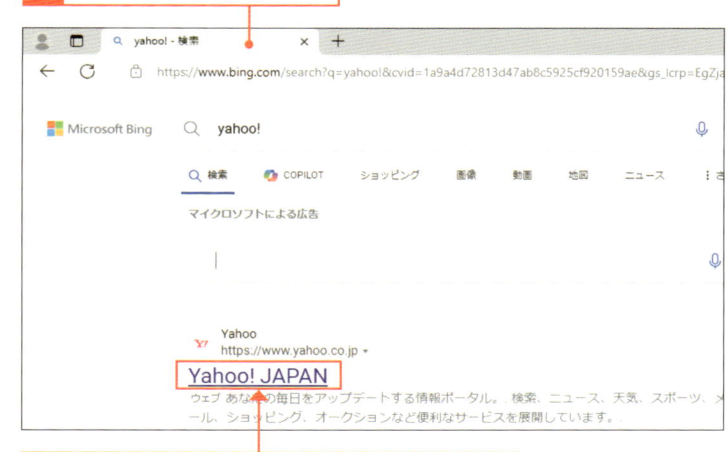

4 見たいホームページの項目をクリックします。

5 新しいタブが開き、ヤフーのページが表示されました。

Section 27

ホームページを「お気に入り」に登録しよう

ここで学ぶこと
- お気に入り
- ピン留め
- その他のお気に入り

よく見るホームページは、毎回アドレスを入力しなくてもかんたんにみられるように登録しておくとよいでしょう。それには、「お気に入り」という場所に登録しておく方法が便利です。ここでは、ヤフーのホームページをお気に入りに登録して利用できるようにします。

1 お気に入りに登録する

解説

お気に入りに登録する

ホームページをお気に入りに登録するには、登録するホームページを表示してから操作します。ここでは、ヤフーのページをお気に入りに登録します。[その他のお気に入り]に登録します。

応用技

ピン留めする

目的のホームページをかんたんに表示するには、ホームページをピン留めする方法もあります。それには、ピン留めするホームページを開き、タブを右クリックして[タブのピン留め]をクリックします。ピン留めしたホームページは、左端に追加され、クリックすると表示されます。

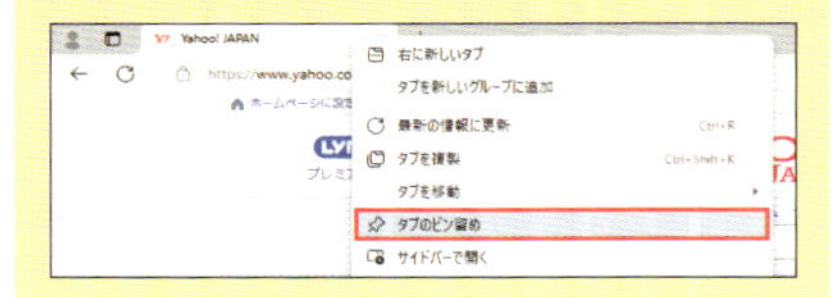

1 お気に入りに登録するホームページ（ここでは、「Yahoo!JAPAN」）を表示しておきます。

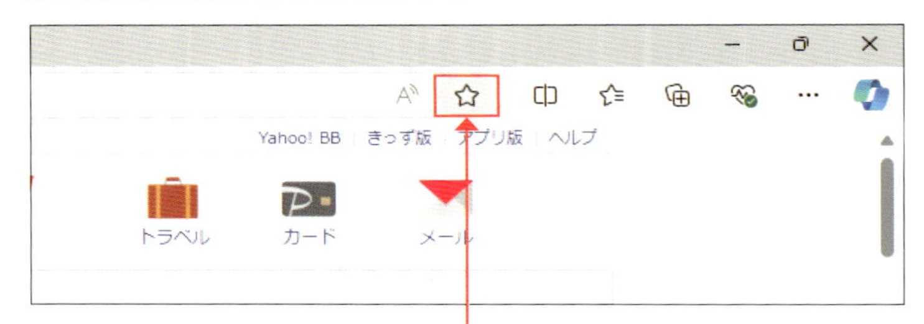

2 [このページをお気に入りに追加]をクリックします。

3 登録名を確認します。

4 ここをクリックします。

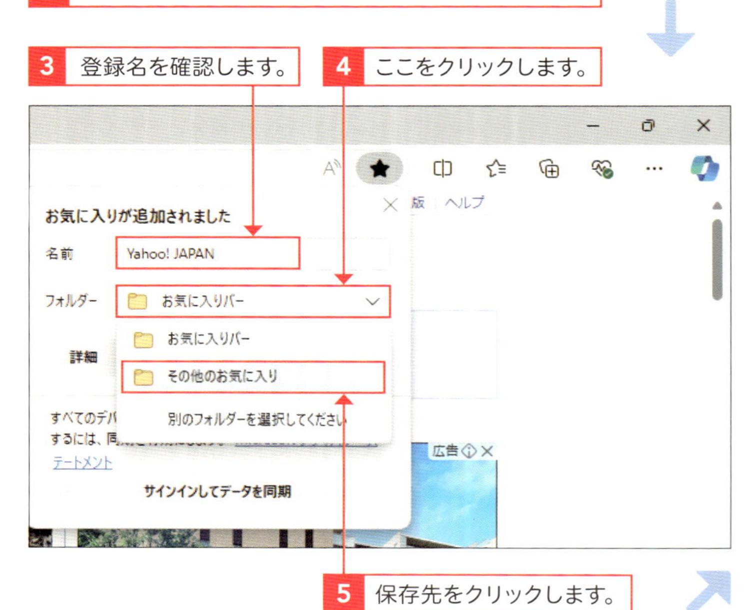

5 保存先をクリックします。

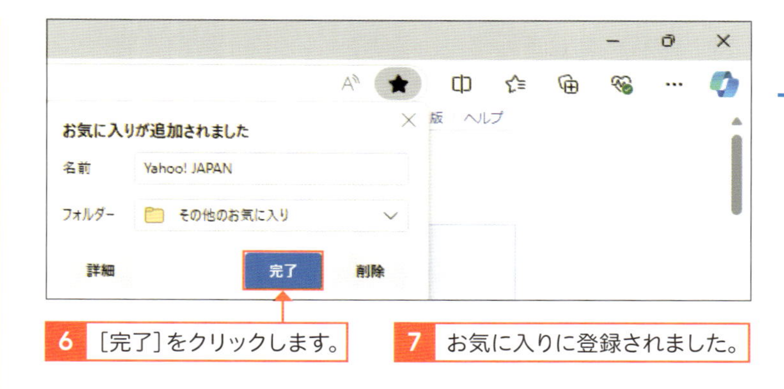

2 お気に入りのページを表示する

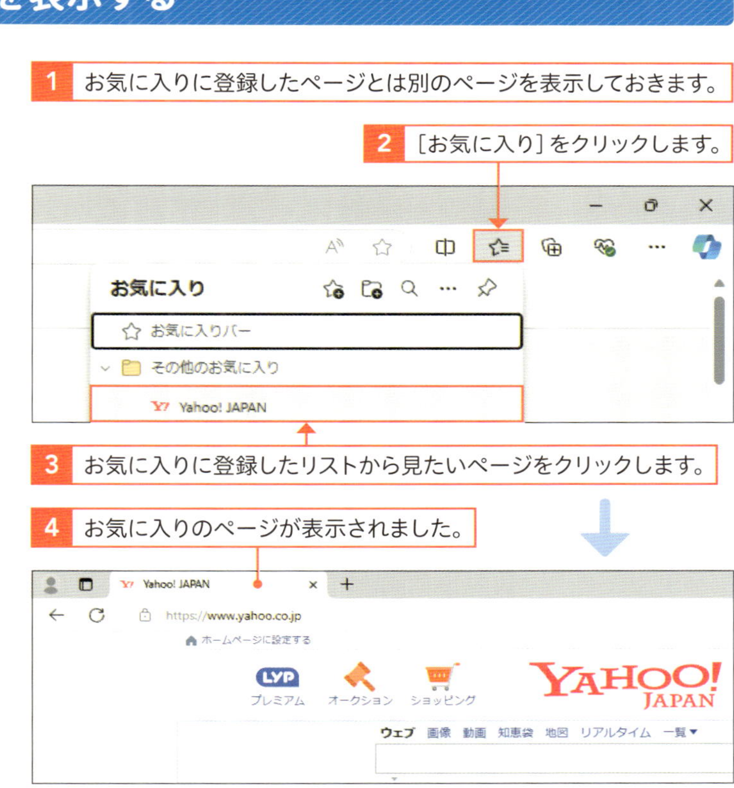

ヒント

お気に入りの項目を削除する

お気に入りに登録した項目を削除するには、お気に入りのリストから削除したい項目を右クリックします。表示される[削除]をクリックします。

応用技 お気に入りのリストを固定表示する

お気に入りに登録したリストを常に表示するには、お気に入りのページを選択する画面で[お気に入りをピン留めする]をクリックします。そうすると、画面の横にウィンドウが固定されます。ウィンドウを非表示にするには、[お気に入りを閉じる]をクリックします。

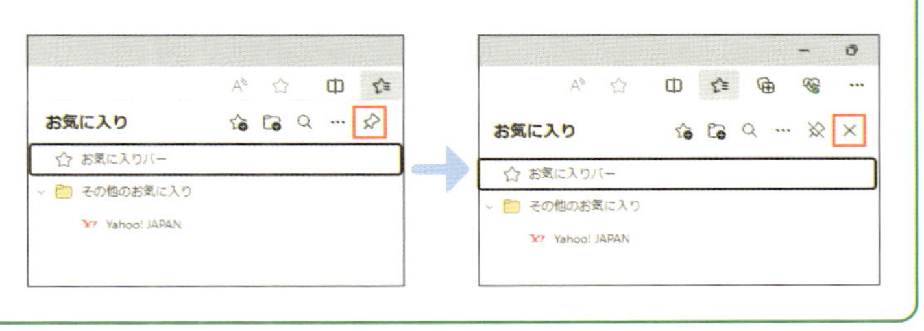

Section
28 ニュースを見よう

ここで学ぶこと

- ホームページ
- ニュース
- 更新

インターネットでニュースのページを見てみましょう。ここでは、ヤフーのページからニュースを表示します。「スポーツ」や「経済」「エンタメ」などニュースの分類を選んでニュースの一覧を表示できます。ニュースの一覧の中から見たいニュースを選んで表示します。

1 ニュースのページを表示する

解説

ニュースを見る

ヤフーのページでは、さまざまなサービスが提供されています。主なサービスはヤフーのトップページの左側に表示されます。ここでは、ニュースを選択してニュースのページを表示します。

1 ヤフーのページを表示します(78ページ参照)。

2 「ニュース」をクリックします。

3 ニュースのページが表示されます。

4 見たい項目をクリックします。

ヒント

ほかのホームページでニュースを見る

ここでは、ヤフーのページからニュースを表示しますが、新聞社やテレビ局のホームページなどでもニュースを見ることができます。78ページの方法で、新聞社やテレビ局のホームページを検索してみましょう。

② 見たいページを表示する

解説

見たいニュースを選択する

ニュースのカテゴリーを選択したあとは、見たいニュースのタイトルを選んでクリックします。選択したニュースが表示されたら、画面をスクロールして内容を確認しましょう。

ニュースの内容を更新する

サッカーや野球などの試合結果を表示するページなどでは、試合の動きによって情報が刻々と更新されます。自動的に更新される場合もありますが、手動で最新情報を見るには、[更新]をクリックします。

1 画面をスクロールします。

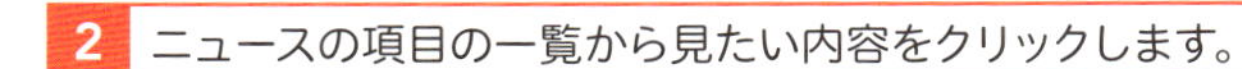

2 ニュースの項目の一覧から見たい内容をクリックします。

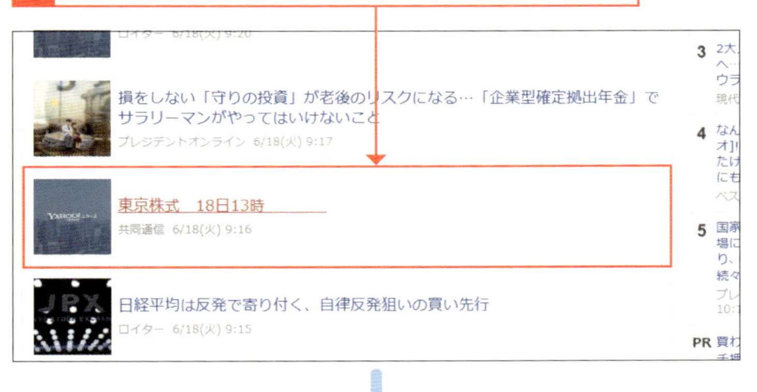

3 ニュースの内容が表示されます。

Section

29 YouTubeで動画を見よう

ここで学ぶこと

- ホームページ
- YouTube
- 動画サイト

インターネットには、さまざまな動画を投稿する動画サイトがあります。YouTubeは世界最大規模の動画投稿サイトです。世界中の人や企業などがさまざまな動画を投稿しています。ここでは、YouTubeのページを表示して、見たい動画を検索して表示してみましょう。

1 「YouTube」のページを表示する

ヒント

YouTubeのトップページを表示する

YouTubeのアドレスを入力してYouTubeのトップページを表示します（74ページ参照）。YouTubeのトップページには、人気の動画などが表示されていて、ここから見たい動画を探すことができます。また、ここからキーワードで動画を検索することもできます。

ヒント

ジャンルを選んで動画を探す

YouTubeのページの左上のボタンをクリックして動画のジャンルを選択すると、選択したジャンルのさまざまな動画が表示されます。選択したジャンルで人気の動画などを見られます。

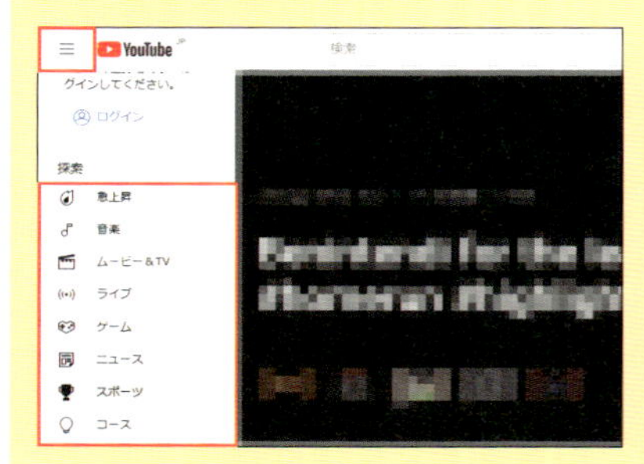

1 YouTubeのアドレス「https://www.youtube.com/」を入力して、YouTubeのページを表示します。

2 検索欄をクリックします。

YouTube
https://www.youtube.com
YouTube JP
検索
ホーム
ショート
登録チャンネル
すべて　ゲーム　音楽　ニュ

3 検索キーワードを入力します。

4 ここをクリックします。

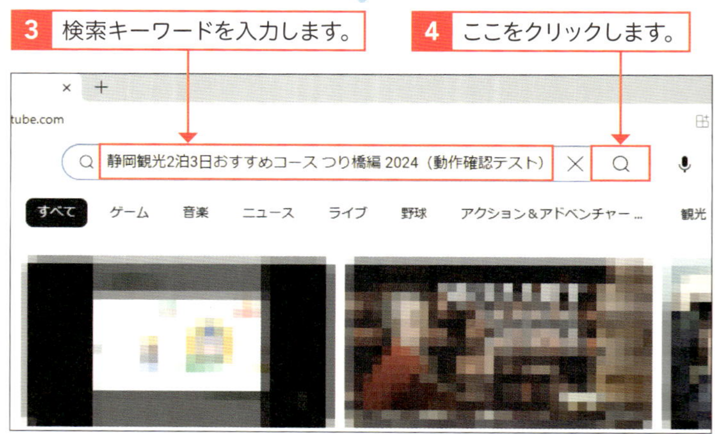

2 動画を見る

解説

音量や表示を変更する

動画の中にマウスポインターを移動すると、動画の長さが表示されます。また、スピーカーの音量や表示画面の大きさなどを指定できるバーが表示されます。必要に応じて設定を変更します。

音量を調整します。

画面サイズを変更します。

1 検索結果が表示されます。

2 画面をスクロールして見たい動画をクリックします。

3 動画が再生されます。

4 動画の再生を止めるには、［一時停止］をクリックします。

ヒント

広告を飛ばす

動画再生の開始時や閲覧中に、広告動画が表示される場合があります。広告動画の再生中に動画の右側に スキップ が表示された場合、 スキップ をクリックすると広告を飛ばして見られます。

Section

30 過去に見たホームページを表示しよう

ここで学ぶこと

- 履歴
- 履歴削除
- 設定

ホームページを見ると、閲覧履歴が自動的に残ります。たとえば、先週見たホームページをもう一度見たいけどホームページのアドレスが分からない場合などは、閲覧履歴の一覧を表示して過去に見たホームページを表示できます。

1 閲覧履歴を表示する

解説

履歴を表示する

ホームページの閲覧履歴は、ホームページを見た時期ごとにまとめられています。閲覧履歴の項目をクリックすると、選択したページが表示されます。

時短

アドレスバーから前に見たページを表示する

アドレスバーに検索キーワードやアドレスの一部を入力すると、履歴情報から過去に見たページの一覧が表示される場合があります。見たい項目をクリックすると、指定したページが表示されます。

1 ［設定など］をクリックします。

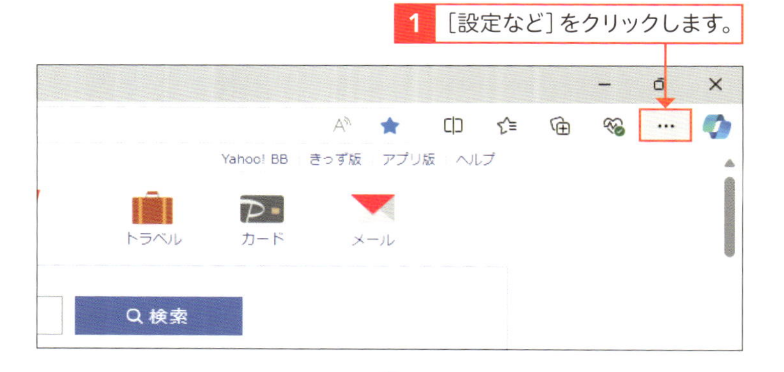

2 ［履歴］をクリックします。

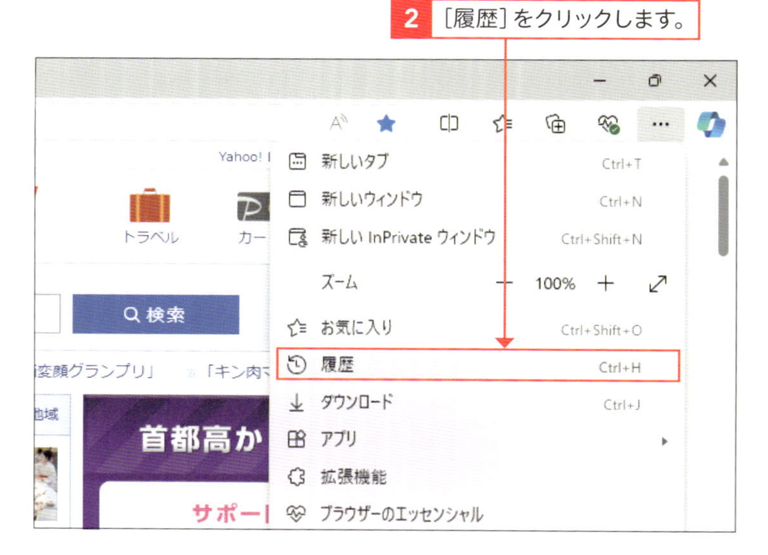

2 履歴からページを表示する

ヒント 履歴を削除する

ホームページを閲覧したときの履歴は、履歴の項目にマウスポインターを移動すると表示される［×］をクリックして削除することもできます。履歴を誰かに見られたくない場合などは、履歴を削除しておきましょう。すべての閲覧履歴を削除するには、履歴の表示画面で［閲覧データを削除する］をクリックします。続いて、削除する履歴の期間を指定します。［閲覧の履歴］にチェックが付いていることを確認して［今すぐクリア］をクリックします。

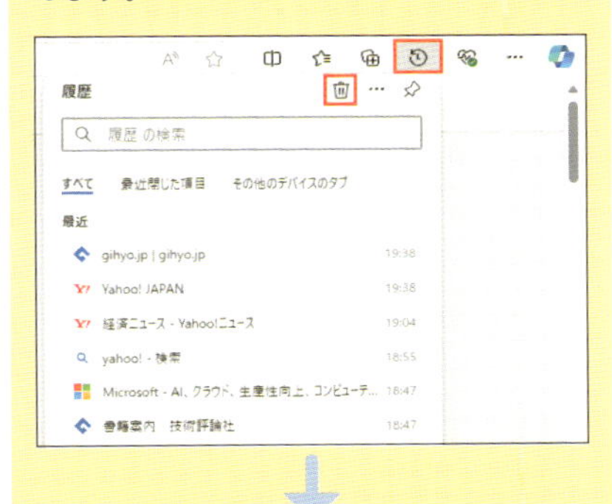

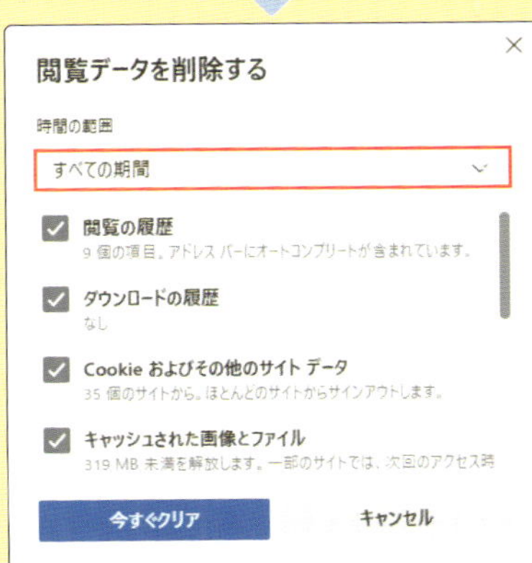

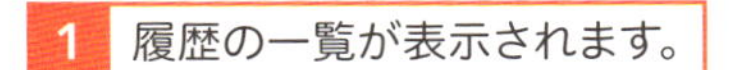
1 履歴の一覧が表示されます。

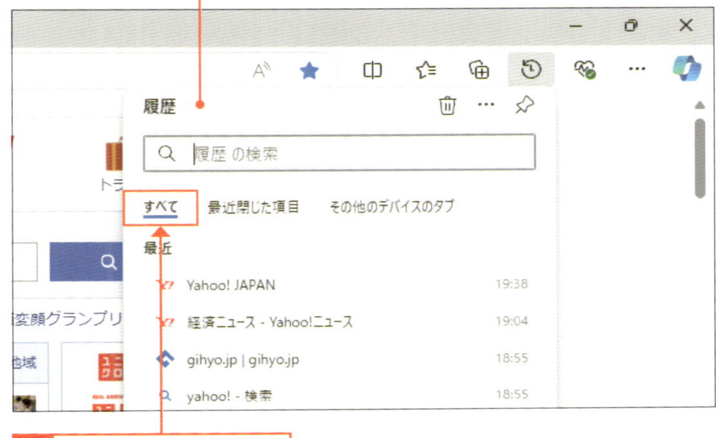

2 ここをクリックします。

3 見たいページをクリックします。

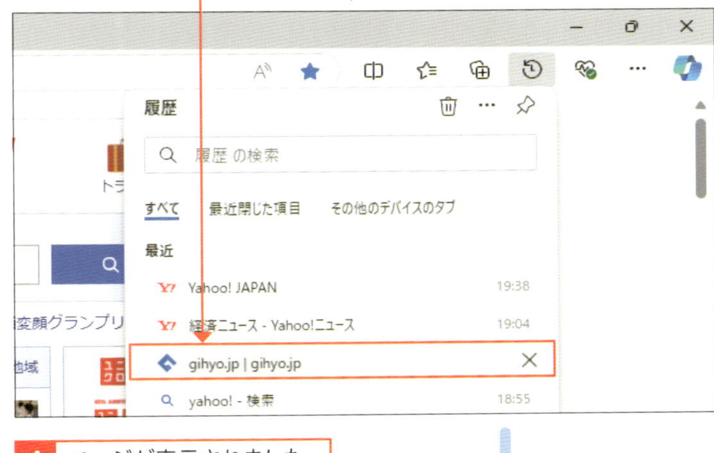

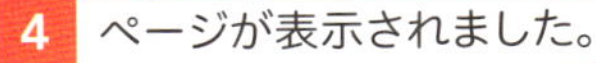
4 ページが表示されました。

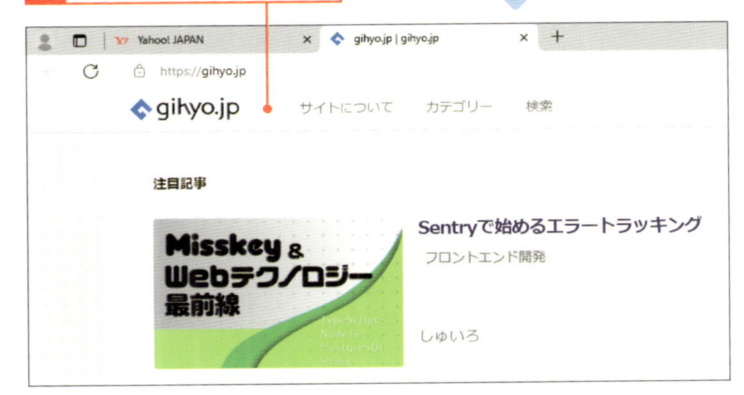

Section

31 ホームページを印刷しよう

ここで学ぶこと

- ホームページ
- 印刷
- 閉じる

ホームページの内容を持ち歩くには、ホームページを印刷します。パソコンとプリンターを接続し、ホームページを印刷しましょう。印刷時には、印刷イメージを確認し、印刷するページを指定しましょう。印刷したいホームページを開いた状態で操作します。

1 印刷を実行する

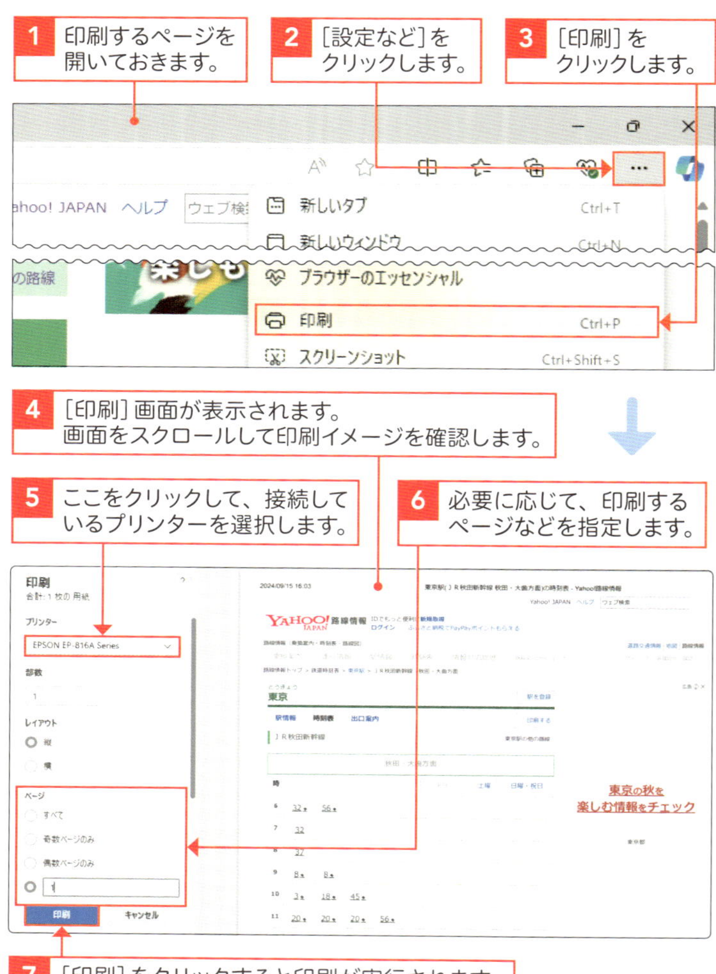

ヒント

印刷時の設定を変更する

印刷の画面では、左側に印刷時の設定をする項目が表示されます。たとえば、2部印刷するには、[部数]に「2」と指定します。

1 印刷するページを開いておきます。
2 [設定など]をクリックします。
3 [印刷]をクリックします。
4 [印刷]画面が表示されます。画面をスクロールして印刷イメージを確認します。
5 ここをクリックして、接続しているプリンターを選択します。
6 必要に応じて、印刷するページなどを指定します。
7 [印刷]をクリックすると印刷が実行されます。

「Microsoft Edge」を終了する

「Microsoft Edge」を終了するには、ウィンドウの右上の × ([閉じる])をクリックします。

第4章

メールをやり取りしよう

Section

32 「Outlook for Windows」を起動しよう

ここで学ぶこと

- メール
- アカウント
- Microsoftアカウント

メールのやり取りをするには、アプリを利用する方法があります。Windows 11には、メールをやり取りする「Outlook for Windows」というアプリが付属しています。まずは、「Outlook for Windows」を起動して、メールをやり取りする準備をしましょう。ここでは、タスクバーから起動します。

1 「Outlook for Windows」を起動する

解説

「Outlook for Windows」を起動する

「Outlook for Windows」を初めて起動したときに表示される「新しいOutlookへようこそ」の画面で、使用するアカウントを指定します。プロバイダーのメールアドレスを追加する場合は、234ページ参照を参照してください。なお、タスクバーに「Outlook for Windows」を起動するアイコンがない場合は、スタートメニューを表示し、[すべてのアプリ]をクリックし、アプリの一覧から[Outlook(new)]をクリックします。

Microsoft アカウントでメールをやり取りする

Microsoftアカウントでパソコンを使用している場合、「Outlook for Windows」を起動すると、「Outlook for Windows」にMicrosoftアカウントでメールをやり取りするためのアカウントが自動的に表示されます。ここでは、Microsoftアカウントでメールをやり取りする方法を紹介します。Microsoftアカウントのパスワードの入力を促された場合は、パスワードを入力して設定を完了します。

1 タスクバーの「Outlook for Windows」のアイコンをクリックします。

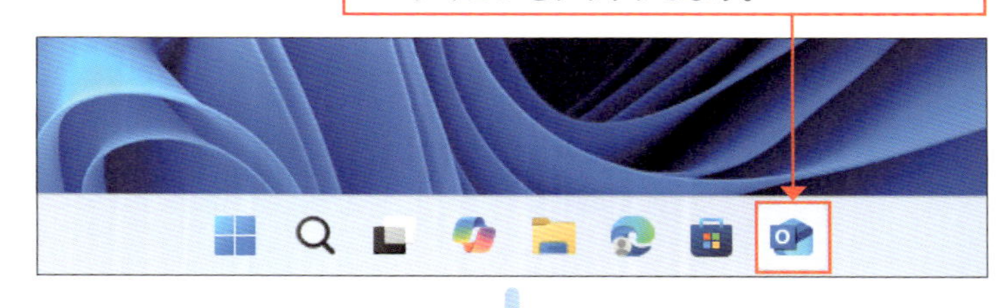

2 次の画面が表示された場合は、「Outlook for Windows」でメールをやり取りするアカウント(ここでは、Microsoftアカウント)を選択します。

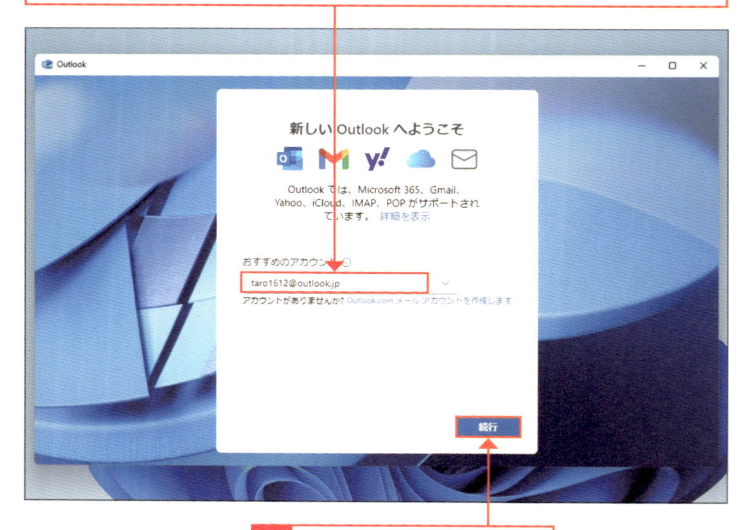

3 [続行]をクリックします。

2 「Outlook for Windows」を大きく表示する

重要用語

アカウント

アカウントとは、インターネット上のサービスやメールをやり取りするサービスなどを受ける権利のことです。アカウントによって使用するユーザーが区別されます。メールをやり取りするには、メールのアカウントの情報を「Outlook for Windows」に登録します。

注意

設定がエラーになる

Microsoftアカウントを使用してメールのアカウントを設定したとき、エラーが発生して設定できない場合、次の方法を試してみましょう。まず、「Outlook for Windows」を閉じます。続いて、「Microsoft Edge」でWeb版のOutlookの画面(https://www.outlook.com)を開き、サインインをしてWeb版のOutlookでメールを確認します。その状態で、「Outlook for Windows」を起動して設定を行います。また、「Office」アプリを使用できる場合は、「Outlook」という別のアプリを利用する方法もあります(237ページ参照)。

1 設定画面が表示されます。

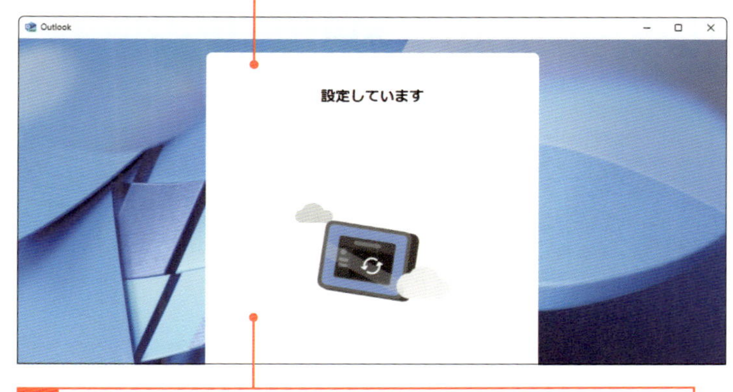

2 このあと、画面に表示される質問に答えながら画面を進めます。

3 「Outlook for Windows」が起動します。

4 [最大化]をクリックします。

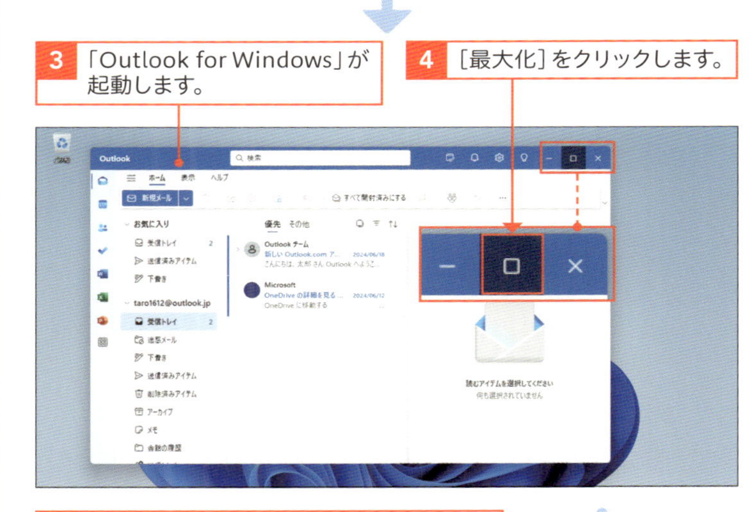

5 「Outlook for Windows」のウィンドウが大きく表示されます。

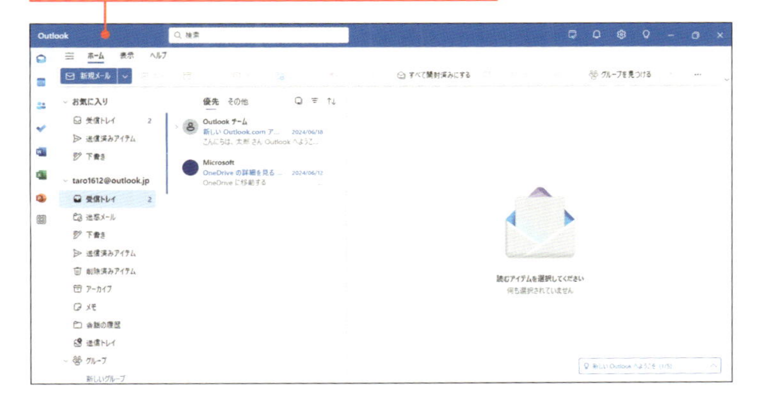

Section 33

「Outlook for Windows」の各部名称を知ろう

ここで学ぶこと
- ナビゲーションウィンドウ
- メッセージリスト
- 閲覧ウィンドウ

「Outlook for Windows」の画面各部の名称と役割を確認しておきましょう。「Outlook for Windows」では、画面の左側で選択したメールが右側の大きな枠に表示されます。メールは、いくつかのフォルダーにわかれて保存されています。各フォルダーについても知っておきましょう。

1 「Outlook for Windows」の画面

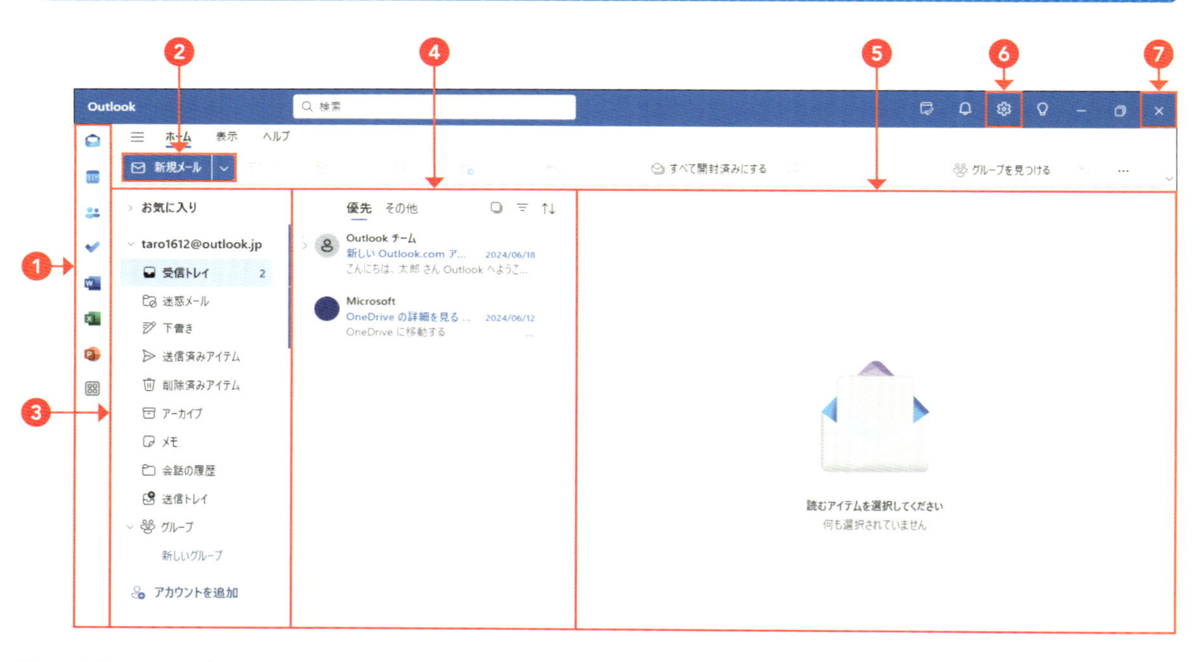

❶ **ナビゲーションバー**
Microsoft アカウントで利用できるアプリなどが表示されます。ここでは、一番上の「メール」を選択して「Outlook for Windows」を利用します。

❷ **新規メール**
新しいメールを作成します。

❸ **ナビゲーションウィンドウ**
設定されているメールアカウントが表示されます。その中には、さまざまなフォルダーがあります。たとえば、受信したメールが保存される「受信トレイ」、送信したメールが保存される「送信済みアイテム」などがあります。

❹ **メッセージリスト**
ナビゲーションウィンドウで選択しているフォルダーに入っているメールの一覧が表示されます。

❺ **閲覧ウィンドウ**
メッセージリストで選択しているメールの内容が表示されます。

❻ **設定**
「Outlook for Windows」の設定を変更したり、新しいアカウントを追加したりするときに使います。

❼ **閉じる**
クリックすると、「Outlook for Windows」が終了します。

② 項目の表示方法を変更する

解説

ナビゲーションウィンドウの表示

ナビゲーションウィンドウの上のボタンをクリックすると、ナビゲーションウィンドウを表示するかどうかを切り替えられます。ナビゲーションウィンドウを非表示にすると、メールの閲覧ウィンドウが広くなりますので、メールの内容が読みやすくなります。

項目を折りたたむ

ナビゲーションウィンドウには、お気に入りや設定したメールアカウントの項目が表示されます。項目の横の > や ∨ をクリックすると、項目の表示を折りたたむ／表示するを切り替えられます。

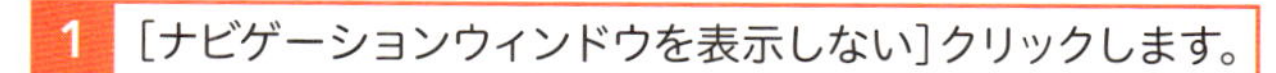

1 ［ナビゲーションウィンドウを表示しない］クリックします。

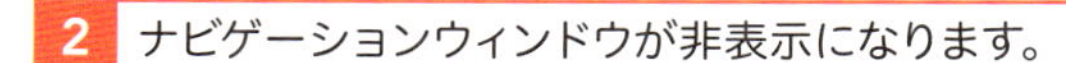

2 ナビゲーションウィンドウが非表示になります。

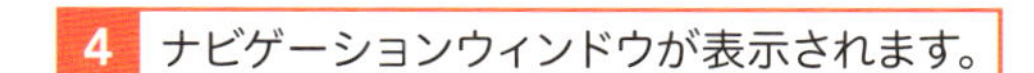

3 ［ナビゲーションウィンドウを表示する］をクリックします。

4 ナビゲーションウィンドウが表示されます。

Section

34 メールを受信しよう

ここで学ぶこと

- 受信トレイ
- 同期
- 未読

「Outlook for Windows」は、使用状況に応じて自動的にメールが受信されます。また、メールが届いているか手動で確認することもできます。ここでは、メールを受信してメールの内容を表示する方法を紹介します。メッセージリストから見たいメールを選択します。

1 メールを受信する

ヒント

[受信トレイ]

受信したメールは、[受信トレイ]に入ります。[受信トレイ]のメッセージリストにあるメールの中で、まだ見ていない未読のメールは、青い印が付いています。メールを見ると未読の印が消えます。

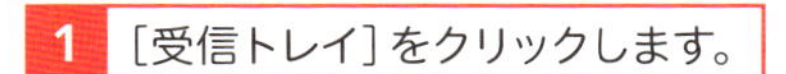

2 [表示]タブをクリックします。

3 [同期]をクリックします。

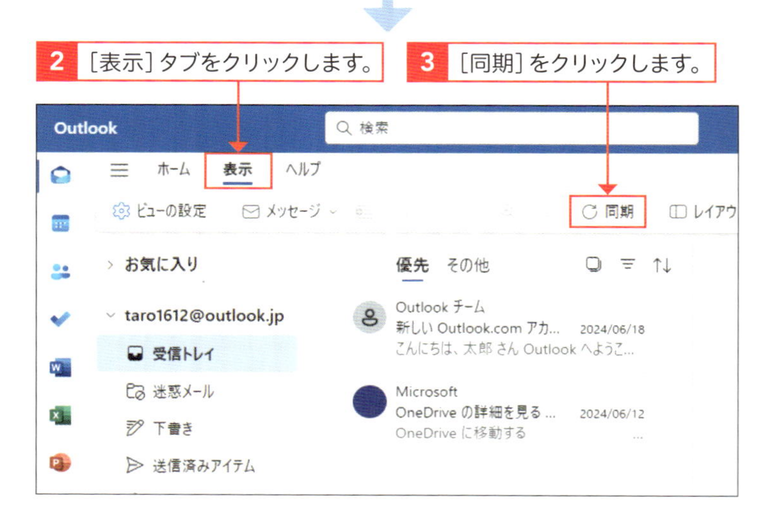

② メールを見る

解説

受信したメールを見る

［受信トレイ］には、受信したメールが表示されます。また、未読のメールがある場合は、未読メールの数がフォルダーの横に表示されます。なお、メールの内容によっては、メールが［迷惑メール］に振り分けられる場合もあります。届くはずのメールが届かない場合は、ナビゲーションウィンドウの［迷惑メール］をクリックして確認してみましょう。

ヒント

メールを未読や開封済みにする

未読メールを見ると、自動的に未読の印が消えて開封済みのメールになります。開封済みのメールを未読に戻すには、メッセージリストで未読にしたいメールの項目を右クリックして、［未開封にする］をクリックします。逆に未読メールを開封済みにするには、メールの項目を右クリックして［開封済みにする］をクリックします。

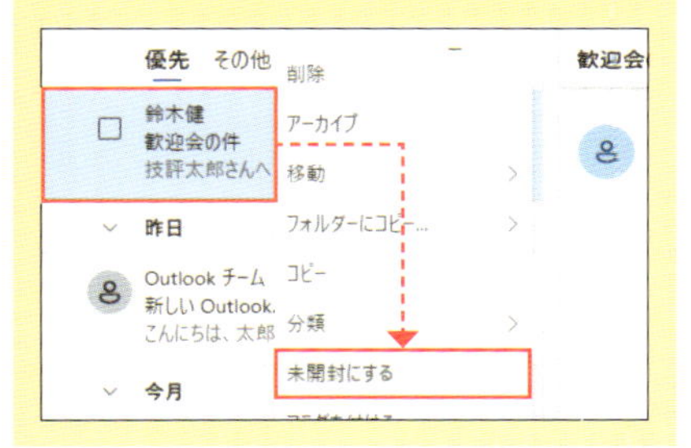

1 メッセージリストで、未読のメールの項目をクリックします。

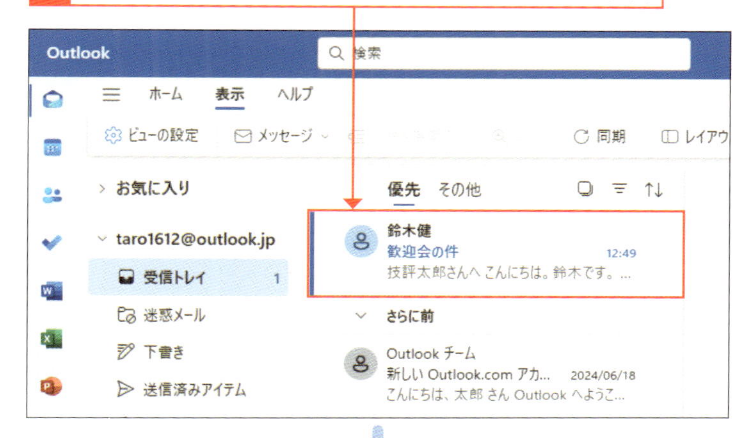

2 閲覧ウィンドウにメールの内容が表示されます。

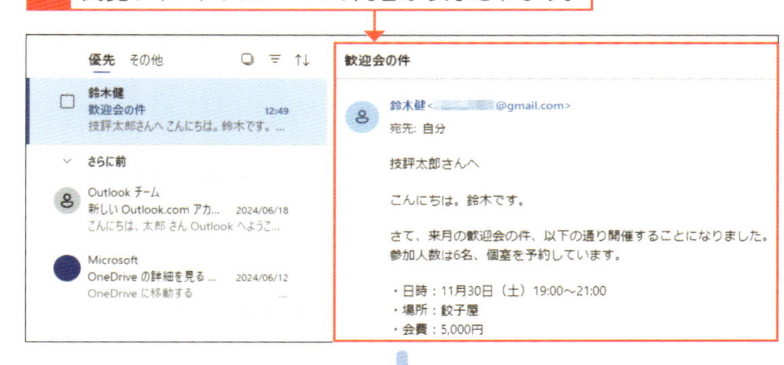

3 他のメールやメールの項目をクリックします。

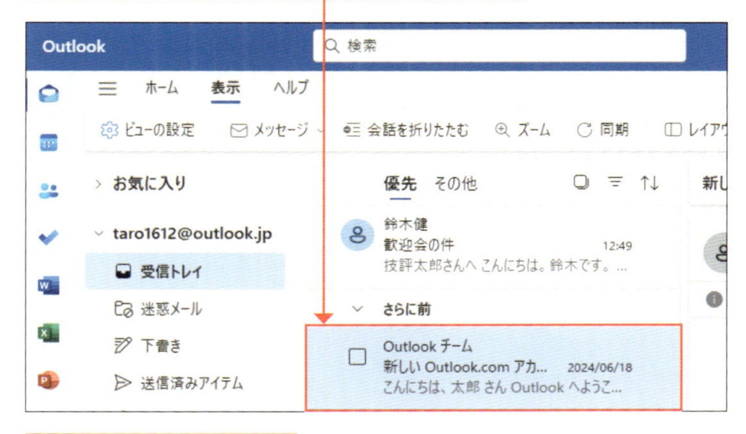

4 未読の印が消えます。

Section
35 メールを送信しよう

ここで学ぶこと

- 新規メール
- 宛先
- 送信済みアイテム

「Outlook for Windows」で新しいメールを作成して送信してみましょう。まずは、メールの作成画面を開き、宛先を指定します。続いて、メールの件名や本文を入力します。メールを送信すると、[送信済みアイテム]にメールが入ります。[送信済みアイテム]を表示するとメールを確認できます(99ページ参照)。

1 新しいメールを作成する

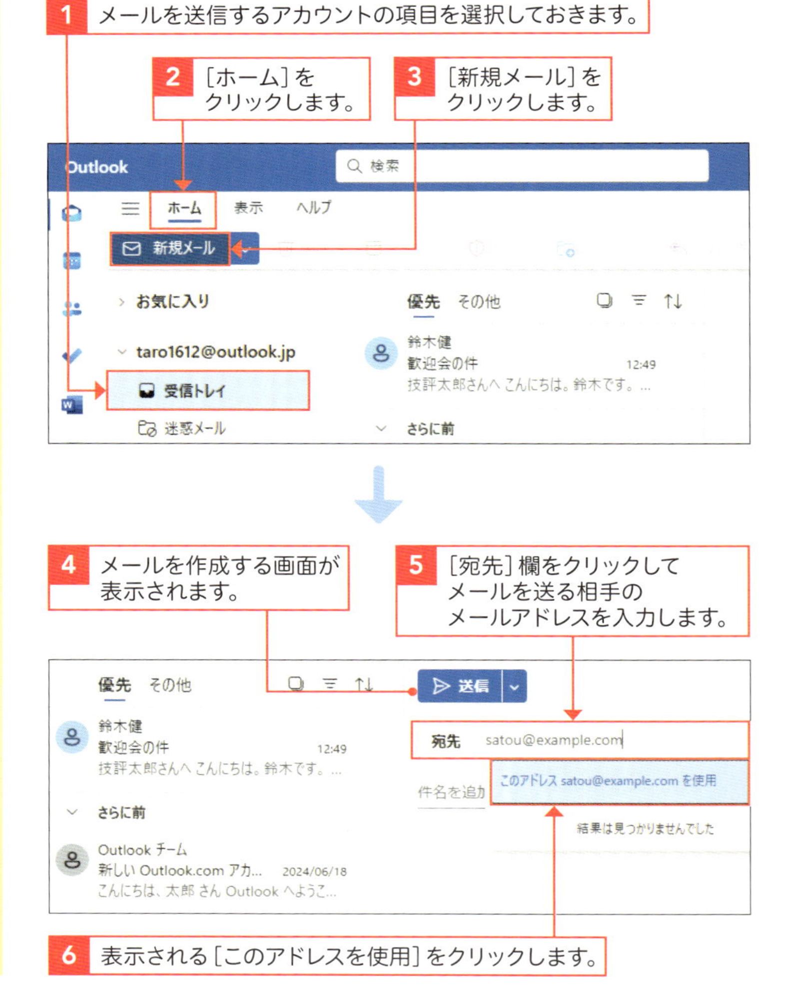

ヒント

複数の人にメールを送るには

同じメールを複数の人に送るには、宛先を入力したあとに表示される[このアドレスを使用]をクリックします。続いて、最初に入力した宛先の後に2人目のメールアドレスを入力します。

ヒント

メールの作成をやめるには

新規メールを作成してメールを作成すると、作成中のメールが[下書き]フォルダーに保存されます。メールの作成中にメールの作成を止める場合は、画面上部の[破棄]をクリックします。続いて表示される画面で[OK]をクリックします。

1 メールを送信するアカウントの項目を選択しておきます。
2 ［ホーム］

② メールを送信する

解説

メールを送信する

送信したメールの内容を確認するには、フォルダーの一覧から［送信済みアイテム］をクリックします。メッセージリストからメールの項目をクリックすると、メールの内容が表示されます。

1 ［件名］欄をクリックしてメールの件名を入力します。

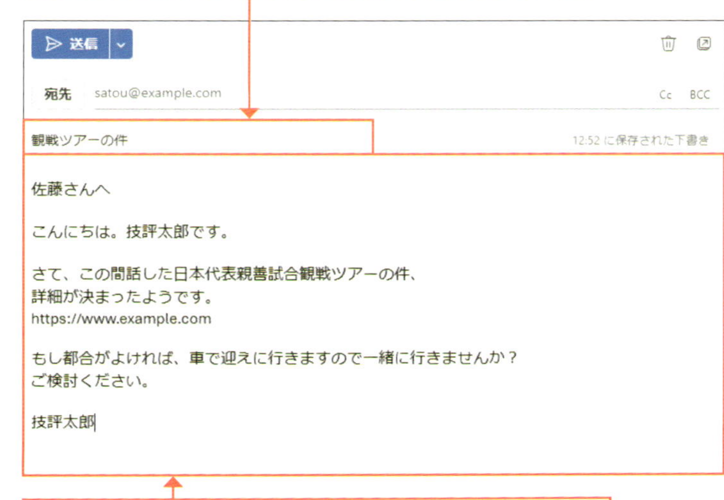

2 ［本文］を入力する欄をクリックして本文を入力します。

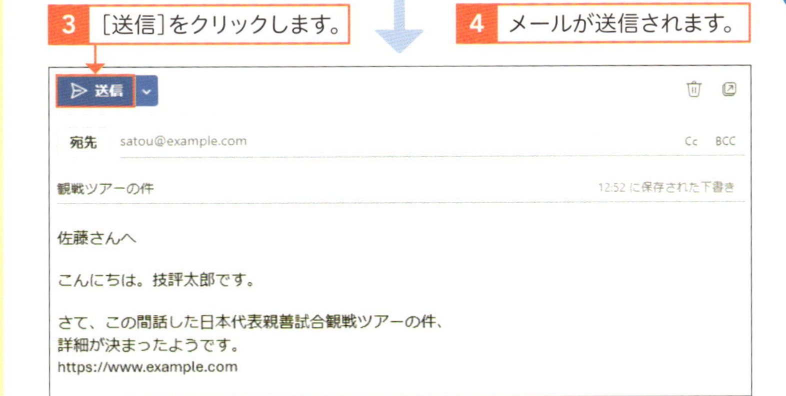

ファイルを添付する

メールにファイルを添付して送信するには、メールの作成画面が表示されている状態で［挿入］タブの［添付ファイル］をクリックしてファイルを選択します。

CCやBCCとは

［宛先］欄の右の［CCとBCC］をクリックすると、CCやBCCにメールアドレスを指定する画面が表示されます。たとえば、「宛先」に山田さん、「CC」に田中さん、「BCC」に斉藤さんというように指定できます。違いについては次の表を参照してください。

宛先	メールを送る相手を指定しきす。宛先に指定された人は、宛先やCCに誰が指定されているかわかりますが、BCCに誰が指定されているかはわかりません。
CC	このメールの内容に対して返信は不要だが参考に見て欲しい人という位置づけの人を指定します。CCに指定された人は、宛先やCCに誰が指定されているかわかりますが、BCCに誰が指定されているかはわかりません。
BCC	このメールの内容に対して返信は不要だが参考に見て欲しい人という位置づけの人を指定します。BCCに指定された人は、宛先やCCに誰が指定されているかわかりますが、宛先やCCに指定された人からは、誰がBCCに指定されているかわからないようになっています。

Section

36 メールを返信／転送しよう

ここで学ぶこと

- 返信
- 全員に返信
- 転送

受信したメールに返事を書いて返信しましょう。まずは、返事を書きたいメールを表示してから操作します。相手の宛先を指定しなくても差出人宛てにメールを返信できます。また、受信したメールを他の誰かにそのまま送信したい場合は、メールを転送する方法があります。

1 返信する準備をする

返信メールの作成をやめる

違うメールが表示されている状態で［返信］をクリックしてしまった場合は、［破棄］をクリックしてメールの作成をキャンセルします。

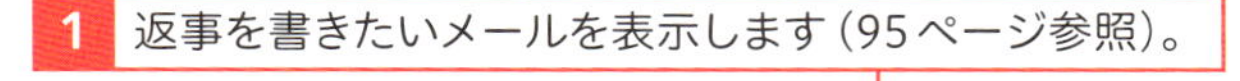

1 返事を書きたいメールを表示します（95ページ参照）。

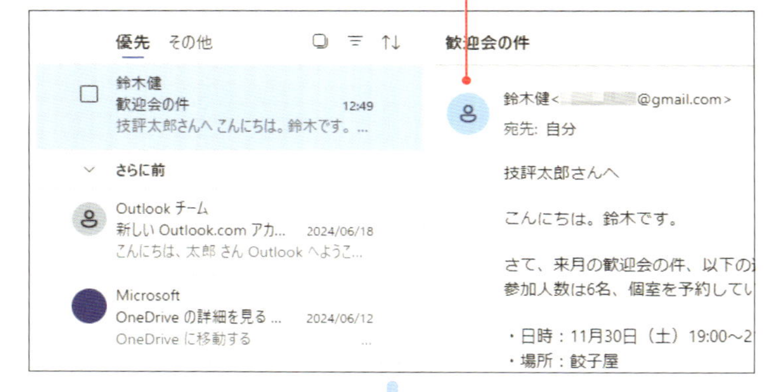

2 ［返信］（または、メールの下の［返信］）をクリックします。

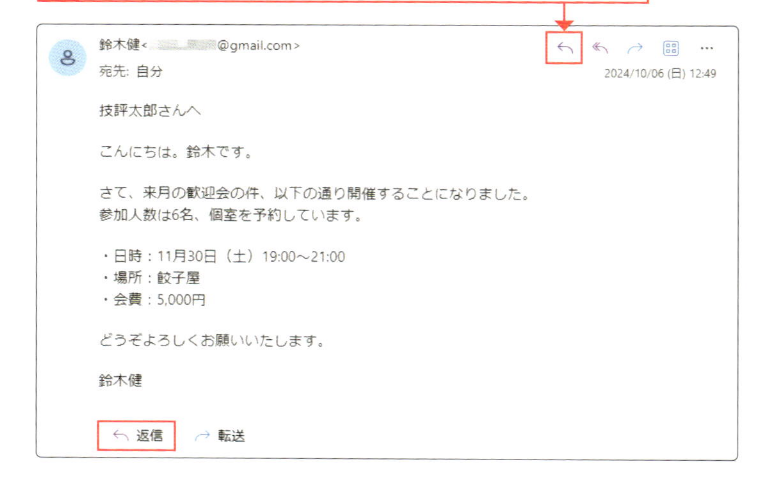

応用技

全員に返信する

メールの宛先やCCに複数の人が指定されているメールに返信を書くとき、全員に向けて返信する場合は、［全員に返信］をクリックします。そうすると、宛先やCCに指定されているすべての人に同じメールを送信できます。

② 返信メールを送信する

解説

返信メールについて

［返信］をクリックすると、選択したメールの差出人へメールを返信する画面が表示されます。本文の欄には、どのメールへの返信かがわかるようにメールの内容が表示されます。また、メールの件名は、先頭に「Re:」の文字が表示されます。返信メールの作成画面の宛先の横の［新しいウィンドウで開く］をクリックすると、件名を確認できます。

応用技

メールを転送する

受信したメールを差出人ではなく他の人に転送するには、［転送］（または、メールの下の［転送］）をクリックします。そうすると、メールを転送する画面が表示されます。転送先の宛先を指定して、本文を入力して［送信］をクリックすると、メールが転送されます。なお、転送メールの件名は、先頭に「Fw:」の文字が表示されます。

1 返信内容を書きます。

2 [送信]をクリックします。

3 メールが返信されます。

4 [送信済みアイテム]

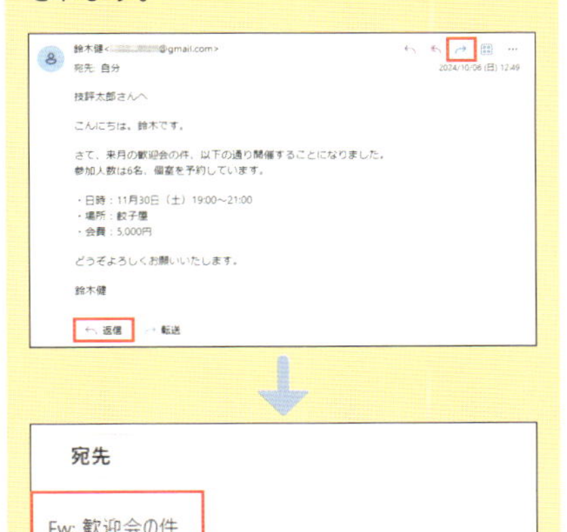

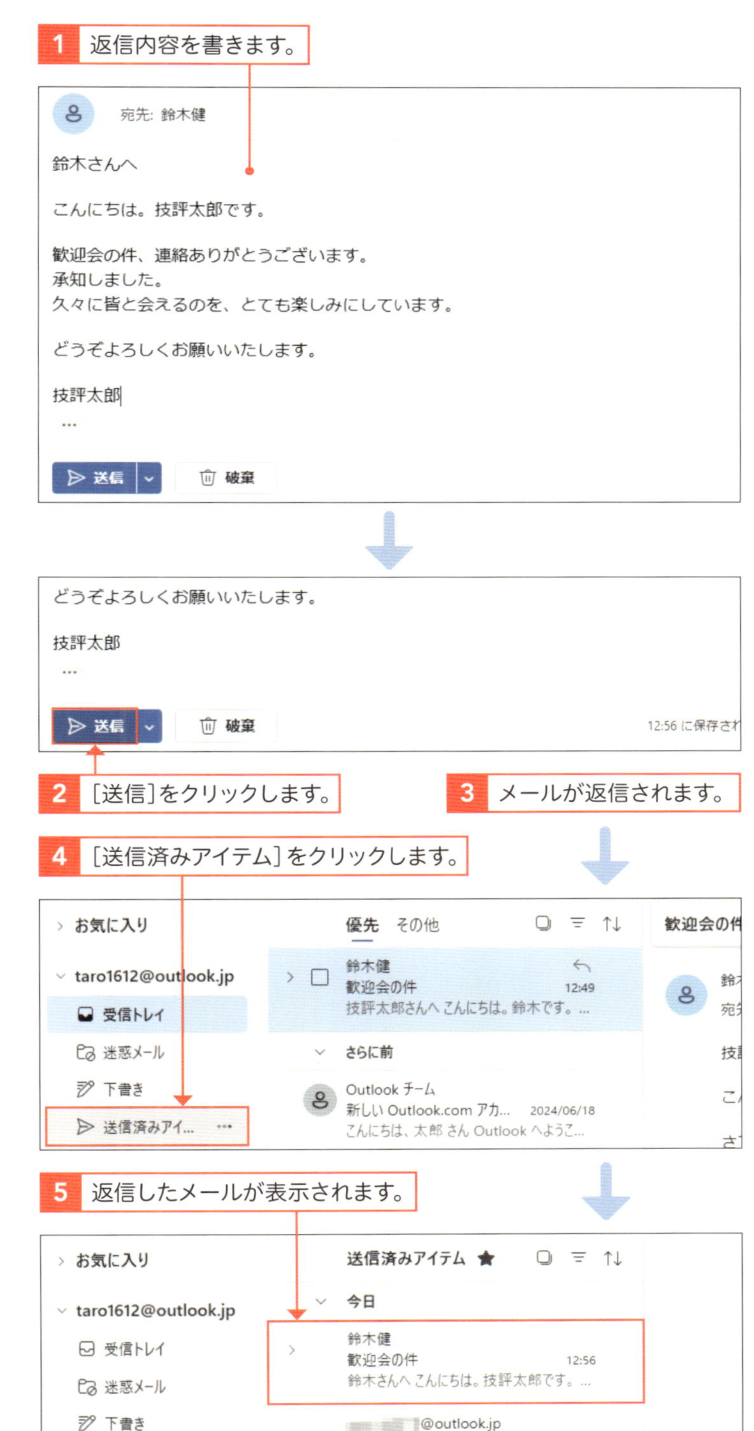

Section
37 メールを削除しよう

ここで学ぶこと

- 削除
- フォルダー
- 削除済みアイテム

不用になったメールや、迷惑メールなどが届いたら、削除して整理しましょう。削除するメールを選択して削除すると、[削除済みアイテム]の中にメールが移動します。[削除済みアイテム]に移動したメールは、元の場所に戻すこともできます。

1 メールを削除する

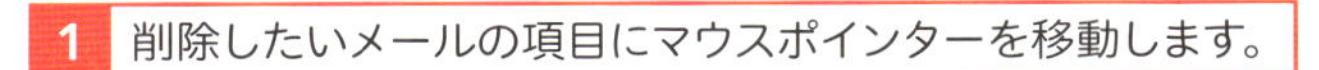
1 削除したいメールの項目にマウスポインターを移動します。

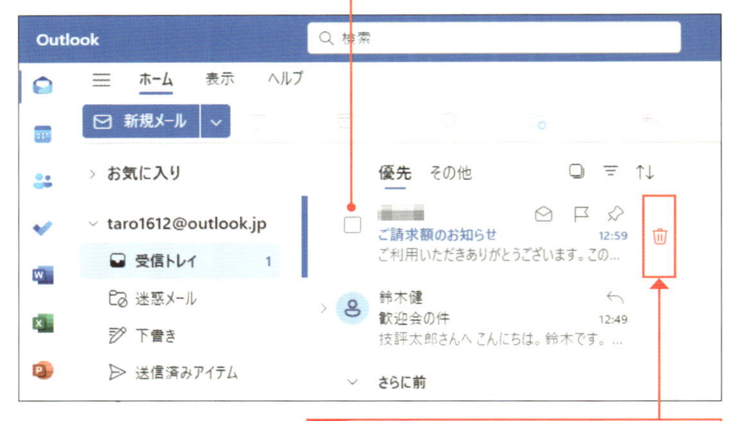

2 表示されるごみ箱をクリックします。

3 メールが削除されます。

解説

メールを削除する

メールを削除するには、削除したいメールの項目に表示されるごみ箱をクリックします。または、メールの項目をクリックして Delete キーを押します。

ヒント

削除をキャンセルする

メールを削除した直後、メッセージリストの下にメッセージが表示されます。メッセージ内の[元に戻す]をクリックすると、メールを削除する操作がキャンセルされます。

② [削除済みアイテム] からも削除する

[削除済みアイテム] から メールを取り戻す

メールを間違って削除してしまった場合、[削除済みアイテム] からメールを取り戻すこともできます。それには、[削除済みアイテム] で対象のメールの項目を右クリックして、[移動] をクリックします。続いて表示される画面で移動先のフォルダーをクリックします。

アイテムを復元する

[削除済みアイテム] から削除したメールは、[回復可能なアイテム] に入ります。[削除済みアイテム] の [このフォルダーから削除されたアイテムを復元する] をクリックし、表示されるメールを右クリックし、[元に戻す] をクリックすると、元の場所に戻せます。

「Outlook for Windows」の設定

「Outlook for Windows」のさまざまな設定を確認・変更するには、対象のメールアカウントの項目をクリックして [設定] をクリックします。表示される画面の左側の設定の分類を選択し、中央の設定項目をクリック、右側で設定を確認します。たとえば、新しいメールを作成するときの署名を設定できます。

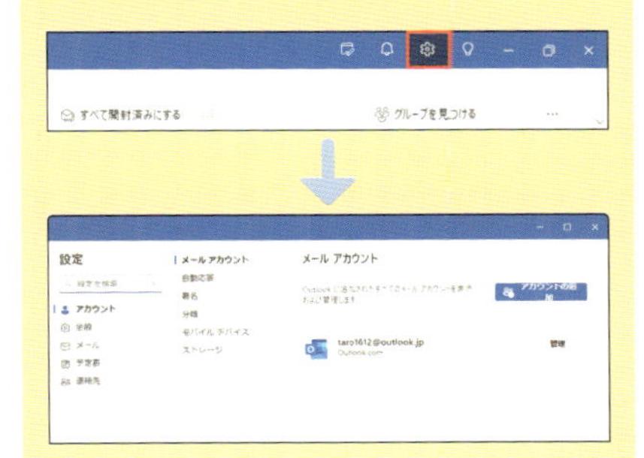

2 ［削除済みアイテム］の中身が表示されます。

3 削除したいメールの項目にマウスポインターを移動します。

4 表示されるごみ箱をクリックします。

5 確認メッセージが表示されたら、［OK］

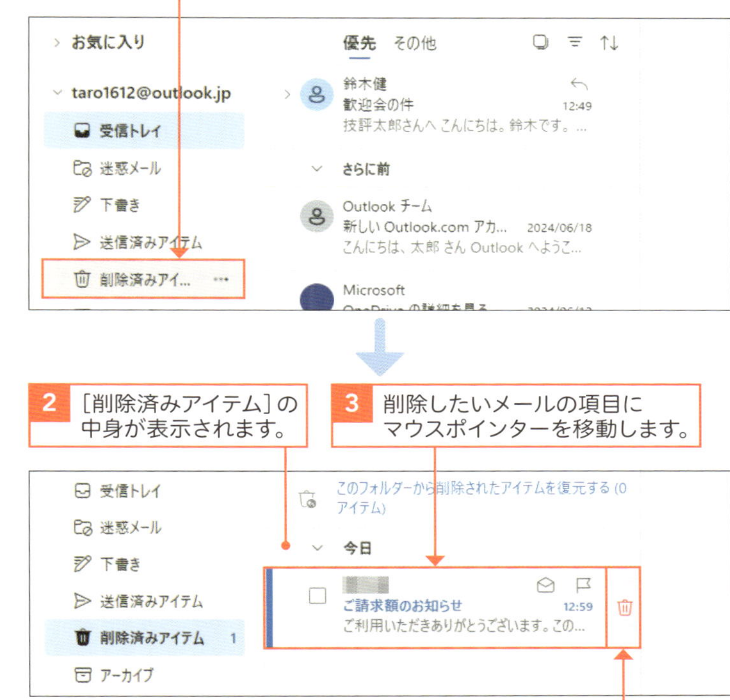

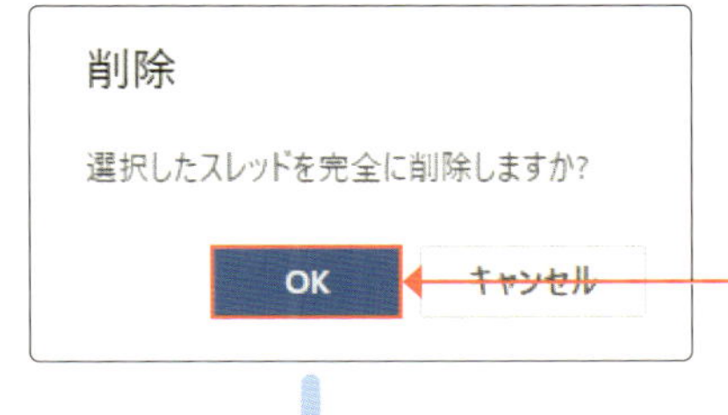

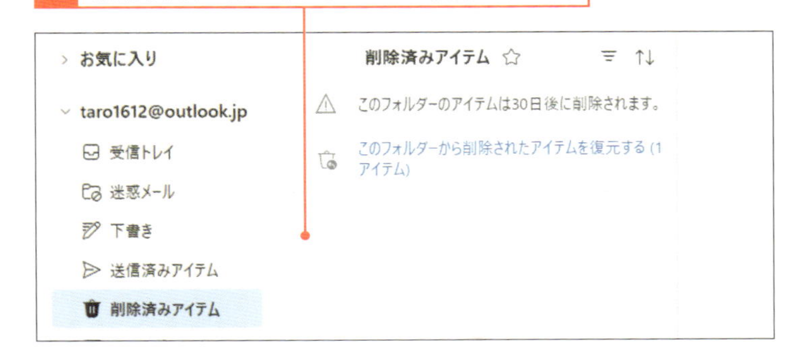

Section

38 メールを印刷しよう

ここで学ぶこと

- メール
- その他の操作
- 印刷

メールの内容を紙に印刷して持ち歩くには、メールの画面からメールを印刷します。印刷するメールを表示してから印刷画面を開きます。印刷画面には、メールを印刷したときのイメージが表示されます。イメージを確認してから印刷を実行します。

1 メールを印刷する

解説

メールを印刷する

メールの印刷画面には、印刷イメージが表示されます。また、印刷画面の左側ではプリンターの選択などができます。設定を確認して［印刷］をクリックします。

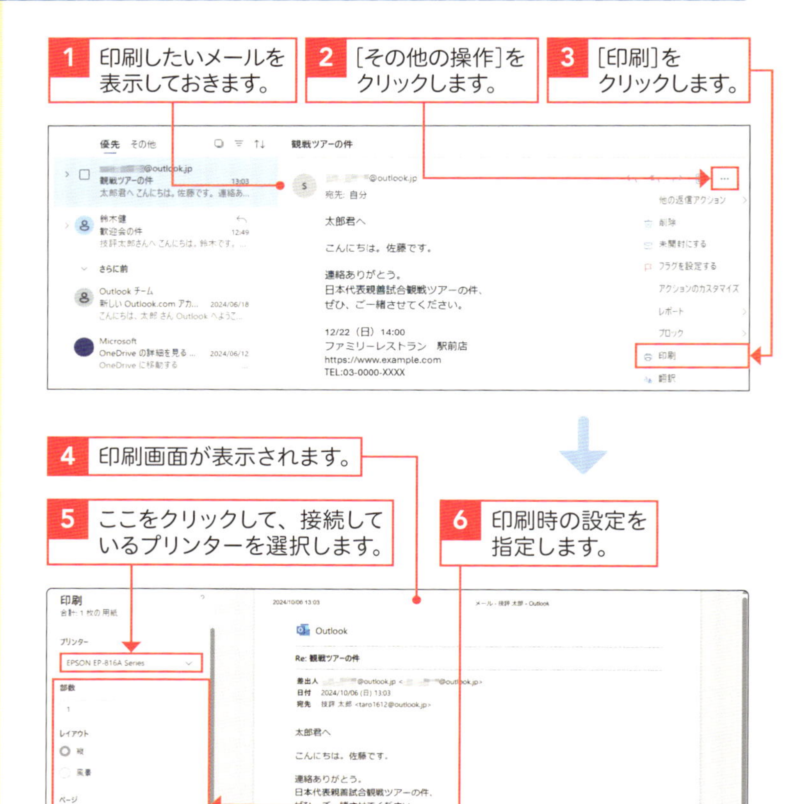

1 印刷したいメールを表示しておきます。
2 ［その他の操作］をクリックします。
3 ［印刷］をクリックします。
4 印刷画面が表示されます。
5 ここをクリックして、接続しているプリンターを選択します。
6 印刷時の設定を指定します。
7 ［印刷］をクリックすると印刷が実行されます。
観戦ツアーの件
太郎君へ
こんにちは。佐藤です。
連絡ありがとう。
日本代表親善試合観戦ツアーの件、
ぜひ、ご一緒させてください。
12/22（日）14:00
ファミリーレストラン　駅前店
https://www.example.com
TEL:03-0000-XXXX
印刷
プリンター
EPSON EP-816A Series
印刷
キャンセル

第5章

写真や音楽を楽しもう

Section

39 「フォト」を起動しよう

ここで学ぶこと

- スタートメニュー
- フォト
- 写真

Windows 11で、写真や動画をパソコンに取り込んで、取り込んだ写真や動画を閲覧したり、写真を編集したりするには、「フォト」アプリを使用すると便利です。まずは、スタートメニューから「フォト」を起動してみましょう。「フォト」の画面構成も確認します。

1 「フォト」を起動する

重要用語

フォト

「フォト」は、Windows 11に付属するアプリです。写真や動画を見たり、写真を編集したり、印刷したりするときに使います。

ヒント

メッセージが表示されたら

「フォト」を起動したとき、次のメッセージが表示された場合は、[次]をクリックし、[フォトに移動]をクリックします。

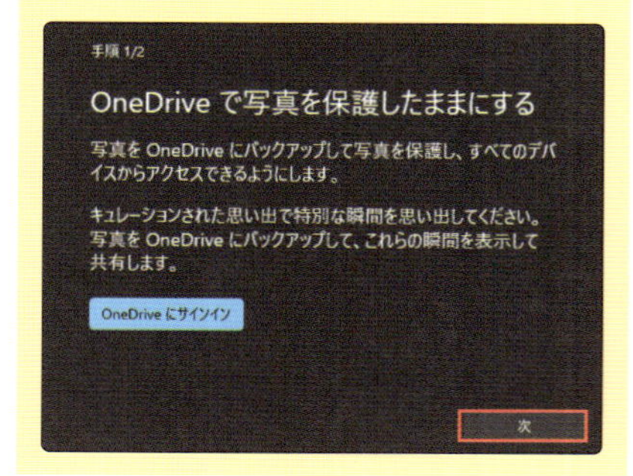

1 [スタート]ボタンをクリックし、すべてのアプリを表示します（28ページ参照）。

2 ここをドラッグして、[フォト]を探します。

3 [フォト]をクリックします。

4 「フォト」が起動します。

5 [最大化]をクリックして画面を大きく表示します。

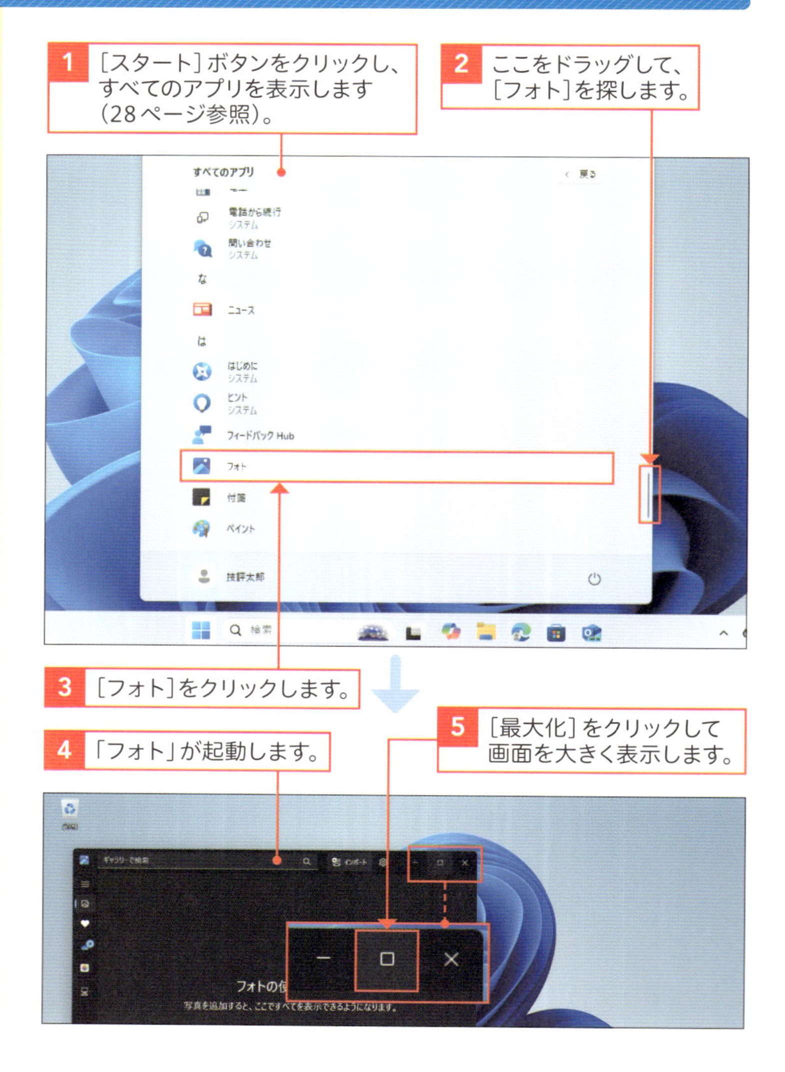

②「フォト」の画面について

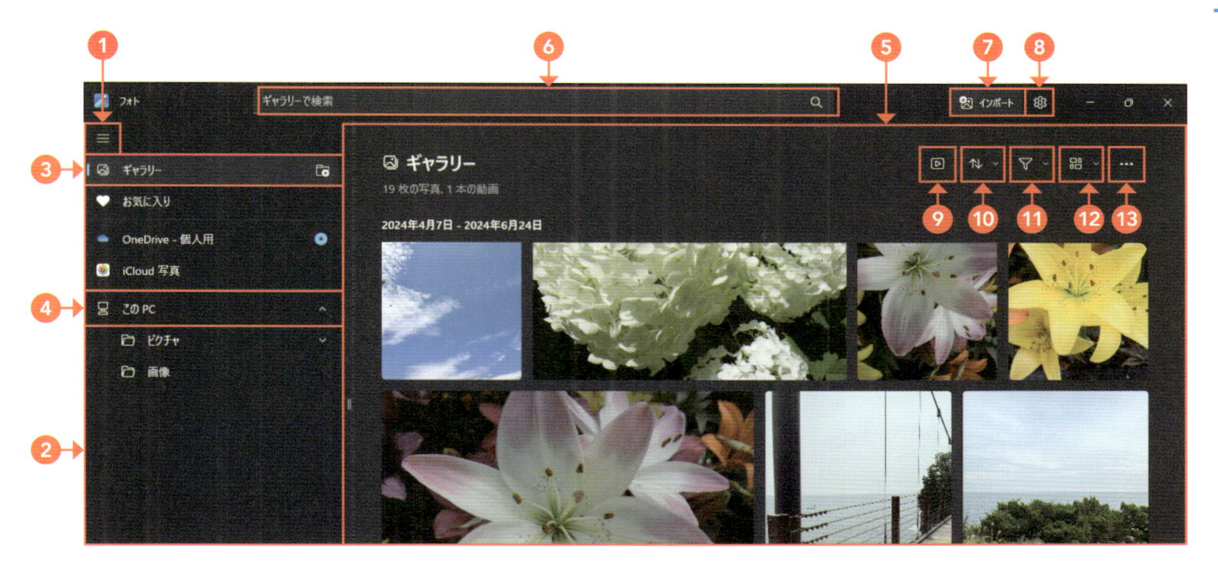

❶ **ナビゲーションを閉じる**
ナビゲーションの表示／非表示を切り替えます。

❷ **ナビゲーション**
写真や動画の保存先を選択するところです。

❸ **ギャラリー**
ナビゲーションの［フォルダー］に追加したフォルダーにある写真や動画などを表示します。

❹ **このPC**
「フォト」で表示する、写真や動画が保存されたフォルダーを選択します。［このPC］を右クリックし、［フォルダーを追加する］をクリックすると、表示するフォルダーを追加できます。

❺ **写真一覧**
ナビゲーションで選択している保存先にある写真や動画が表示されます。

❻ **検索**
日付やキーワードなどで写真や動画を検索するときに使用します。

❼ **インポート**
写真や動画をスマートフォンやデジカメからインポートするときに使用します。

❽ **設定**
「フォト」の設定を確認・変更します。

❾ **スライドショーの開始**
表示している写真や動画を自動的に切り替えて順番に表示します。

❿ **並べ替え**
写真や動画を並べ替えて表示するときに使います。

⓫ **フィルター**
写真だけを表示したり、動画だけを表示したりします。

⓬ **ギャラリーの種類とサイズ**
写真や動画の表示方法を指定します。

⓭ **もっと見る**
すべての写真や動画を選択したり、選択を解除したりします。

外観を「黒」「ライト」などに変更する

「フォト」の外観の色などは、設定画面で切り替えられます。それには、「フォト」の画面の右上の［設定］をクリックして、表示される画面の［テーマのカスタマイズ］欄で指定します。

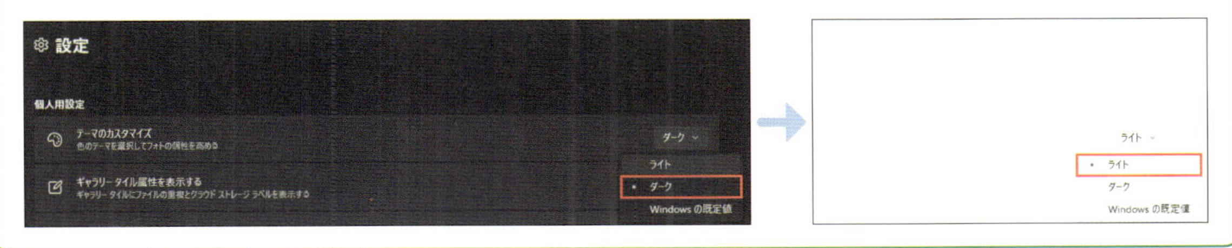

Section
40 デジカメやスマートフォンから写真を取り込もう

ここで学ぶこと
- インポート
- デジカメ
- 「ピクチャ」フォルダー

デジカメで撮影した写真や動画をパソコンに取り込みます。パソコンとデジカメを接続して操作しましょう。「フォト」の[インポート]からかんたんに写真や動画を取り込むことができます。インポートする写真や動画、インポート先を選択します。

1 デジカメとパソコンを接続する

解説

デジカメとパソコンを接続する

デジカメとパソコンをUSBケーブルなどで接続します。デジカメを購入したときにパソコンと接続するためのケーブルが付属している場合は、そのケーブルを使用しましょう。

ヒント

SDカードから取り込む

デジカメからSDカードを取り出して、パソコンのSDカードスロットに挿す方法もあります。SDカードスロットがパソコンにない場合は、Windows 11対応の外付けのSDカードリーダーを使用できます。

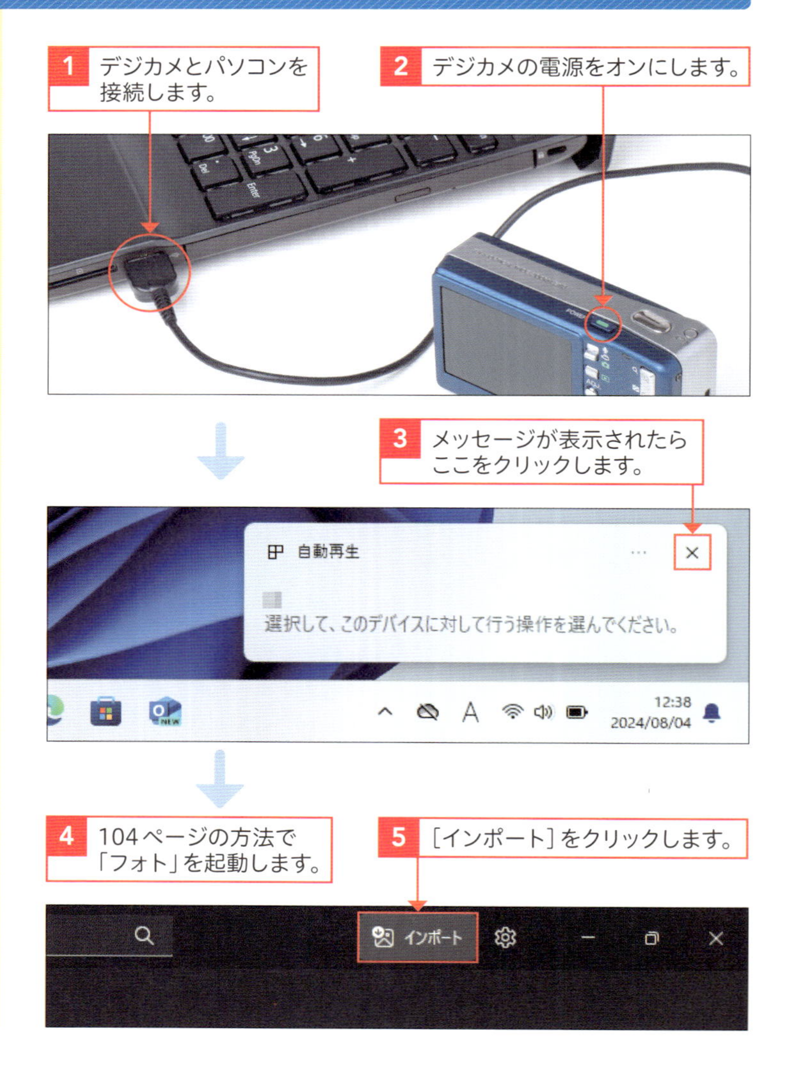
1 デジカメとパソコンを接続します。
2 デジカメの電源をオンにします。
3 メッセージが表示されたらここをクリックします。
自動再生
選択して、このデバイスに対して行う操作を選んでください。
12:38
2024/08/04
4 104ページの方法で「フォト」を起動します。
5 [インポート]をクリックします。
インポート

2 インポートする

重要用語

「ピクチャ」フォルダー

「ピクチャ」フォルダーは、Windows 11にあらかじめ作成されているフォルダーの1つです。写真を保存して利用するのに便利です。「フォト」では、通常、「ピクチャ」フォルダーがナビゲーションに表示されます。

1 [接続されているデバイス]の一覧から接続している機器の名前をクリックします。

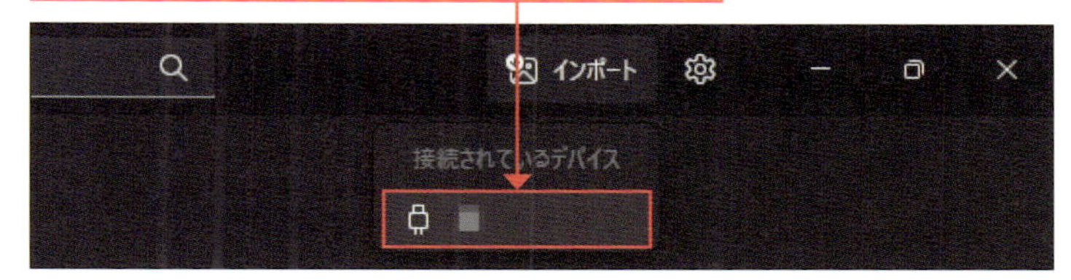

2 インポートする写真や動画が表示されます。

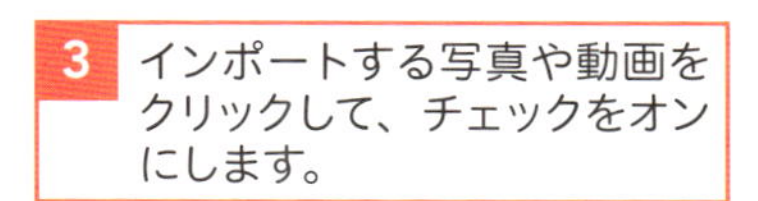

3 インポートする写真や動画をクリックして、チェックをオンにします。

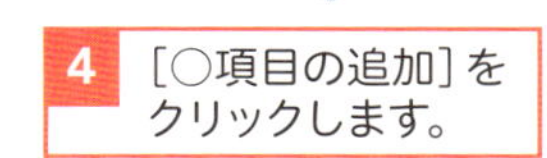

4 [〇項目の追加]をクリックします。

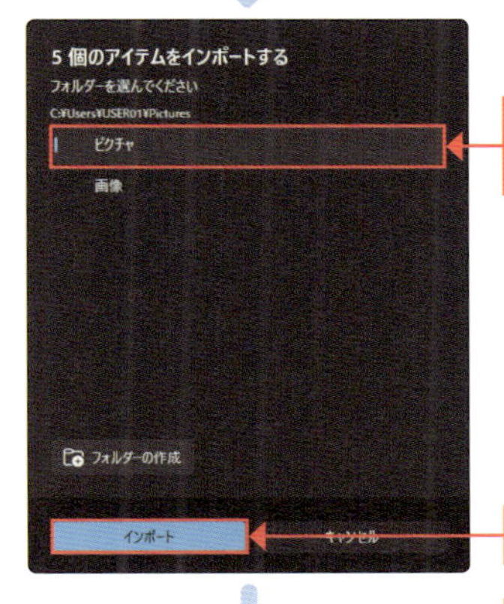

5 インポートするフォルダーを選択します。

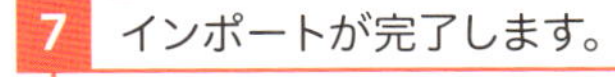

6 [インポート]をクリックします。

7 インポートが完了します。

③ スマホからインポートする

ヒント
スマホから写真や動画を取り込む

スマホで撮影した写真や動画をパソコンに取り込みます。ここでは、スマホとパソコンをUSB Type-Cケーブル（iPhone場合、機種によってはLightningケーブル）で接続します。

ヒント

Androidの場合

Androidの場合、スマホとパソコンを接続してステータスバーの通知を開き、［ファイルの転送（MTP）］をタップして、操作を進めます。パソコンに接続したときの操作はスマホの機種によって異なるため、マニュアルを確認してください。

1 スマホとパソコンを接続します。

2 iPhoneの場合、
次のメッセージが表示された場合は、［許可］をタップします
（Androidの場合は、左のヒントを参照してください）。

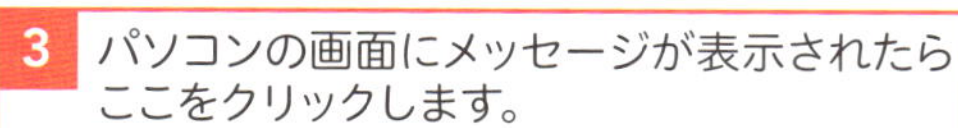
3 パソコンの画面にメッセージが表示されたら
ここをクリックします。

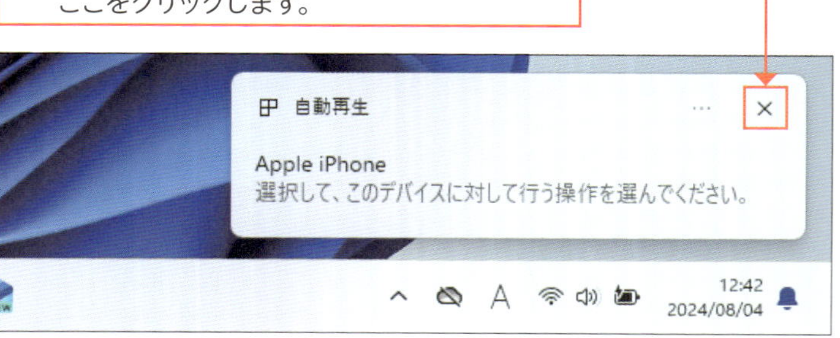

時短

スマホを接続したときの操作を指定する

手順3のメッセージをクリックすると、スマホをパソコンに接続したときの動作を選択できます。ここで操作を選択した場合は、スマホをパソコンに接続したときは、次回以降、指定した操作が自動的に行われます。

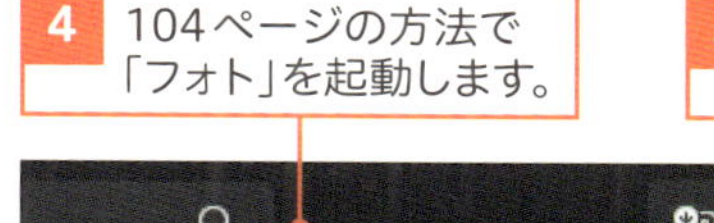

4 104ページの方法で「フォト」を起動します。

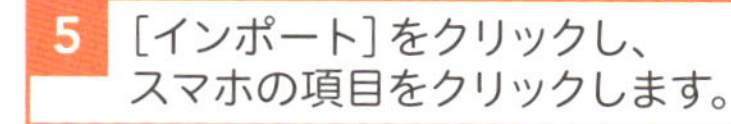

5 ［インポート］をクリックし、スマホの項目をクリックします。

6 このあとは、107ページの手順2以降の方法で写真や動画をインポートします。

4 「エクスプローラー」で写真や動画を見る

解説

「エクスプローラー」で確認する

スマホやデジカメをパソコンに接続して、パソコンがそれらの機器を認識すると、「エクスプローラー」の画面にスマホやデジカメの項目が表示されます。

1 スマホやデジカメなどをパソコンに接続後、「エクスプローラー」を起動します。

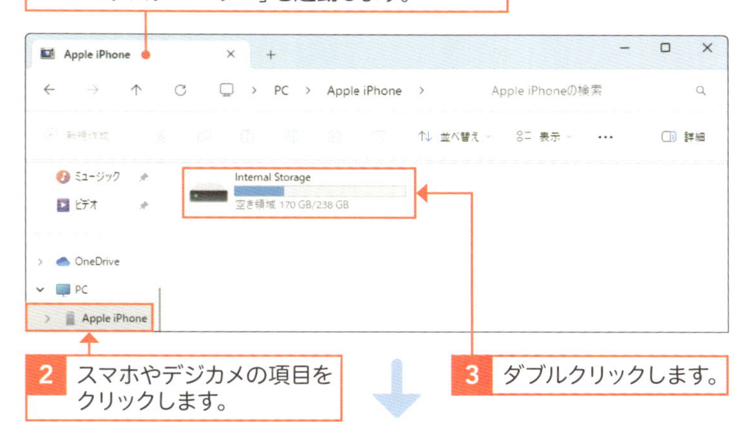

2 スマホやデジカメの項目をクリックします。

3 ダブルクリックします。

4 ファイルの場所を選択していくと、写真や動画が表示されます。

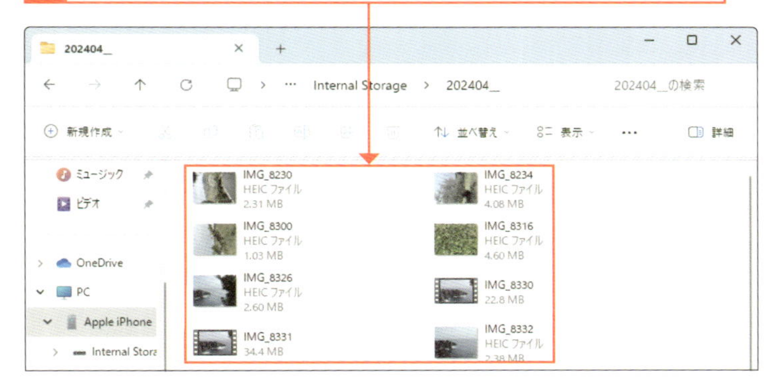

ヒント

写真や動画の保存場所

写真や動画が保存されている場所は、機器によって異なります。iPhoneの場合は、「Internal Storage」－「XXXXXXX_」フォルダーなど、Androidの場合は、「内部ストレージ」－「DCIM」－「XXXANDRO（またはCamera）」フォルダーなど、デジカメでは、「リムーバブル記憶域」—「DCIM」—「XXX（品番）」などのフォルダーに保存されます。ただし、保存先は機種などによって異なりますので、見つからない場合は、お使いの機器の操作説明書などをご確認ください。

Section
41 「フォト」で写真や動画を閲覧しよう

ここで学ぶこと
- ギャラリー
- スライドショー
- 写真の閲覧

「フォト」で写真や動画を大きく拡大して表示しましょう。写真や動画が保存されている場所を指定してから操作します。写真や動画を1枚ずつ順に切り替えて表示できます。写真や動画を見たあとは、写真や動画の一覧表示に戻ります。

1 写真や動画を大きく表示する

解説
表示する写真や動画をクリックする

画面をスクロールして見たい写真や動画を探します。写真や動画をダブルクリックすると、写真や動画が大きく表示されます。

ヒント
写真の向きが違う場合

写真の向きが違う場合は、写真を表示して、[回転]をクリックします。クリックするごとに90度ずつ写真が回転します。

1 [ギャラリー]をクリックします。

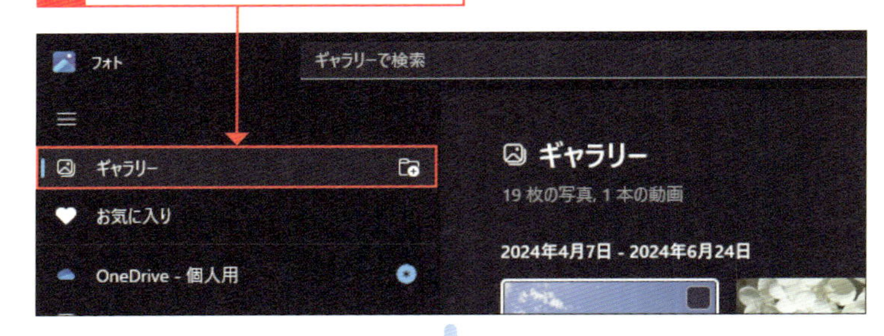

2 写真や動画の一覧が表示されます。

3 画面をスクロールして見たい写真や動画を探します。

4 大きく表示したい写真や動画をダブルクリックします。

② 写真や動画を順番に表示する

応用技

自動的に切り替える

写真や動画を自動的に切り替えて順番に表示するには、写真や動画をクリックして画面上の［スライドショーの開始］をクリックします。そうすると、スライドショーが始まります。スライドショーを終了するには、画面左上の［スライドショーの終了］をクリックします。

1 写真や動画が大きく表示されます。

2 ここをクリックします。

3 次の写真や動画が表示されます。

4 ここをクリックします。

6 ［閉じる］をクリックします。

7 ［ギャラリー］の表示に戻ります。

Section

42 写真をきれいに加工しよう

ここで学ぶこと

- 編集
- トリミング
- ライト

「フォト」では、写真をきれいに加工するためのさまざまな編集機能があります。ここでは、その一部を紹介します。写真の不用な部分を取り除いて必要なところだけを残したり、写真の色合いを調整したりしてみましょう。編集後の写真は、別の名前を付けて保存します。

1 写真を編集する準備をする

その他のメニュー

画面上部の ••• をクリックすると、その他のメニューが表示されます。

1 「フォト」を起動します。

2 ここをクリックします。

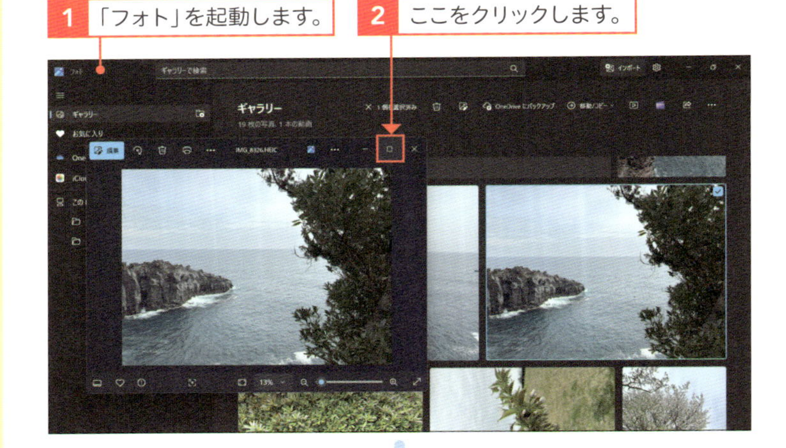

3 写真が大きく表示されます。

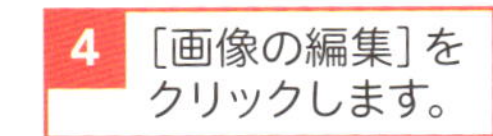

2 必要な部分のみを残す

解説

必要な部分を枠内に入れる

トリミングをする画面を表示すると、写真の中に枠が表示されます。枠の大きさを変更し、枠内に写真の残したい部分が入るようにしましょう。写真をドラッグすると写真の位置をずらせます。

1 ここをクリックします。

2 写真に枠が表示されます。

3 枠の四隅をドラッグすると枠の大きさを変更できます。

4 写真をドラッグすると、写真をずらせます。

5 写真の残したい部分を枠の中に入れます。

6 変更後の写真が表示されます。

ヒント

編集をやめて元に戻す

編集した内容をキャンセルしてすべて元に戻すには[リセット]をクリックします。そうすると、編集前の状態に戻ります。

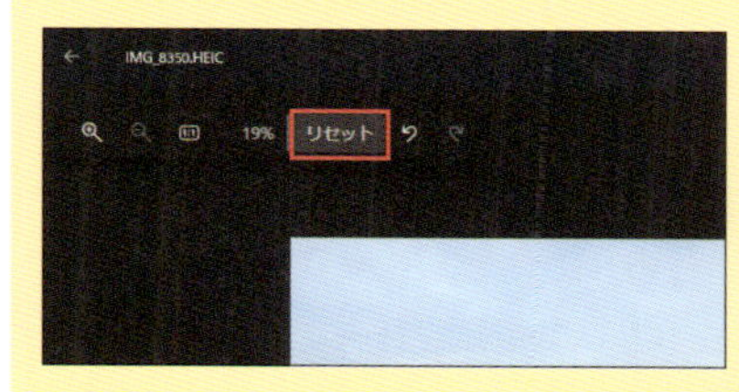

ヒント

写真を正方形の形に切り取る

写真を正方形の形に切り取るには、手順1の操作のあと、[自由]をクリックして、切り取る形で正方形を指定します。そのあとは、写真をずらして残したい場所を枠内に合わせます。

3 写真の雰囲気を調整する

応用技

フィルター加工

写真の雰囲気をかんたんに加工するには、画面上の［フィルター］をクリックして、フィルターを適用する方法があります。フィルターの一覧から加工方法をクリックすると変更後の写真を確認できます。下のつまみをドラッグしてフィルターの強度を調整します。

解説

明るさやコントラストなどを調整する

明るさやコントラストなどを調整します。編集画面の［ライト］欄に表示されるつまみをドラッグします。

1 ここをクリックします。

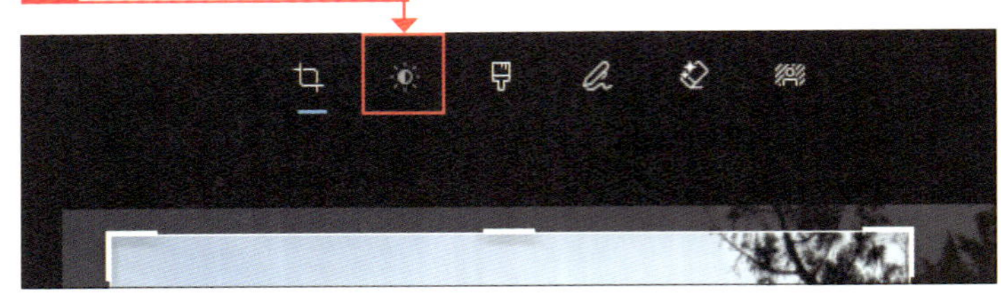

2 明るさやコントラストなどを調整する画面が表示されます。

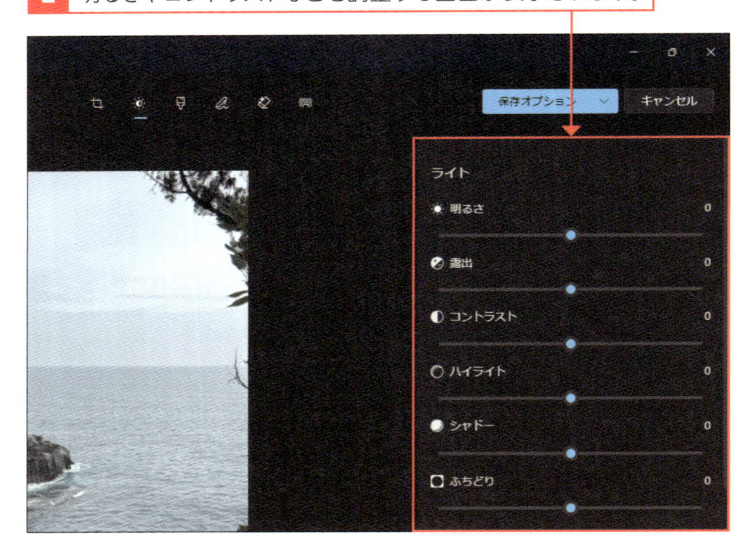

3 ここをドラッグして明るさなどを調整します。

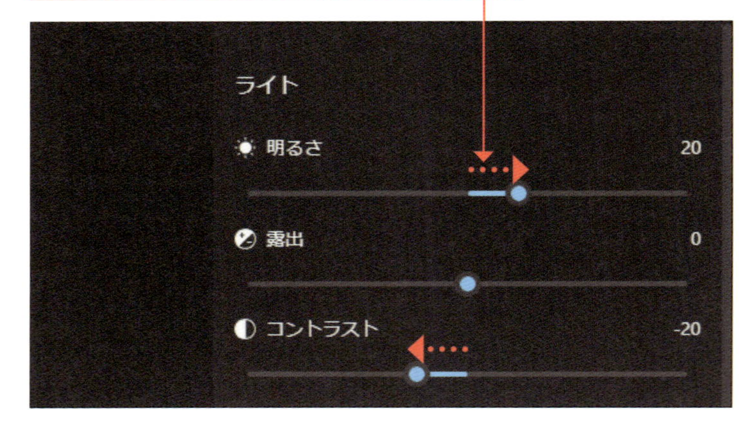

4 変更した写真を保存する

編集内容を元に戻す

写真を保存する前なら、編集した内容を元に戻せます。それには、[元に戻す]をクリックします。元に戻す操作をキャンセルするには、隣の[やり直す]をクリックします。

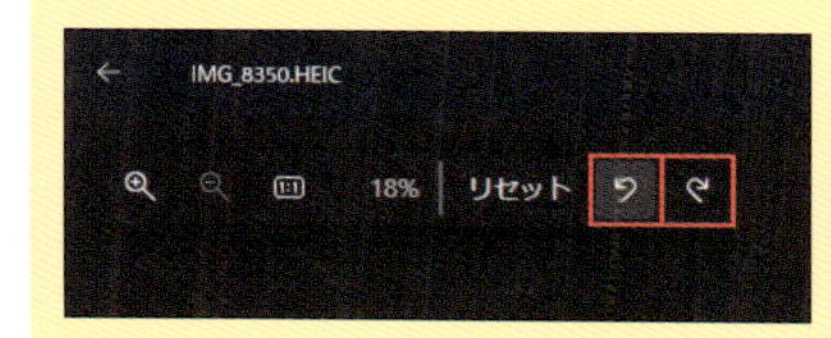

コピーして保存する

写真を保存するとき、[コピーとして保存]をクリックすると、元の写真はそのままで写真をコピーして保存します。[保存]をクリックすると、写真を変更して上書き保存します。なお、元の写真のファイルの形式によっては、上書き保存ができない場合があります。その場合は、コピーとして保存します。

1 [保存オプション]をクリックし、[コピーとして保存]をクリックします。

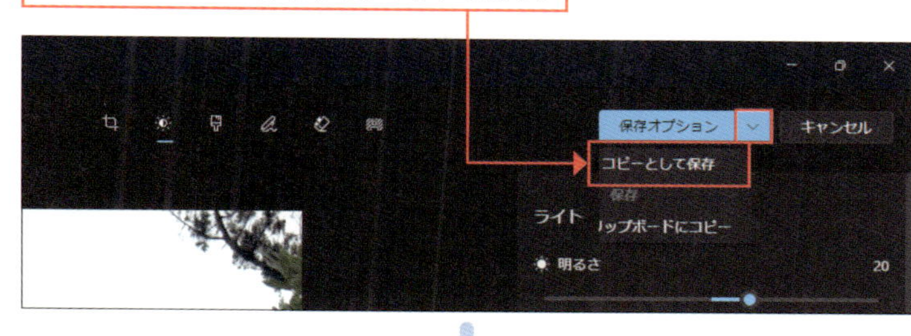

2 保存先（ここでは「ピクチャ」フォルダー）を指定します。

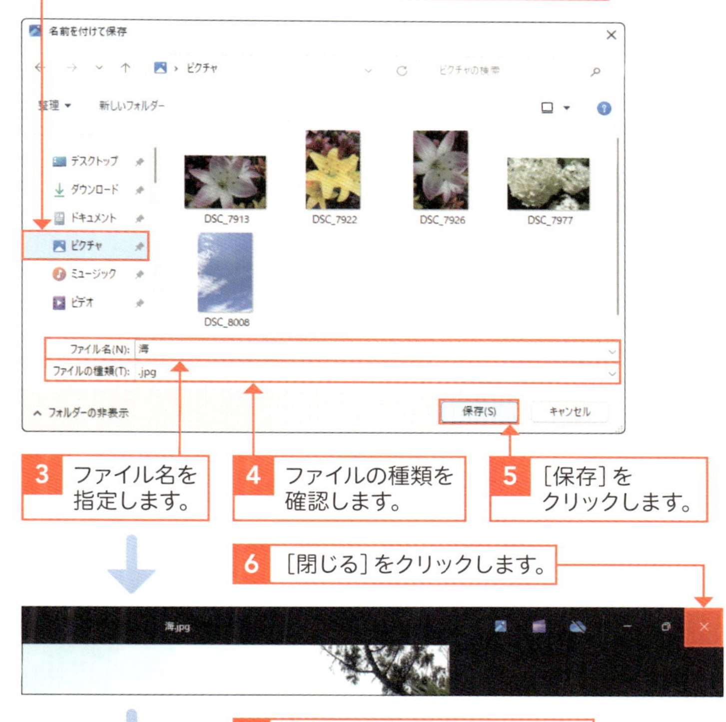

3 ファイル名を指定します。

4 ファイルの種類を確認します。

5 [保存]をクリックします。

6 [閉じる]をクリックします。

7 保存した写真が表示されます。

Section

43 写真や動画を削除しよう

ここで学ぶこと

- 選択
- 削除
- ごみ箱

「フォト」からも写真や動画を削除できます。不用な写真や動画を削除して整理しましょう。複数の写真や動画をまとめて削除することもできます。なお、「フォト」から削除した写真や動画ファイルは、ごみ箱に入ります。ごみ箱については、68ページを参照してください。

1 写真や動画を削除する

解説

表示中の写真や動画を削除する

表示中の写真や動画を削除するには、[削除]をクリックします。確認メッセージが表示されますので削除する場合は[削除]、削除しない場合は[キャンセル]をクリックします。

ヒント

確認メッセージを表示しない

ファイルを削除するときに、次回以降、確認メッセージを表示する必要がない場合は、手順3で表示されるメッセージの[今後、この警告を表示しない]のチェックをクリックしてオンにします。なお、確認メッセージを表示する設定に戻すには、105ページの方法で「フォト」の設定画面を開き、[写真を削除するためのアクセス許可を求める]をオンにします。

1 削除する写真や動画を表示します。

2 [削除]をクリックします。

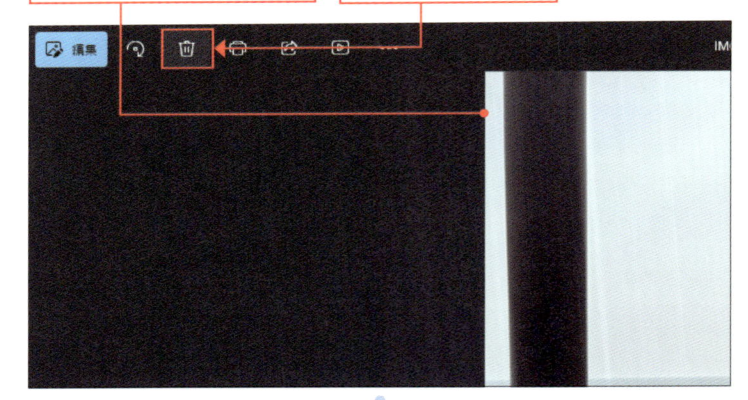

3 メッセージが表示されます。

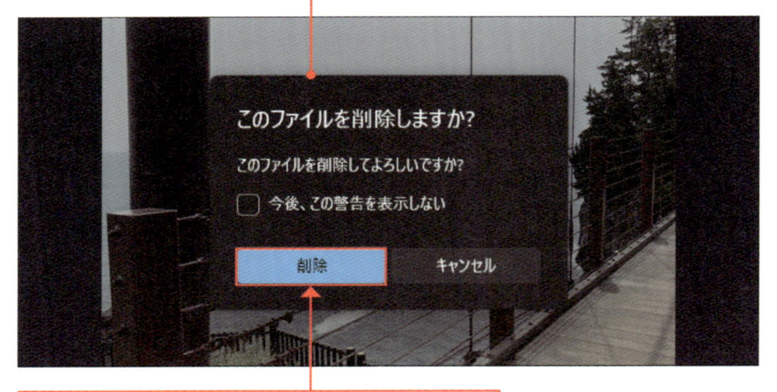

4 削除する場合は[削除]をクリックします。

② 複数の写真や動画を削除する

解説

複数の写真や動画をまとめて削除する

複数の写真や動画をまとめて削除するには、まず削除する複数の写真や動画を選択します。続いて、[削除]をクリックします。

1 [ギャラリー]をクリックします。

2 削除したい写真や動画にマウスポインターを移動します。

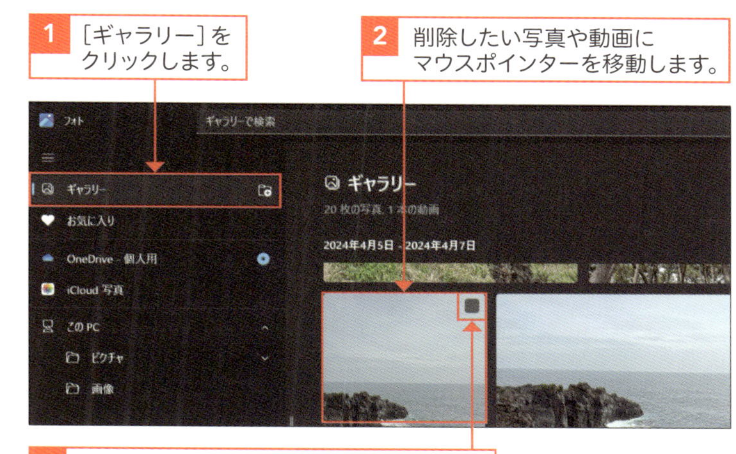

3 写真や動画を選択する□が表示されます。

4 □をクリックして写真や動画を選択します。

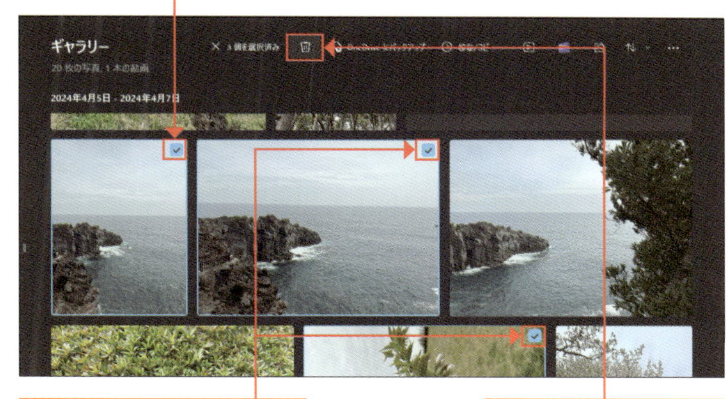

5 同様に、他に削除する写真を選択します。

6 [削除]をクリックします。

7 確認メッセージが表示されます。

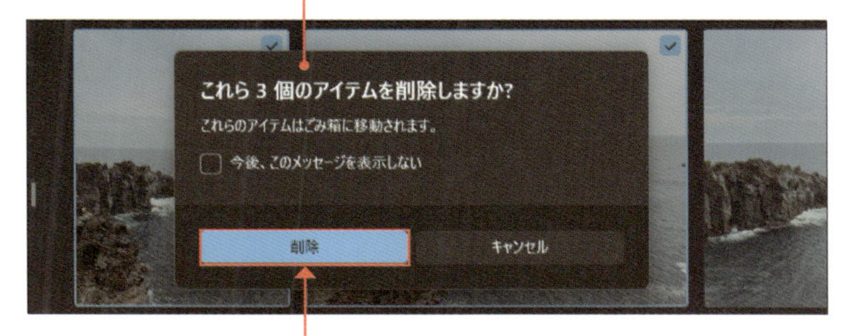

8 削除する場合は[削除]をクリックします。

Section
44 動画を作成しよう

ここで学ぶこと
- フォト
- Clipchamp
- タイムライン

「フォト」で表示している写真や動画を使って、写真や動画を順に表示する動画ファイルを新規に作成してみましょう。ここでは、「Clipchamp」というアプリを使って作成します。「Clipchamp」を使うと、かんたんに動画を編集できます。写真や動画を表示する順番などを指定します。

1 写真や動画を選択する

重要用語

Clipchamp

「Clipchamp」は、写真や動画を組み合わせて新しい動画を作成できるアプリです。「Clipchamp」を使用するには、Microsoftアカウントでサインインします。Microsoftアカウントについては、226ページを参照してください。

1 動画の元として利用する写真や動画を選択します。

2 ［ビデオの作成］をクリックします。

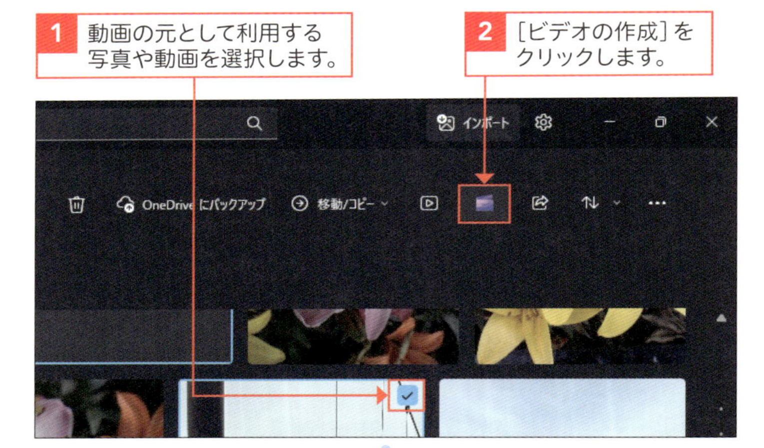

3 Microsoftアカウントのサインイン画面が表示された場合は、［Microsoftアカウントでサインイン］をクリックし、Microsoftアカウントとパスワードを入力してサインインします。

4 「Clipchamp」が起動します。少し待つと、選択した写真や動画が表示されます。

② タイムラインに追加する

重要用語

タイムライン

「Clipchamp」の画面の下には、動画や写真、文字、音楽などをどの順番で表示するかを指定するタイムラインが表示されます。タイムラインの上部には、動画の長さを示す時間が表示されます。

ヒント

メディアを削除する

動画を作成する元になる写真や動画を削除するには、手順1の画面で［削除］をクリックします。

ヒント

動画を再生する

動画を再生するには、中央の▶をクリックします。すると、シーカーという白い線の場所から動画が再生されます。シーカーを先頭にドラッグすると最初から再生できます。

1 タイムラインに追加する写真や動画にマウスポインターを移動します。

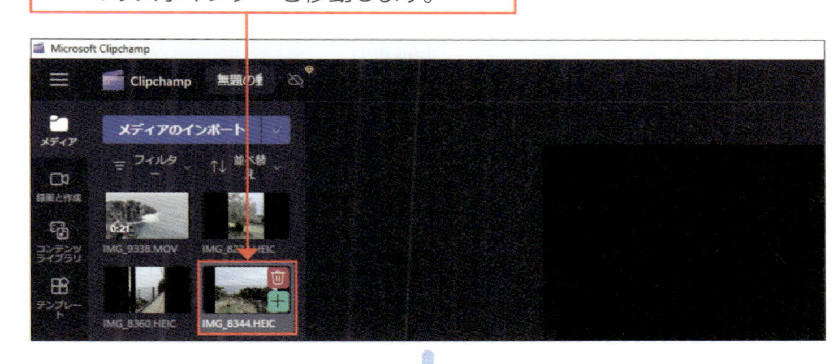

2 選択した写真や動画をタイムラインにドラッグして追加します。

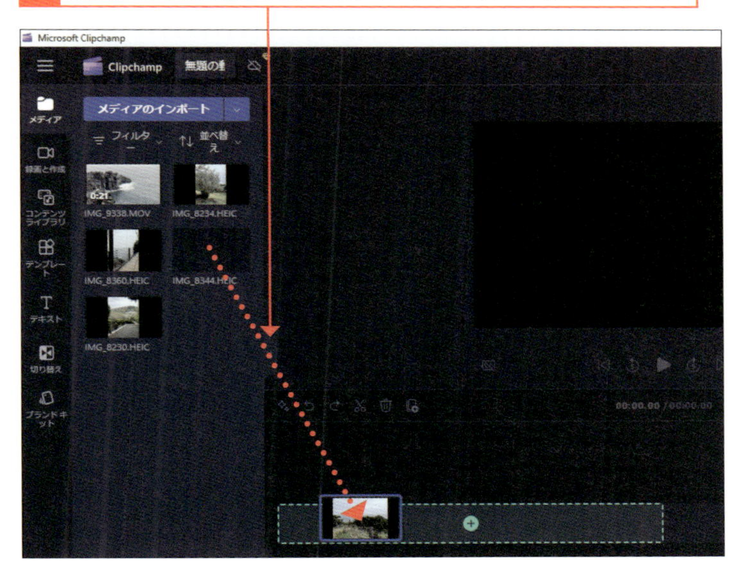

3 同様の手順で、複数の写真や動画をタイムラインに追加します。

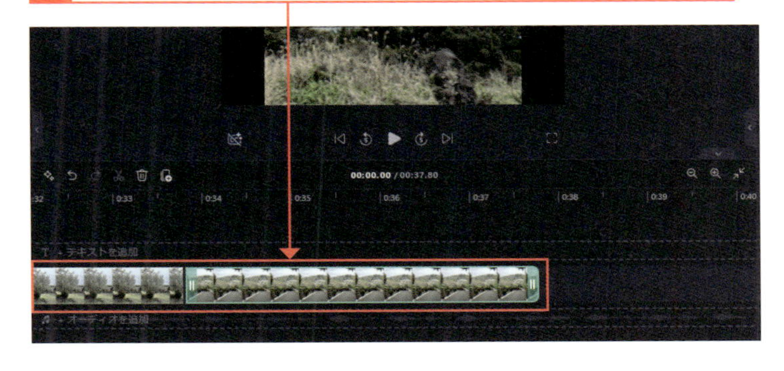

③ 効果を付ける

解説

効果を設定する

タイムラインに追加した写真や動画には、さまざまな加工ができます。たとえば、[効果]の一覧から、気に入った効果を選択するだけで、写真や動画を強調する動きを付けたり、色を変更したりできます。パルスは脈拍や振動を意味する言葉です。パッと前に出て強調されるような動きです。効果は、複数組み合わせて設定することもできます。

1 効果を付ける写真や動画をクリックして選択します。

2 右側の < をクリックします。

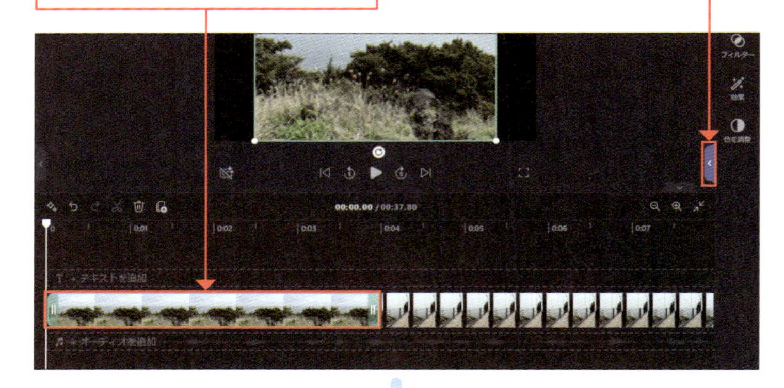

3 右側の[効果]をクリックします。

4 効果(ここでは[パルス])をクリックします。

5 下に表示される欄で速度や動きの大きさなどを指定します。

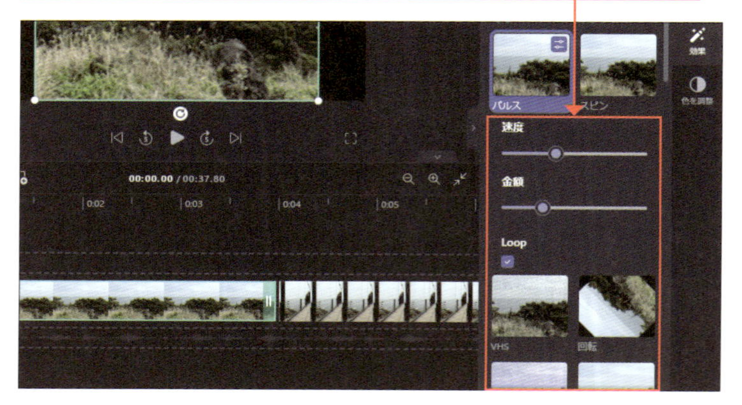

ヒント

メディアが表示されていない場合

メディアの一覧が表示されていない場合は、画面左の > をクリックします。

4 動画を保存する

解説

スライドショーを保存する

作成した動画を保存するには、エクスポートをします。エクスポート時に動画の画質を選択できます。「480p」は下書き向け、「720p」はSNSで公開する動画、「1080p」はWebで公開する動画などに向いています。「4K」は、高画質で保存する方法ですが、有料プランの契約が必要です。「GIF」は、15秒以下の動画で選択できます。ファイルサイズを抑えられますが、シンプルな印象になります。

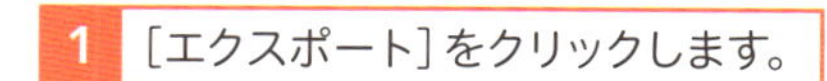

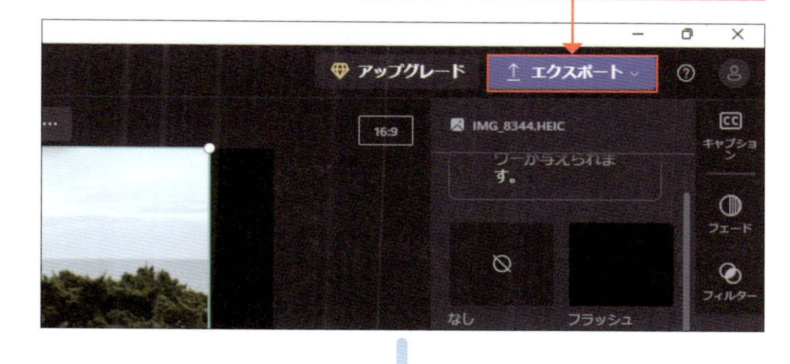

2 画質を選んでクリックします。

3 動画を保存する準備が始まるので少し待ちます。

4 ファイルが「ダウンロード」フォルダーに保存されます。

5 [編集を続行]をクリックすると、前の画面に戻ります。

ヒント

他の場所に保存する

動画をエクスポートすると、通常は、「ダウンロード」フォルダーというあらかじめ用意されているフォルダーに「無題の動画 – Clipchampで作成」という名前で保存されます。ほかの場所に動画を保存したい場合は、左側のメニューから保存場所を選択します。「無題の動画」の文字を変更したい場合は、手順1の操作を行う前に、画面左上の「無題の動画」の文字を変更します。

Section

45 動画を編集しよう

ここで学ぶこと

- Clipchamp
- 切り替え
- 削除

「Clipchamp」で作成した動画を編集してみましょう。ここでは、動画の不要な場所をカットします。他にも、動画を徐々に表示したり、暗くするフェードを設定したり、動画にテキストを追加したりすることもできます。編集後は、前のSectionの方法で、動画を保存しておきましょう。

1 動画の切り替えの動きを指定する

解説

切り替え効果を設定する

動画の切り替え効果を設定すると、動画のつなぎ目で、動画を切り替えるときの動きを指定できます。動画と動画の間に向かって、切り替え効果をドラッグします。ここでは、動画の始まりや終わりで画面を暗くする切り替え効果を設定しています。切り替え効果を削除するには、追加した切り替え効果を右クリックして［削除］をクリックします。

ヒント

切り替え時に画面を暗くする

写真や動画の切り替え時に画面を暗くするには、フェードを設定する方法もあります。それには、タイムラインの写真や動画をクリックし、画面右の［フェード］をクリックします。続いて、［フェードイン］や［フェードアウト］のスライダーをドラッグして秒数を指定します。画面が暗い状態から写真や動画を表示するまでの秒数、写真や動画が表示されている状態から画面を暗くするまでの秒数を指定します。

1 ［切り替え］をタップします。

2 ［フェードスルーブラック］を写真や動画の間に向かってドラッグします。

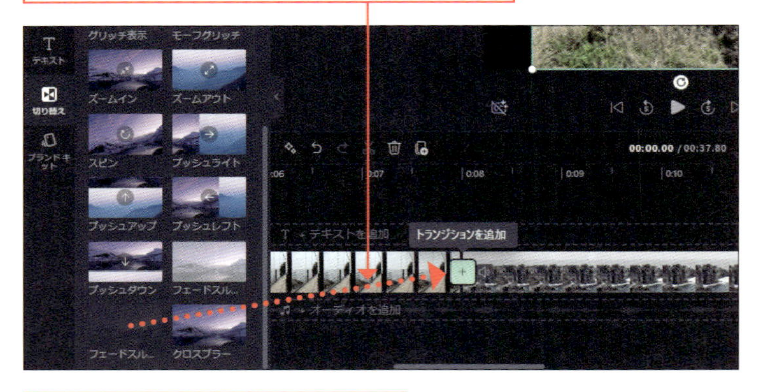

3 切り替えの効果が設定されます。

② 動画の一部を削除する

解説

動画の不要な部分を削除する

タイムラインに表示されている写真や動画から、不要な部分を削除できます。ここでは、動画の一部を削除します。

1 シーカーをドラッグして動画を切る場所を指定します。

2 ［スプリット］をクリックします。

3 動画に区切りが表示されます。

4 削除する動画を選択します。

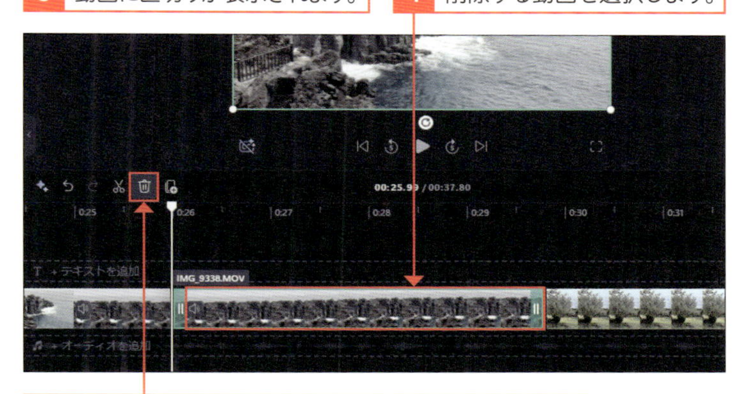

5 ［削除］をクリックします。または、削除する動画を右クリックして［削除］をクリックします。

6 削除する箇所にマウスポインターを移動し、［削除］をクリックします。

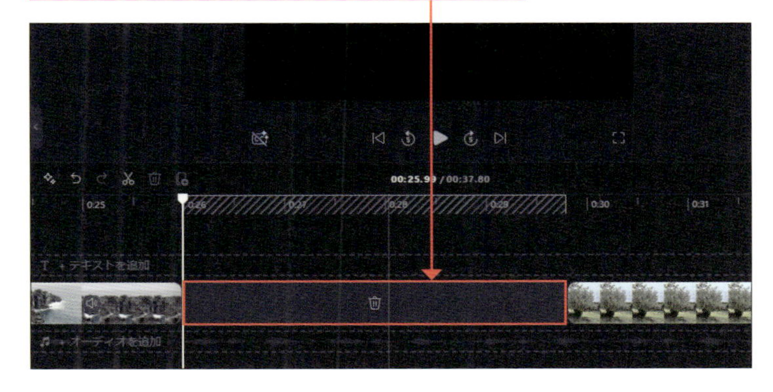

ヒント

テキストを追加する

動画に文字を重ねて表示したい場合は、タイムラインにテキストを追加する方法があります。たとえば、左側のメニューから［テキスト］を選択し、テキストをタイムラインに追加して文字を入力します。テキストを表示する時間は、タイムライン上のテキストを選択して左右のハンドルをドラッグして指定します。テキストを配置している個所にシーカーを移動すると、テキストの表示イメージを確認できます。

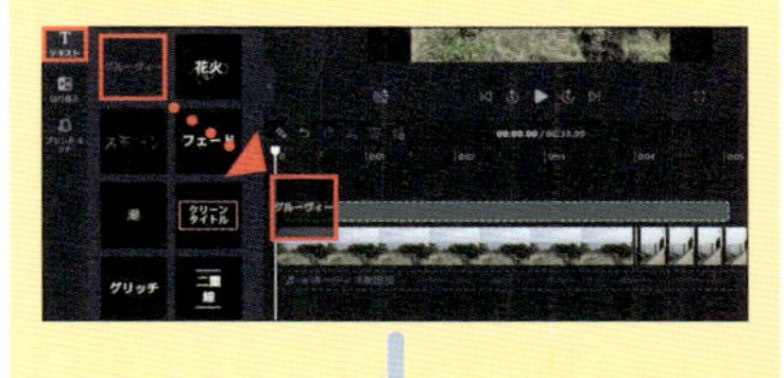

Section 46

写真をOneDriveに保存しよう

ここで学ぶこと

- フォト
- OneDrive
- バックアップ

OneDriveとは、インターネット上のファイルを保存するスペースです。Microsoftアカウントを取得すると、利用できます。ここでは、パソコンの「ピクチャ」フォルダーをOneDriveと同期する設定にする方法を紹介します。同期とは、異なる保存スペースの状態を同じ状態にすることです。

1 OneDriveにサインインする

解説

OneDriveを設定する

パソコンの指定したフォルダーに保存されているファイルが自動的にOneDriveにも保存されるように、OneDriveを設定します。設定を行うと、OneDriveとパソコンの指定したフォルダーに同期が設定されます。

1 ［OneDrive-個人用］をクリックします。

2 ［OneDriveにサインイン］をクリックします。

3 Microsoftアカウントのメールアドレスを選択、または入力します。

4 ［サインイン］をクリックします。

2 OneDriveの設定をする

応用技

フォルダーを指定する

OneDriveと自分のパソコンのフォルダーを同期するとき、どのフォルダーを同期するか手順4で指定します。なお、OneDriveの設定後、手順4で確認したフォルダーの「画像」や「ピクチャ」フォルダーなどに画像をコピーすると、OneDriveに画像が保存されます。

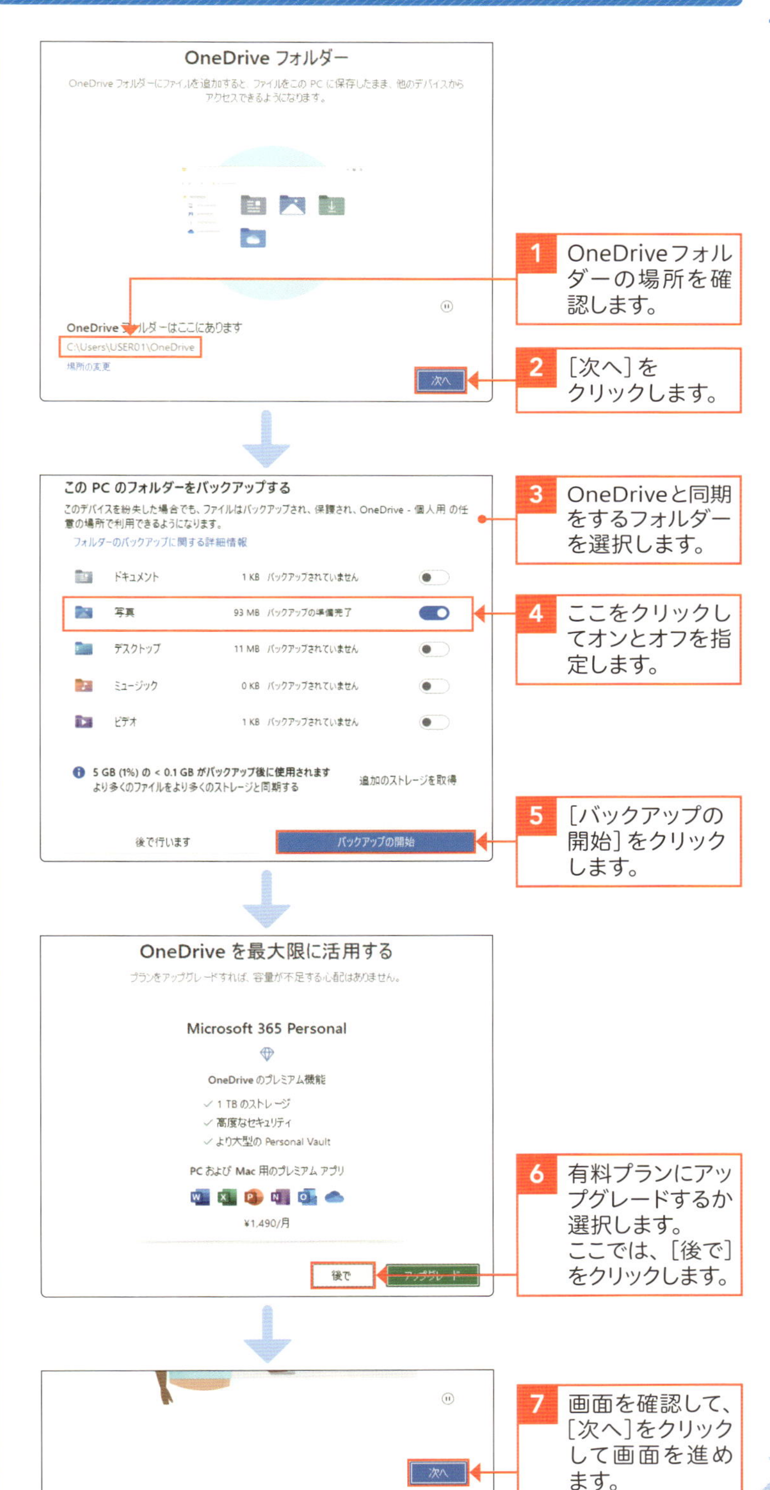

1 OneDriveフォルダーの場所を確認します。

2 [次へ]をクリックします。

3 OneDriveと同期をするフォルダーを選択します。

4 ここをクリックしてオンとオフを指定します。

5 [バックアップの開始]をクリックします。

6 有料プランにアップグレードするか選択します。ここでは、[後で]をクリックします。

7 画面を確認して、[次へ]をクリックして画面を進めます。

OneDriveの設定を確認する

OneDriveの設定を後で変更するには、タスクバーのOneDriveのアイコンを右クリックし、[設定]をクリックすると表示される画面で行います。左側のメニューを選択して設定を確認します。なお、設定を変更する時は、念のため、OneDriveと同期しているファイルを同期の設定をしていない別の場所にコピーし、バックアップをとってから行います。

8 画面を確認して、[次へ]をクリックして画面を進めます。

9 画面を確認して、[次へ]をクリックして画面を進めます。

10 モバイルアプリの説明画面が表示されます。ここでは、[後で]をクリックします。

11 次の画面が表示されたら、[OneDriveフォルダーを開く]をクリックします。

③ OneDriveに保存した写真を見る

解説

OneDriveの中を表示する

「フォト」でOneDriveの写真や動画を表示するには、ナビゲーションのOneDriveの項目を選択します。

ヒント

「Microsoft Edge」で表示する

「Microsoft Edge」でもOneDriveの中身を表示できます。「https://onedrive.com/」のサイトを表示して、Microsoftアカウントでサインインします。

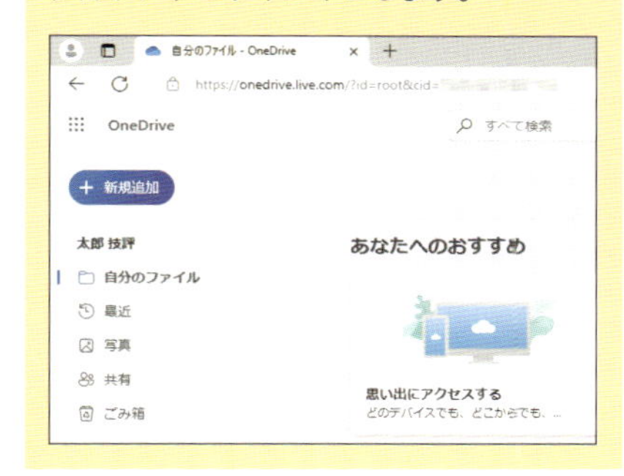

1 OneDriveフォルダーが表示されます。

2 ［閉じる］をクリックします。

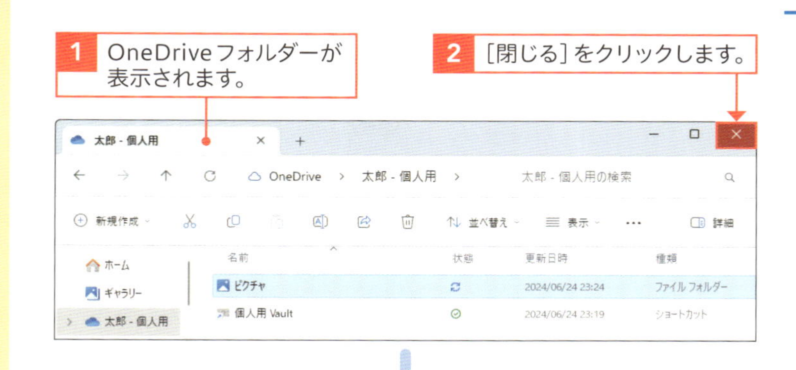

3 「フォト」の画面に戻ります。

4 ナビゲーションのOneDriveの項目をクリックします。

5 OneDriveに保存されている写真や動画が表示されます。

応用技

OneDriveで共有する

OneDriveに保存したファイルは、他の人と共有できます。たとえば、写真を共有するには、「Microsoft Edge」でOneDriveを表示し、写真を選択し、［共有］をクリックします。表示される画面で、ファイルを共有する内容のメールを送信するか、ファイルに接続するリンクをコピーするか選択します。メールの場合は、鉛筆マークをクリックして設定を確認し、メールアドレスや内容を指定して［送信］をクリックします。すると、メールが送信されます。リンクをコピーする場合は、［リンクを知っていれば誰でも編集できます］をクリックして設定を確認し、［リンクのコピー］をクリックします。すると、リンク先のURLがクリップボードにコピーされます。URLを共有相手に伝えることで、データを共有できます。なお、共有しているファイルは、画面左のメニューの［共有］－［自分が］をクリックすると確認できます。

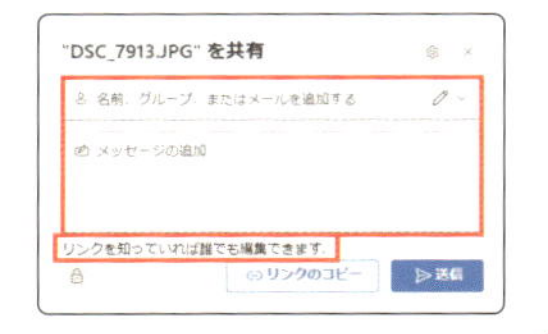

Section

47 写真を印刷しよう

ここで学ぶこと

- 写真
- 印刷
- 用紙

「フォト」では、写真を印刷することもできます。ここでは、写真の一覧から気に入った写真を表示して印刷してみましょう。印刷前には、印刷する用紙を確認して、印刷の向きや用紙サイズ、用紙の種類などを指定します。印刷イメージを確認してから印刷します。

1 写真を印刷する準備をする

解説

写真を印刷する

写真を印刷するには、印刷したい写真を大きく表示して印刷画面を開きます。

補足

プリンターに接続しておく

写真の印刷画面を表示する前に、プリンターの準備をしておきましょう。なお、プリンターによって印刷時に設定できる項目の内容は異なります。

1 印刷する写真や動画を表示します。

2 ［印刷］をクリックします。

3 印刷の画面が表示されます。

② 写真を印刷する

解説

印刷時の設定を行う

印刷をする前に印刷画面の左側で、印刷時の設定を行います。[印刷の向き]や[用紙サイズ]、必要に応じて[給紙方法]などを指定します。また、写真をきれいに印刷するには、写真を印刷するのに適した専用の紙を使うとよいでしょう。その場合は、[用紙の種類]も指定します。

1 印刷イメージが表示されます。

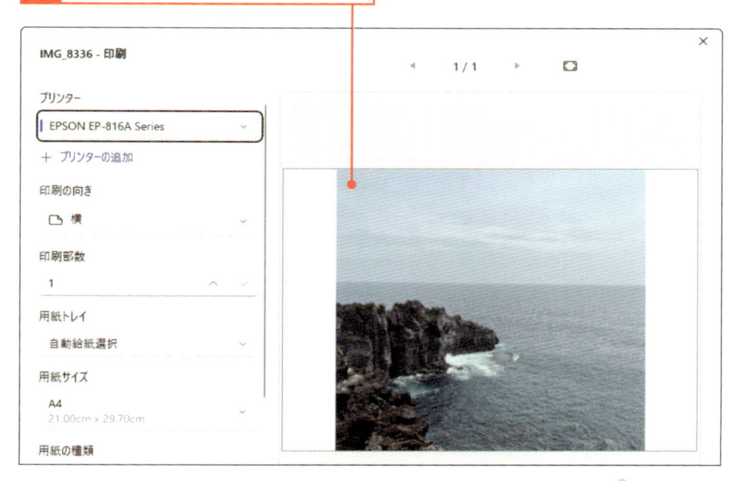

2 印刷時の設定を指定します。

3 [印刷]をクリックすると、印刷が実行されます。

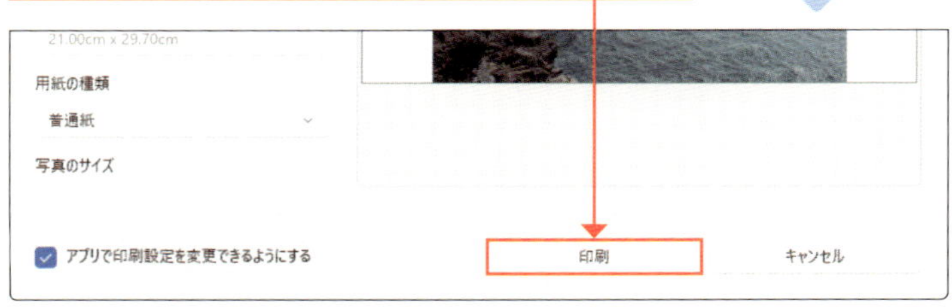

補足

そのほかの設定を行う

印刷画面の下に表示される[その他の設定]をクリックすると、印刷画面に表示されていない項目などを指定できます。詳細の設定を行う場合は、クリックして設定を行いましょう。[OK]をクリックすると、元の印刷画面に戻ります。

Section
48 音楽を楽しもう

ここで学ぶこと

- CD
- 音楽
- メディアプレーヤー

パソコンで音楽を聴いてみましょう。ここでは、音楽や動画を再生して楽しむことのできる「メディアプレーヤー」というアプリを使います。CDの曲をパソコンに取り込んで、音楽を再生します。音楽を聴きながら、パソコンの操作をすることもできます。

1 「メディアプレーヤー」を起動する

解説

CDをセットする

音楽CDをパソコンにセットします。CDをセットするドライブがパソコンに付いていない場合は、外付けのドライブを用意する方法があります（224ページ参照）。

時短

音楽CDをセットしたときの動作を指定する

手順2の画面でメッセージをクリックすると、音楽CDがパソコンにセットされた場合の動作を指定する画面が表示されます。操作を選択すると、次回以降、音楽CDがセットされた場合に指定した操作が実行されます。
2 メッセージが表示されたらここをクリックします。
3 ［スタート］ボタンをクリックし、すべてのアプリを表示します（28ページ参照）。
4 ここをドラッグして、画面をスクロールします。
5

② CDから音楽を取り込む

重要用語

メディアプレーヤー

「メディアプレーヤー」は、パソコンで音楽や動画を再生できるアプリです。音楽CDからパソコンに音楽を取り込むこともできます。「メディアプレーヤー」の画面の左側で、音楽や動画の表示を切り替えられます。

解説

音楽を取り込む

音楽の取り込みには少し時間がかかります。進捗状況は画面に表示されます。取り込みが終わるまで待ちましょう。

ヒント

音楽を取り込まずに曲を聴く

パソコンに曲を取り込まなくても音楽を聴くことはできます。「メディアプレーヤー」が起動している場合は、手順2の操作のあとで聴きたい曲をダブルクリックします。

ヒント

「ミュージック」フォルダー

取り込んだ音楽は、「ミュージック」フォルダーに保存されます。「C:¥Users¥(ユーザー名)¥Music」を開くと、「ミュージック」フォルダーの中身を確認できます。

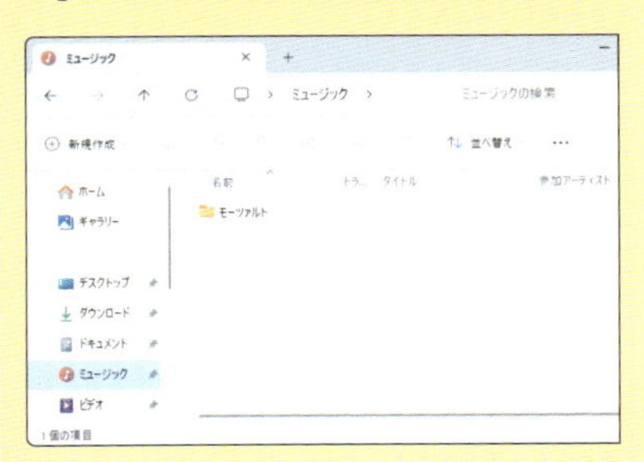

1 「メディアプレーヤー」が起動します。

2 38ページの方法で、画面を最大化します。

3 CDの項目をクリックします。

4 CDの曲名が表示されます。

5 [CDの取り込み]をクリックします。

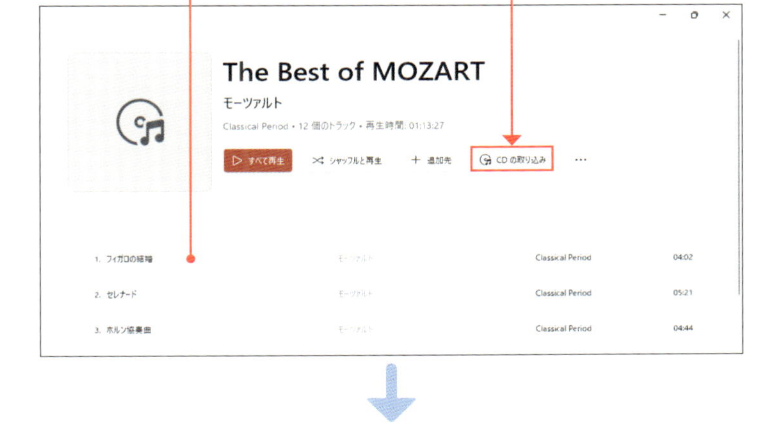

6 しばらく待つと、取り込みが完了します。

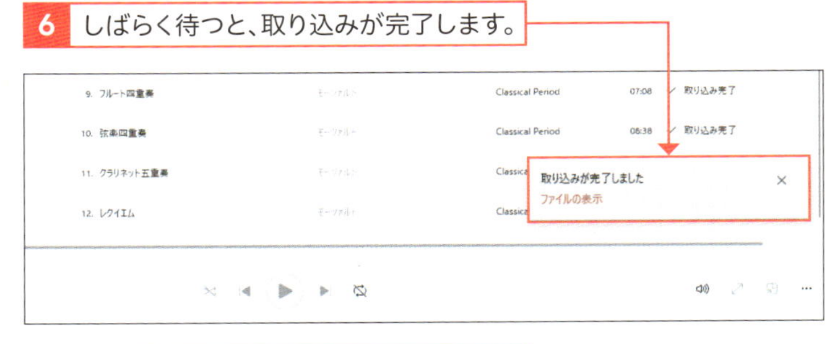

7 音楽CDをドライブから取り出します。

③ 取り込んだ音楽を再生する

曲を進める／停止する

曲を進めるには、画面下の ▶| をクリック、前の曲に戻るには |◀ をクリックします。

1 [音楽ライブラリ]をクリックします。

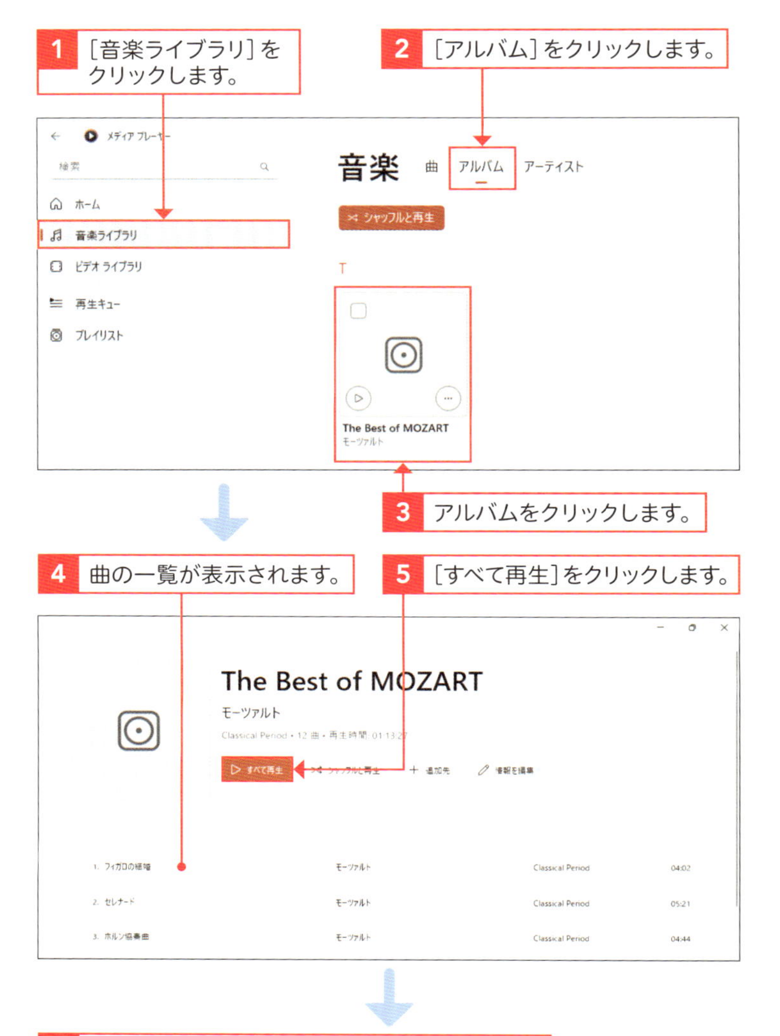
4 曲の一覧が表示されます。
5 [すべて再生]をクリックします。

音量を調整する

音量を調整するには、🔊 をクリックすると表示されるつまみをドラッグします。つまみの左の 🔊 をクリックすると、音が消えます。

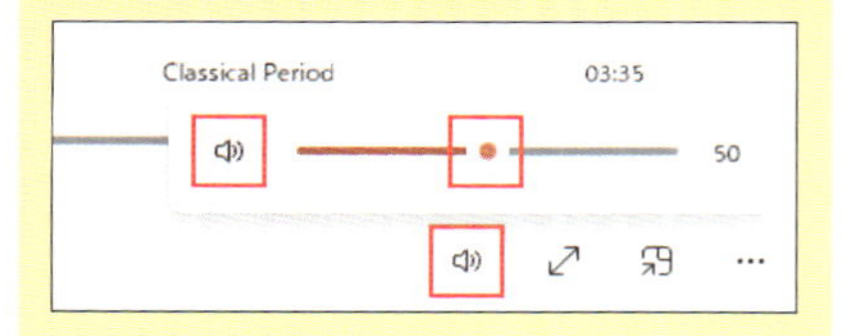

第 6 章

AIアシスタントを活用しよう

Section

49 Copilotを使ってみよう

ここで学ぶこと

- Copilot
- Windows 11
- AI

Windows 11では、CopilotというAIの技術を利用した機能を使用できます。このSectionでは、CopilotやAIという用語について紹介します。AIを利用すると、どんなことができるのかイメージしましょう。また、AIに質問をして答えを表示してみましょう。追加の質問もできます。

1 AIと生成AIについて

AIとは、人工知能を意味し、コンピューターが人間の代わりに、いろいろなことを考えたりする技術のことです。最近は、生成AIといって、AIがデータを作り出す技術が発達し、人間と会話するような感覚で質問に対する答えや提案をしてくれたり、ユーザーの要求に応じて文章や音楽、画像などを自動的に生成してくれたりする機能を利用できます。

2 Copilotについて

Microsoftが提供するさまざまなアプリでも、AIの技術を使った機能が搭載されています。それらの機能全般をCopilotといいます。Copilotは、英語で「副操縦士」という意味です。ユーザーが操縦士となり、副操縦士の役割のCopilotとともに、さまざまなことを行うイメージです。
Copilotには、次のようなものがあります。

Copilot	内容
Copilot in Windows	Windowsで利用できるCopilotです。
「Microsoft Edge」のCopilot	「Microsoft Edge」で利用できるCopilotです。
Copilot for Microsoft 365	Microsoft 365のOffice製品などのアプリで利用できるCopilotです。有料で利用できます（2024年10月時点）。本書では紹介していません。

注意

使用時に注意したいこと

AIが返す答えは、正しいとは限りません。間違っている場合も多くあるので注意します。また、答えの中には、実際にいる誰かが作成したものに似ている可能性もあります。情報源がわからない場合は、内容を確認して自分の言葉で書き換えるなどして著作権侵害にならないようにしましょう。なお、AIで作成した画像などを利用する時には、利用規約などを確認します。また、AIサービスの中には、入力した情報をAIの技術向上のために利用することがあります。そのため、個人情報や社内で共有している顧客情報などの重要な情報は、入力しないように注意します。

3 Copilot in Windowsを開く

解説

Copilotを使う準備をする

Copilot in Windows とは、Windows 11で使用できるCopilotの機能です。質問に対する答えを返したり、文章や画像を生成したりできます。

1 タスクバーのCopilotのアイコンをクリックします。

2 Copilot in Windowsの画面が表示されます。

3 ここをクリックして画面を最大化します。

ヒント

Copilot in Windowsでできること

Copilot in Windowsでは、次のようなことができます。

- 質問に対する答えの表示
- 文章やイラストなどのコンテンツ作成

4 Copilot in Windowsのチャットのウィンドウが大きく表示されます。

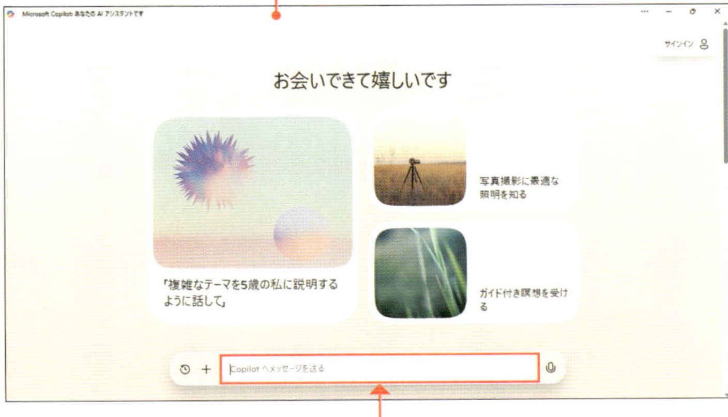

5 「Copilotへメッセージを送る」の欄をクリックします。

ヒント

初めてCopilotを起動したとき

初めてCopilotを起動したとき、メッセージが表示された場合は、［開始する］をクリックします。Copilotから質問が表示された場合、質問に答える場合は、答えを入力します。質問に答えない場合は、一度Copilotのウィンドウを閉じて、再度Copilotを起動します。

4 知りたいことを質問する

質問をする

ここでは、旅行の計画を立てる手助けをしてもらいます。追加の質問もできます。なお、質問に対する答えは、その時々によって異なります。Copilotに同じ質問をしても同じ答えになるとは限りません。

話題を変える

話題を変えて、別の質問をする場合は、[ホームへ]をクリックしてホームの画面を表示し、[履歴を表示]をクリック、[新しいチャットを開始]をクリックします。

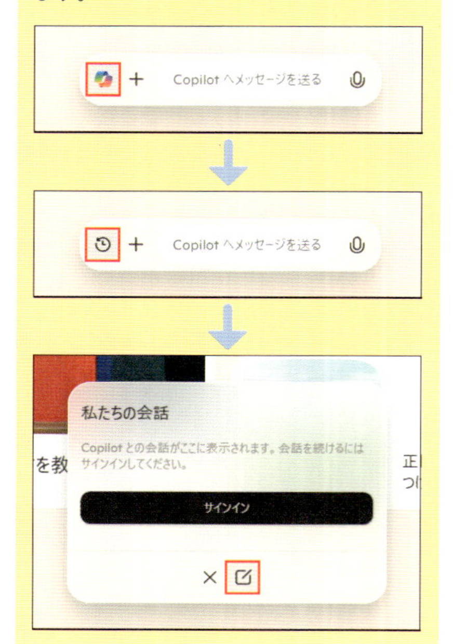

1 質問を入力します。入力中に改行するには、Shift + Enter キーを押します。

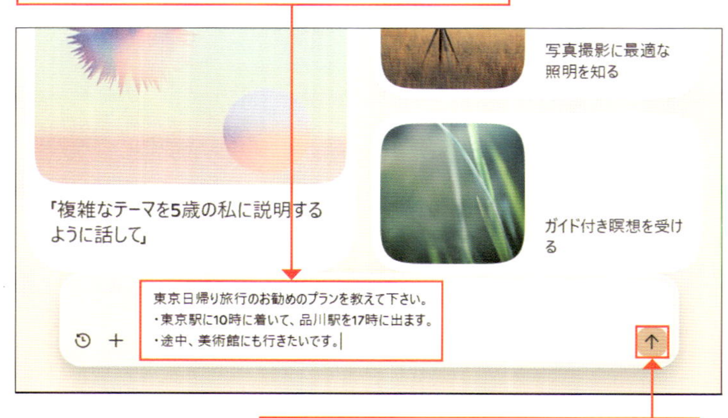

2 [メッセージの送信]をクリックするか、Enter キーを押します。

3 結果が表示されます。

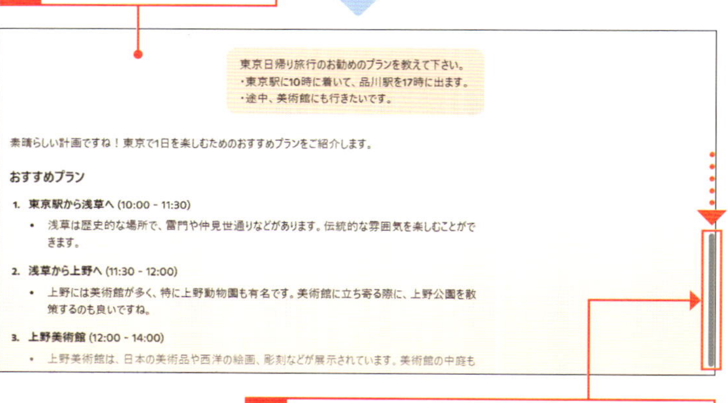

4 画面をスクロールして内容を確認します。

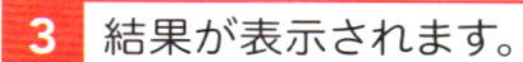

5 続いて質問したい内容を入力します。

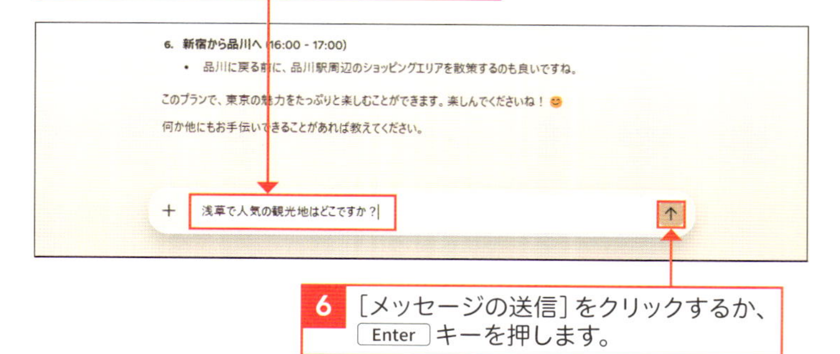

6 [メッセージの送信]をクリックするか、Enter キーを押します。

5 答えを確認する

音声で質問する

マイクを利用できる場合は、マイクのアイコンの[Copilotと会話する]をクリックし、口頭で質問してみましょう。サインインのメッセージが表示された場合は、140ページの方法でサインインします。この機能を利用できない場合は、メッセージが表示されます。

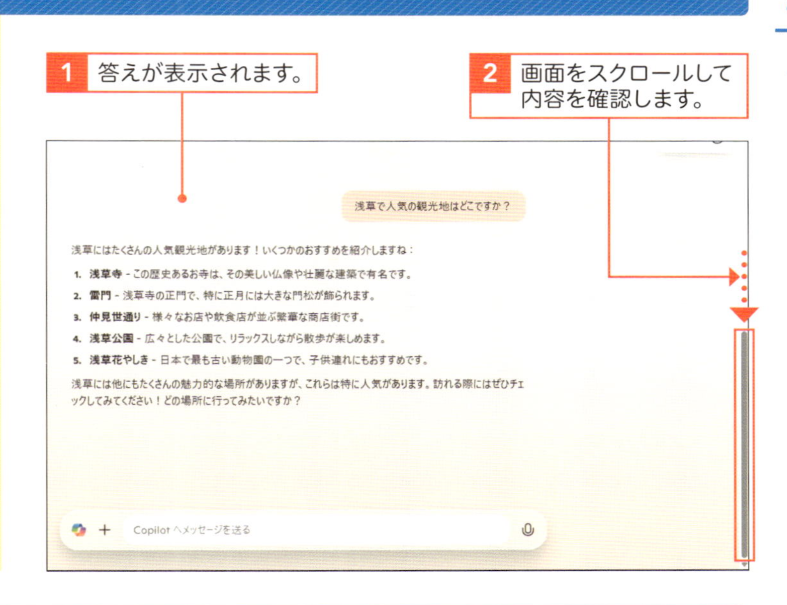

ヒント 答えをコピーする

Copilotの答えから、コピーしたい部分をドラッグして選択し、表示されるメニューの[コピー]をクリックします。すると、答えがクリップボードにコピーされます。メモ帳などを起動して、答えを貼り付ける場所をクリックして Ctrl + V キーを押すと、内容が貼り付けられます。

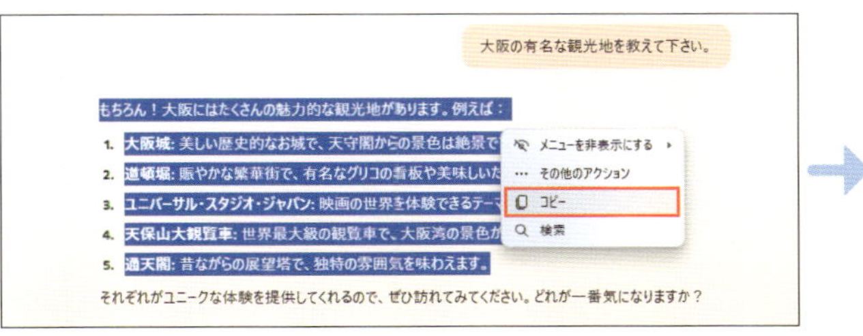

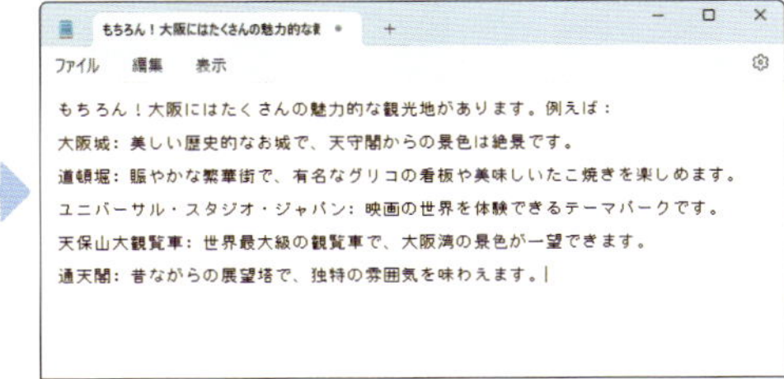

ヒント 質問のコツ

Copilotに質問をするときは、なるべく具体的な情報を盛り込んで質問するとよいでしょう。次のような内容を指定すると、欲しい情報が得られやすくなります。文章が長くなるときは、条件を箇条書きで書くこともできます。

指定内容	指定例
答えの数	「3つ教えて」「複数の答えを教えて」
分量	「100字程度でまとめて」「1分で話せるくらいの文字数を表示して」
形式	「表形式で表示して」「箇条書きの形式で表示して」
対象	「子供にもわかるような言葉で教えて」「上司に説明できるように教えて」

Section

50 文章や画像を作ってもらおう

ここで学ぶこと

- Copilot
- Windows 11
- AI

Copilot in Windowsを利用して、案内文などの文章や、イラストなどの画像を作成してもらうことができます。目的の文章や画像を得られるように、細かい条件なども盛り込んで指示を入力しましょう。条件を箇条書きでまとめて指定することもできます。

1 Copilot in Windowsで文章を生成する

解説

文書の下書きを作成する

案内文書の下書きを作成します。依頼内容には、具体的な条件を書くとよいでしょう。「企画書の書き方を教えて」「営業会議の議事録のテンプレートを作成して」などの要望にも応えてくれます。

ヒント

文章を加工・調整してもらう

Copilot in Windowsでは、指定した文章を校正したり、加工、調整したりしてもらうこともできます。たとえば、次のようなことができます。

内容	例
作成	「ビジネス文書で使える4月のあいさつ文を教えて」
校正	「次の文章の修正案を教えて」(文章入力)
加工	「次の文章を子供にもわかりやすいように書き換えて」(文章入力)
調整	「次の文章を200字程度に増やして」(文章入力)

1 ここをクリックし、作成したい文章の内容を入力します。

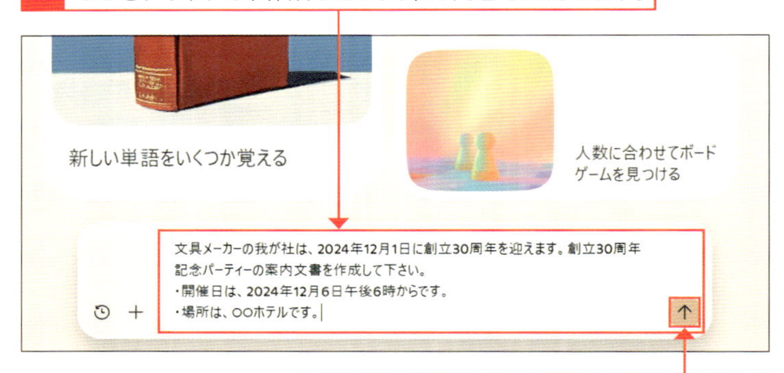

2 [メッセージの送信]をクリックするか、Enter キーを押します。

3 文章が表示されます。

創立30周年記念パーティーのご案内

拝啓

皆様におかれましては、益々ご清栄のこととお喜び申し上げます。さて、弊社は2024年12月1日に創立30周年を迎えることとなりました。これもひとえに皆様のご支援、ご愛顧の賜物と深く感謝申し上げます。

つきましては、ささやかながら創立30周年を記念いたしまして、下記の通り記念パーティーを開催いたします。ぜひご参加いただき、共に喜びを分かち合い、これまでのご厚情に感謝の意を表したく存じます。

記

開催日：2024年12月6日（金）午後6時より **場所**：○○ホテル **内容**：記念講演、祝宴、お楽しみ抽選会等

ご多忙中とは存じますが、何卒ご出席賜りますようお願い申し上げます。ご出席いただける場合は、11月25日までにご返信いただければ幸いです。

今後とも変わらぬご支援を賜りますようお願い申し上げます。

敬具

株式会社○○ 代表取締役 ○○○○

Copilot へメッセージを送る

② 追加の質問をする

解説

続いて質問する

案内文の下書きを確認して、追加の依頼をしてみましょう。依頼内容を入力します。

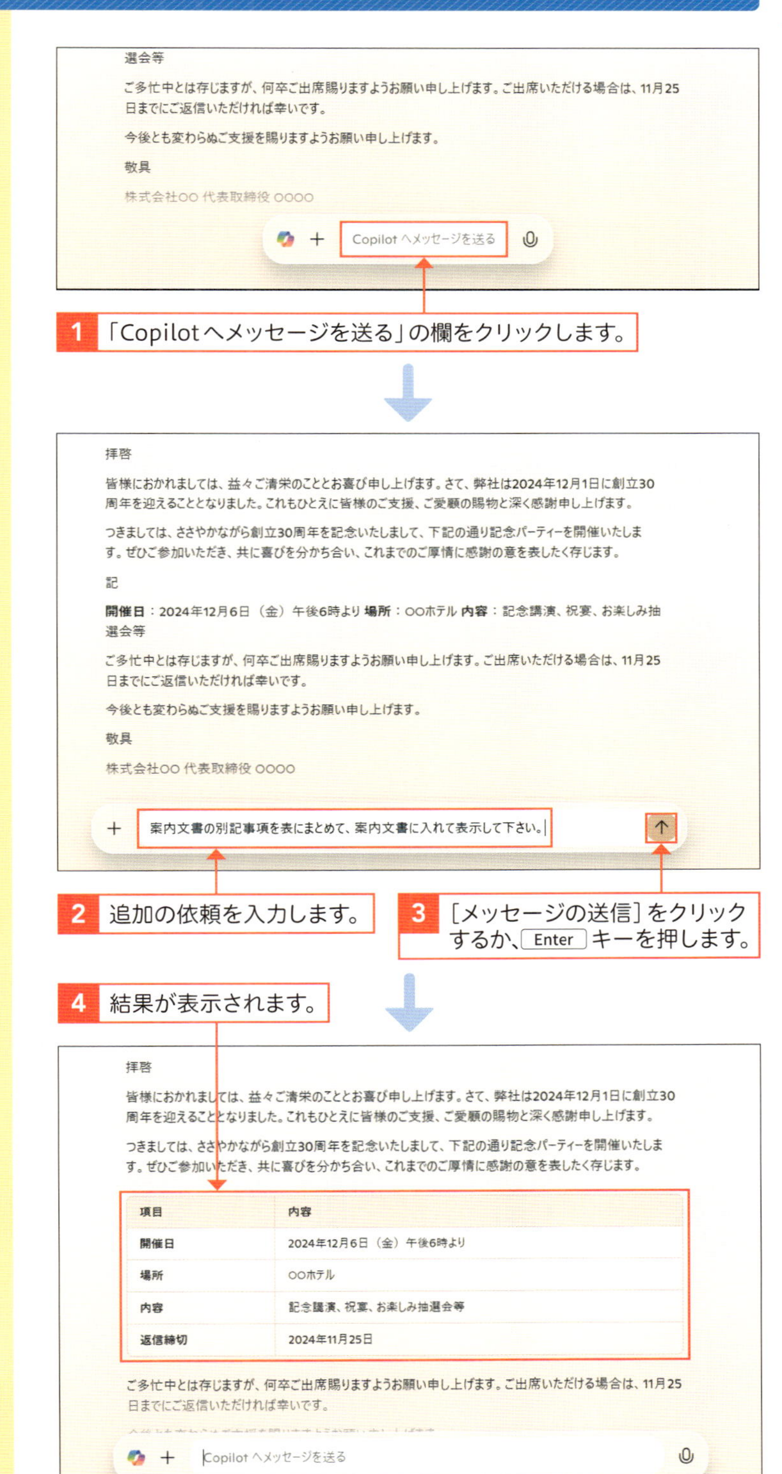

ヒント

表にまとめた場合

表形式で表示した答えは、137ページの方法で内容をコピーしてWordなどに貼り付けると、表として貼り付けられます。

3 Copilot in Windowsで画像を生成する

解説

画像を生成する

Copilotに画像の生成を依頼してみましょう。Copilotに利用したい画像の内容やイメージなどを伝えると、AIの技術を使って画像を生成する機能が働きます。

1 ［サインイン］をクリックします。

2 ［サインイン］をクリックします。

3 このあと、サインイン画面が表示されたら、Microsoftアカウントでサインインします。

4 ここをクリックし、依頼内容を入力します。

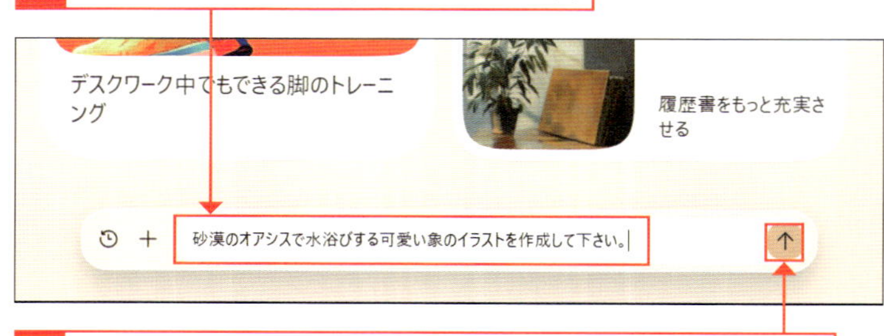

5 ［メッセージの送信］をクリックするか、Enterキーを押します。

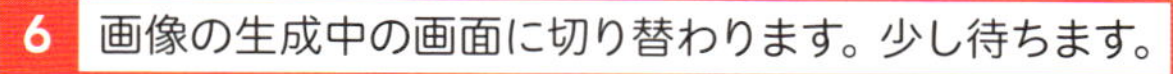

6 画像の生成中の画面に切り替わります。少し待ちます。

砂漠のオアシスで水浴びする可愛い象のイラストを作成して下さい。

Copilotの設定

Copilotの画面の左上の…をクリックすると、Copilotの設定に関するメニューが表示されます。

ヒント

サインインしていない場合

画像を生成するには、Microsoftアカウントでサインインします。サインインしていない場合は、画面右上の［サインイン］をクリックしてサインインしてから操作します。

4 画像を確認する

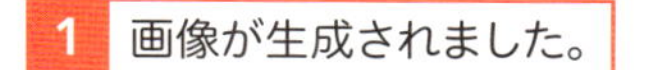

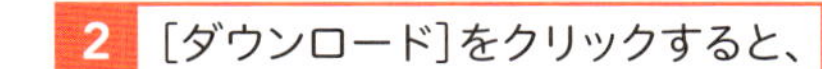

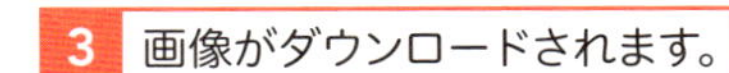

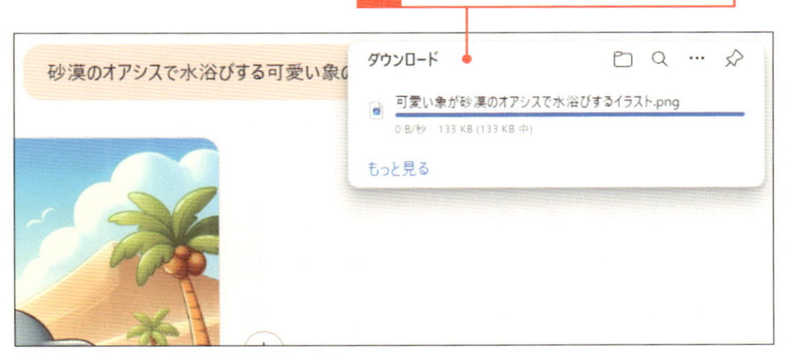

ヒント

使用条件

Copilot利用時の使用条件を確認するには、画面右上の［サインイン］またはユーザーのアイコンをクリックし、［使用条件］をクリックします。内容を確認しておきましょう。

ヒント

ダウンロードする

画像をダウンロードすると、通常は、［ダウンロード］フォルダーに画像がダウンロードされます。60ページの方法でエクスプローラーを起動して［ダウンロード］フォルダーを表示すると、画像ファイルが表示されます。画像ファイルをダブルクリックすると、画像が表示されます。

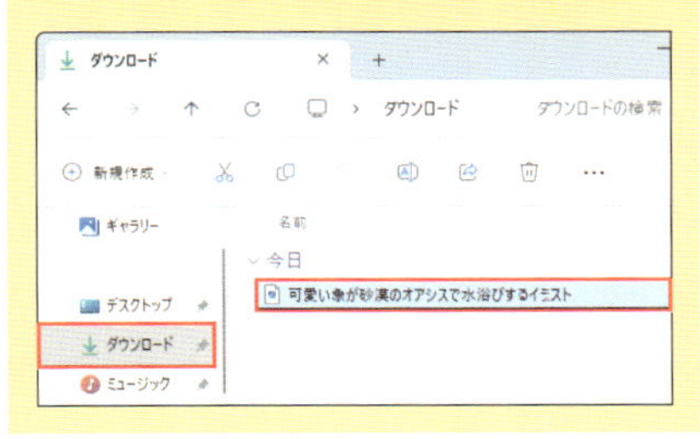

Section

51 写真を調べて情報を得よう

ここで学ぶこと

- Copilot
- Windows 11
- AI

Copilot in Windowsでは、写真の内容を調べてもらうことができます。ここでは、あらかじめノートパソコンに保存してある花の写真を追加して、写真に写っている花の名前を調べてもらいましょう。画像を追加するとともに、質問の内容を入力します。

1 Copilot in Windowsに写真を調べてもらう

解説

質問と画像を追加する

Copilotのウィンドウに質問の内容と画像を追加します。ここでは、写真に写っている花の名前を調べています。なお、手順3のあと、サインインのメッセージが表示された場合は、140ページの方法でサインインしてから操作します。

1 ここをクリックして質問を入力します。

2 ［画像のアップロード］をクリックします。

ヒント

データ保護に関する注意点

Copilotを使用するときは、プライバシーを守る意味でも、個人情報や他の人に公開したくない情報に関する画像などは追加しないようにしましょう。なお、Copilot利用時のデータの保護に関する内容は、マイクロソフトのホームページなどでご確認ください。

画像を追加する

ここでは、自分のパソコンに保存されている画像をアップロードしています。画像のファイルサイズが大きい場合などは、アップロードができないこともあるので注意してください。

履歴を表示する

Copilotにサインインしているときは、過去に質問した履歴を確認できます。それには、136ページのヒントの方法でホーム画面を表示し、[履歴を表示]をクリックします。履歴に表示される項目をクリックすると、内容を確認できます。

3 画像の保存先を指定します。

4 画像を選択します。

5 [開く]をクリックします。

6 画像がアップロードされて表示されます。

7 [メッセージの送信]をクリックするか、Enterキーを押します。

8 答えが表示されます。

Section **52**

Windowsの操作方法を調べよう

ここで学ぶこと

- Copilot
- Windows 11
- AI

パソコンを使っているときに操作に困った場合や、何らかの問題が発生した場合は、Copilot in Windowsに操作方法や問題を解決する方法を聞いてみましょう。Copilot in Windowsからのヒントによって、問題を解決する手がかりをつかめることもあります。

1 Windowsの操作方法を調べる

解説

操作方法を聞く

ここでは、画面の解像度を変更する方法を調べています。必要に応じて、追加の質問でOSのバージョンなどを伝えます。

1 ここをクリックし、質問の内容を入力します。

2 ［メッセージの送信］をクリックするか、Enterキーを押します。

3 画面に表示される内容を確認します。

画面の解像度を変更する方法を教えて下さい。

画面の解像度を変更する方法は、使用しているデバイスやオペレーティングシステムによって異なります。以下に、一般的な方法をいくつか紹介します。

Windowsの場合

1. **設定**を開きます。
2. **システム**を選択します。
3. **ディスプレイ**をクリックします。
4. **解像度**を選択し、希望する解像度を選びます。
5. **適用**をクリックします。

macOSの場合

1. **システム環境設定**を開きます。

② 問題発生時の対処方法を調べる

Copilotの解答について

Copilotは進化中です。そのときどきによって返信される内容や、実行できる機能などが異なる場合があります。Copilotの進化とともに、動作は変わりますので、柔軟に対応しましょう。

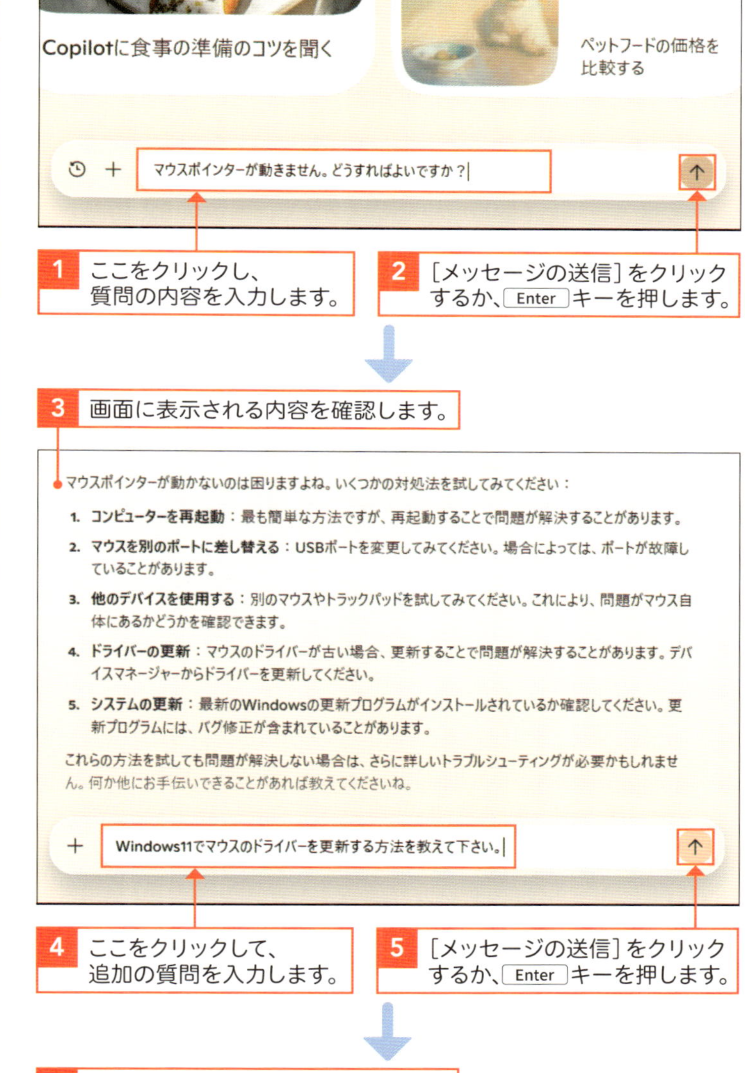

1 ここをクリックし、質問の内容を入力します。

2 ［メッセージの送信］をクリックするか、Enterキーを押します。

3 画面に表示される内容を確認します。

4 ここをクリックして、追加の質問を入力します。

5 ［メッセージの送信］をクリックするか、Enterキーを押します。

6 画面に表示される内容を確認します。

Windows 11でマウスのドライバーを更新する方法は以下の通りです：

1. **デバイスマネージャーを開く**：スタートメニューから「デバイスマネージャー」を検索して開きます。
2. **マウスを探す**：デバイスマネージャーのリストから「マウス」と「その他のデバイス」の中にある「ヒューマン・インターフェース・デバイス」を探します。
3. **ドライバーの更新**：マウスを右クリックし、「ドライバーの更新」を選択します。システムがドライバーの最新バージョンを自動的に検索し、インストールします。
4. **手動でドライバーをインストール**：もし自動更新でうまくいかない場合は、「ドライバーの更新」ウィンドウの下部にある「ドライバーを手動で検索する」をクリックし、マウスのメーカーのウェブサイトから最新のドライバーをダウンロードしてインストールします。

これでマウスのドライバーが更新されます。もし他に質問があれば、お気軽にどうぞ！

解説

問題解決に利用する

パソコンを使っているとき、何か問題が発生した場合に問題を解決することをトラブルシューティングといいます。トラブルシューティングの過程で、Copilot in Windowsを利用してみましょう。何らかのヒントを得られるかもしれません。

Section

53 「Microsoft Edge」でAIアシスタントを使おう

ここで学ぶこと

- Copilot
- Microsoft Edge
- AI

ここからは、「Microsoft Edge」で使用するCopilotを紹介します。「Microsoft Edge」のCopilotでは、Copilot in Windowsと同様に、質問に対する答えを表示してくれたり、文章や画像を生成したりしてくれます。Copilotで実行したい操作に応じて、Copilotのウィンドウの上のボタンをクリックして画面を切り替えて操作します。

1 「Microsoft Edge」で知りたいことを質問する

解説

Copilotを使う準備をする

「Microsoft Edge」を起動し、Copilotのアイコンをクリックして Copilotのウィンドウを表示します。Copilotのウィンドウの上部の「チャット」をクリックすると、質問や依頼内容を入力できます。「作成」をクリックすると、文章などを生成してもらえます。

解説

質問や依頼をする

ここでは、「Microsoft Edge」を起動したときに表示するスタートページの変更を依頼する内容を入力しています。すると、「Microsoft Edge」の設定画面が開きます。「Microsoft Edge」のCopilotでは、「Microsoft Edge」の操作を行える特徴があります。

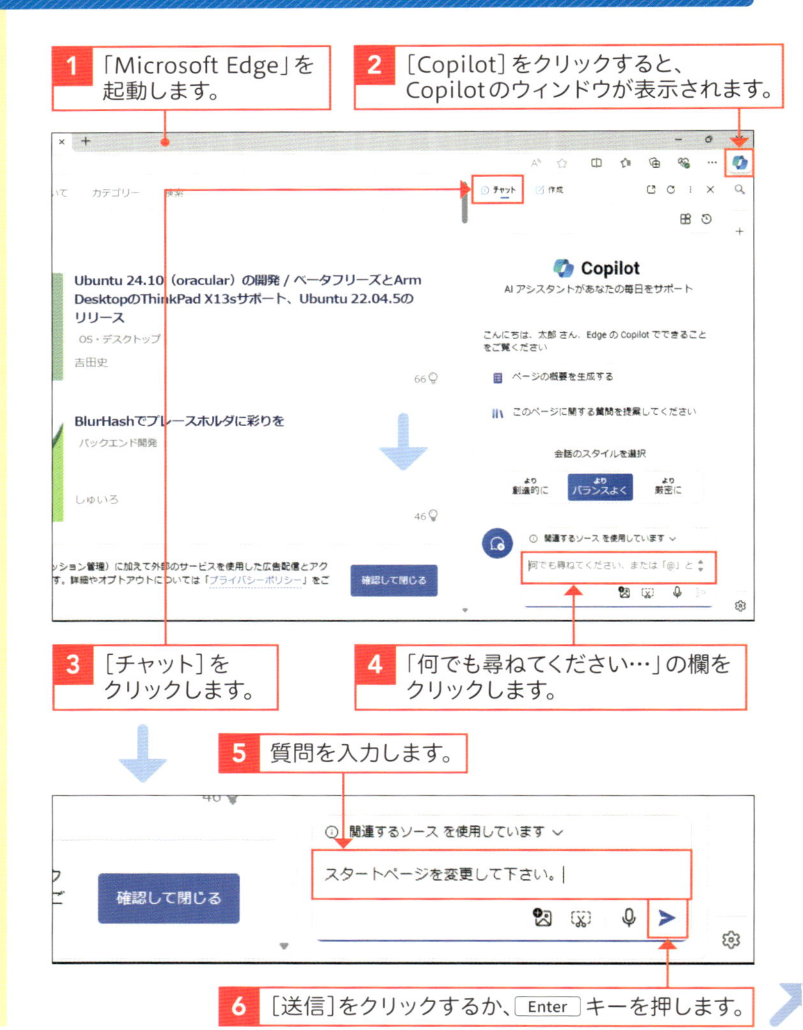

「Microsoft Edge」のCopilotでできること

「Microsoft Edge」のCopilotでは、次のようなことができます。

・「Microsoft Edge」の操作
・要約や翻訳などサイト閲覧時の補助
・質問に対する答えの表示
・文章やイラストなどのコンテンツ作成

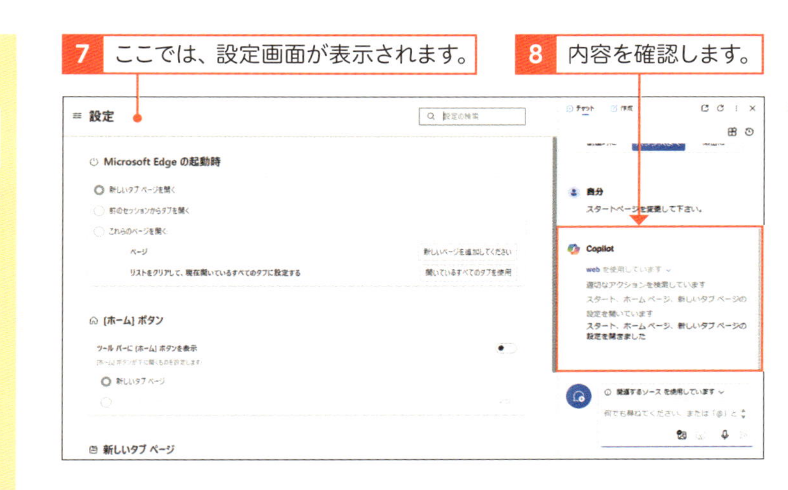

2 「Microsoft Edge」で文章を生成する

解説 文章を生成する

「Microsoft Edge」のCopilotを使用して、文章の下書きを作成します。ここでは、ゴルフのお誘いメールの下書きを作成します。

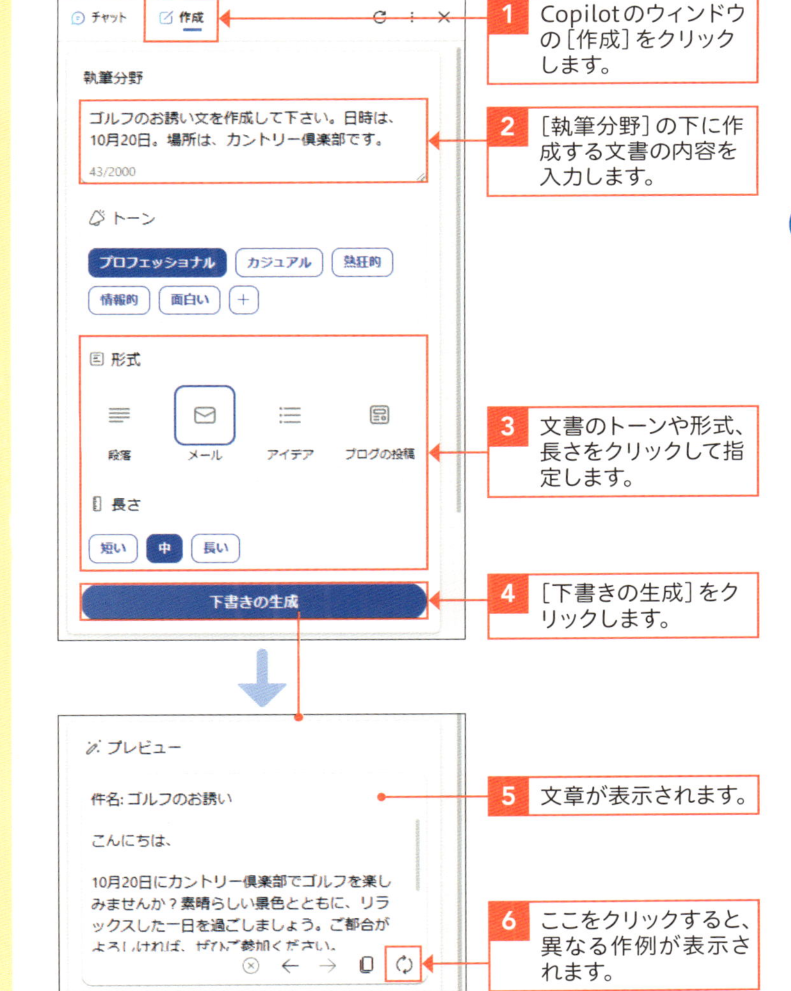

ヒント 新しいタブで表示する

新しいタブで「Microsoft Edge」のCopilotを大きく表示するには、Copilotのウィンドウの[チャット]をクリックして□をクリックします。

Section
54 ホームページやPDFの要約を作成しよう

ここで学ぶこと

- Copilot
- Microsoft Edge
- PDF

「Microsoft Edge」のCopilotでは、「Microsoft Edge」で表示しているホームページやPDF文書の内容に関する操作ができるという特徴があります。ここでは、「Microsoft Edge」で開いているPDF文書の内容の要約を表示します。操作の中で、PDFにアクセスすることを許可するかを指定します。

1 閲覧中のホームページやPDFの要約を生成する

解説

要約する

「Microsoft Edge」で表示しているホームページや、PDFファイルを要約してもらいます。PDFファイルなどへのアクセス許可を求めるメッセージが表示された場合、[許可]をクリックすると、答えが返ってきます。ドキュメントによっては、アクセスできずに要約機能などを利用できない場合もあります。

1 「Microsoft Edge」でPDFのファイルを開きます。

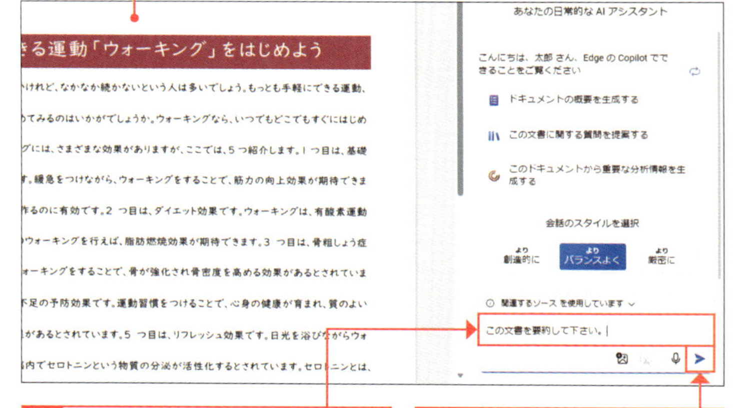

2 ここに、質問内容を入力します。

3 [送信]をクリックするか、Enter キーを押します。

4 次のようなメッセージが表示されます。ここでは、[許可]をクリックします。

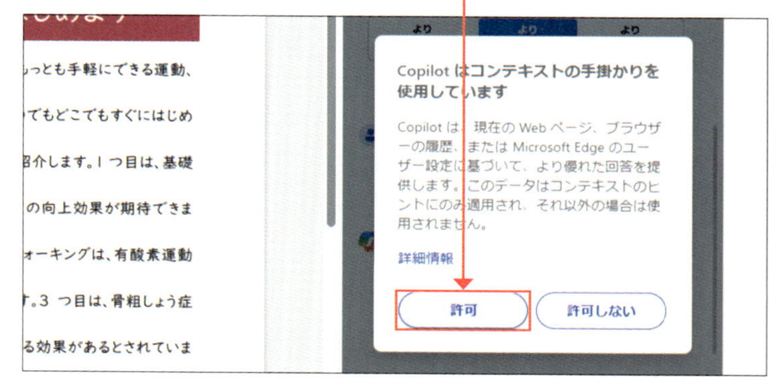

ヒント

翻訳する

表示しているホームページの内容を翻訳してもらうには、「何でも尋ねてください…」の欄をクリックして、「このホームページを翻訳してください」などと入力して Enter キーを押します。すると、翻訳した内容が表示されます。

② 続きの質問をする

解説

設定を確認する

前のページの方法で、PDFファイルへのアクセスを許可すると、「Microsoft Edge」の設定が変わります。次のページの方法で設定を確認できます。

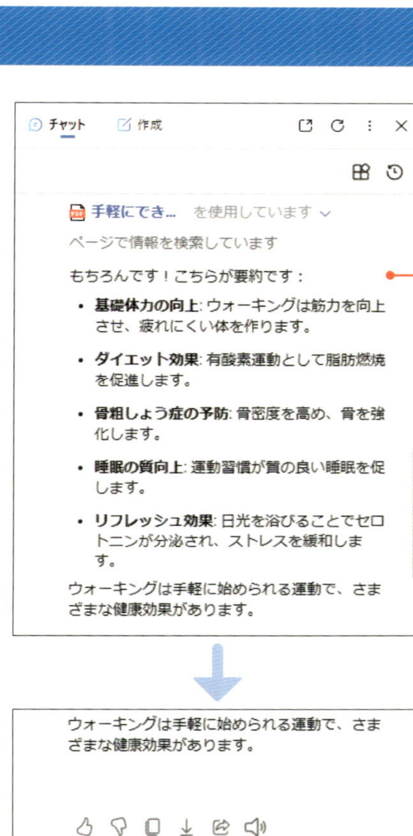

1 要約した文章が表示されます。

ウォーキングは手軽に始められる運動で、さまざまな健康効果があります。

代わりに Web からの回答
ウォーキングの正しい歩き方を教えてください。
ウォーキングとジョギング、どちらが効果的で...
他にも健康に良い運動はありますか？

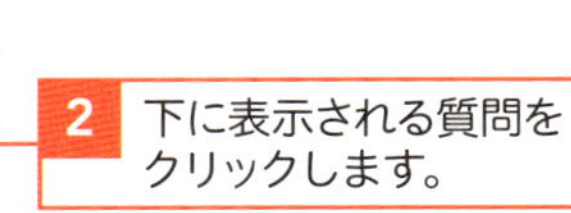

2 下に表示される質問をクリックします。

Copilot
web を使用しています
回答を生成しています...
ウォーキングの正しい歩き方にはいくつかのポイントがあります。以下のコツを参考にしてみてください 1 2 :

1. 足の着地方法: かかとからつま先へと体重を移す滑らかな動きを心がけましょう。かかとで着地し、足の外側を通ってつま先で地面を蹴るようにします。
2. つま先の向き: つま先を正面に向けて歩くことで、膝や股関節への負担を軽減します。
3. 手の振り方: 腕を90度に曲げ、肘から手首にかけてリラックスさせた状態で自然に振ります。これにより、上半身と下半身のバランスが取れます。
4. リズムを保つ: 自分が快適に感じるペースで

3 答えが表示されます。

ヒント

画像を生成する

「Microsoft Edge」のCopilotでも、Copilot in Windowsと同様に画像を生成してもらうことができます。画面上部の「チャット」をクリックし、依頼内容を指定します。

3 「Microsoft Edge」の設定を確認する

解説 設定を確認する

前のページの方法で、PDFファイルへのアクセスを許可すると、「Microsoft Edge」の設定が変わります。このページの方法で、設定を確認・変更できます。

3 ［Copilotとサイドバー］をクリックします。

4 画面を下にスクロールして［Copilot］をクリックします。

5 ［Web上のコンテキストによるヒントをCopilotが読み取るのを許可する］の設定を確認します。

6 ここでは、設定をオフに戻しておきます。

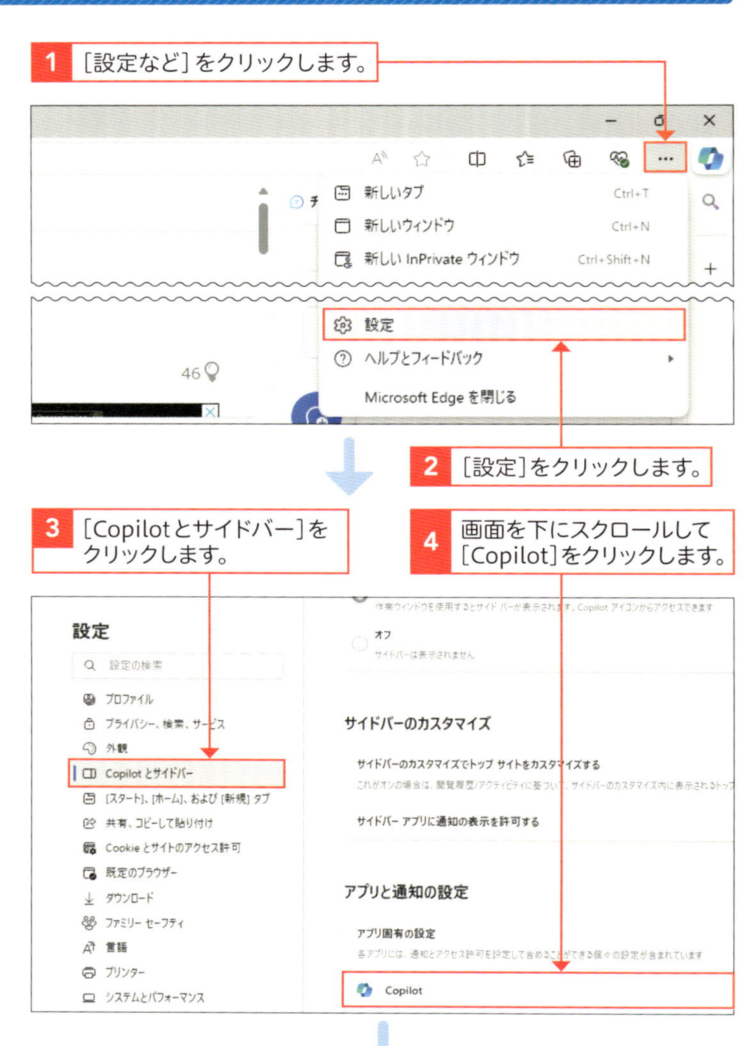

ヒント メニューが表示されない場合

手順3で画面左に設定メニューが表示されない場合は、[設定]の左の☰をクリックしてメニューを表示します。

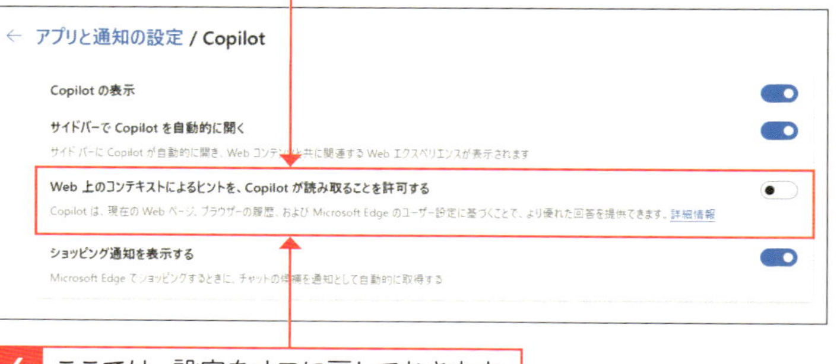

ヒント Copilotのアイコンが表示されない

「Microsoft Edge」を起動したときに、Copilotのアイコンが表示されない場合は、手順5の画面で[Copilotの表示]がオンになっているか確認します。

第7章

ワードでお知らせ文書を作成しよう

Section

55 Wordを起動しよう

ここで学ぶこと

- Word
- 文書ウィンドウ
- カーソル

Wordとは、「Microsoft Office」というアプリに含まれるアプリの1つで、さまざまな文書を作成できるアプリです。ノートパソコンの中には、あらかじめ「Microsoft Office」が入っているものもあります。この章では、お知らせ文書を作成しながらWordの基本を紹介します。

1 Wordを起動する

Wordのバージョンについて

Wordの最新バージョンは、2024年10月時点でWord 2024です。Word 2021／2019／2016は、以前のバージョンのWordですが、本書で紹介するほとんどの操作は、Word 2021／2019／2016でも同様に操作できます。なお、Microsoft 365のサブスクリプション版OfficeのWordを使用している場合は、最新の機能を利用できます。

1 [スタート]ボタンをクリックします。
2 [すべてのアプリ]をクリックします。
3 スタートメニューのここをドラッグし、
4 [Word]をクリックします。

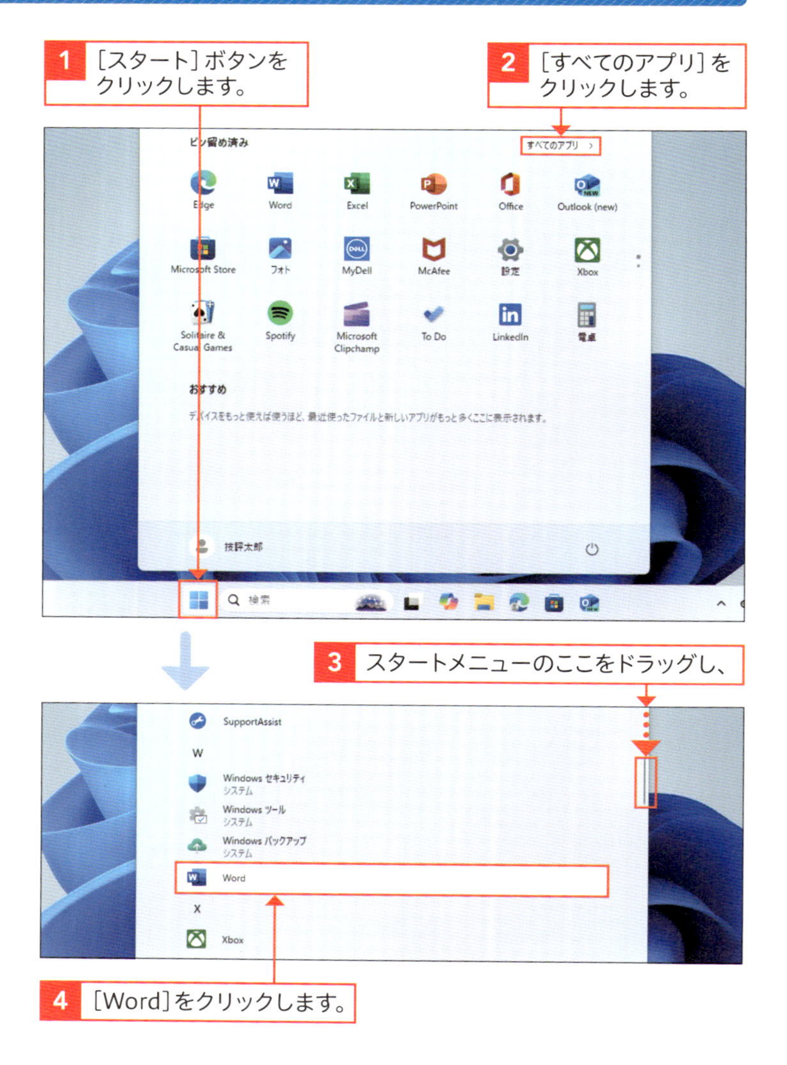

② 新しい文書を用意する

タブについて

使用しているパソコンによって、表示されるタブは、異なる場合があります。また、操作に応じて表示されるタブもあります。

1 ［白紙の文書］をクリックします。

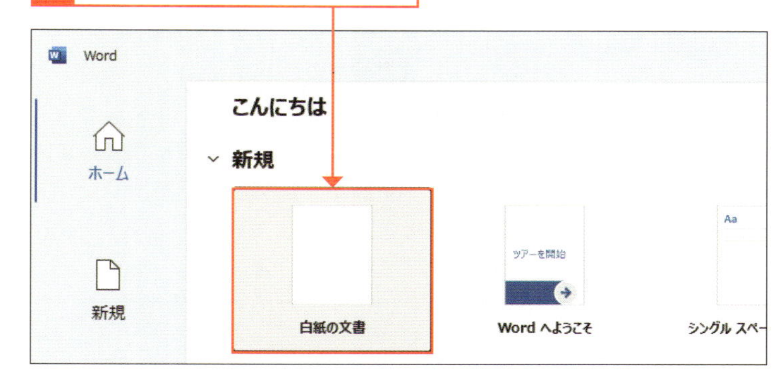

2 白紙の文書が表示されます。

Wordの画面

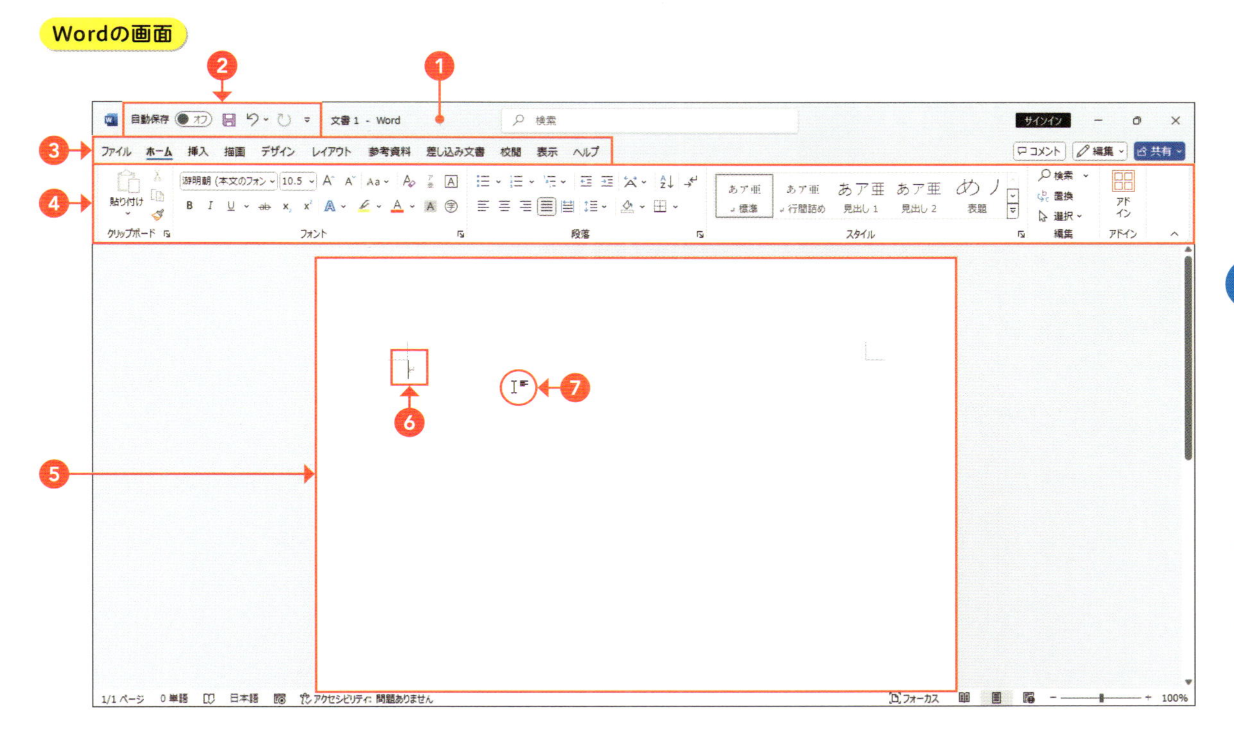

❶ タイトルバー
アプリの名前や開いているファイル名などが表示されます。

❷ クイックアクセスツールバー
よく使う機能のボタンが並んでいるところです。

❸ タブ／❹リボン
Wordの機能は、タブごとに分類されています。タブをクリックすると、リボンの内容が切り替わります。

❺ 文書ウィンドウ
文書を作成する用紙の部分です。

❻ カーソル
文字が入力される位置を示します。

❼ マウスポインター
マウスの操作対象の位置を示します。マウスポインターの形は、その位置によって異なります。

Section

56 日付と名前を入力しよう

ここで学ぶこと

- カーソル
- 日付
- 改行

Wordでお知らせ文書を作成します。第2章では、「メモ帳」を使用して文字の入力を紹介しましたが、Wordでも同様に文字を入力できます。まずは、日付や差出人などの情報を入力してみましょう。Wordでは、文字の入力中に入力を支援するさまざまな機能が働きます。

1 日付を入力する

解説

日付を自動で入力する

「2024年」「令和」など今年の西暦や元号を入力して Enter キーを押すと、今日の日付が自動的に表示されます。Enter キーを押すと、日付が入力されます。日付が入力できない場合は、「XXXX（Enter キーを押すと挿入します）」と表示されている状態で、F3 キーを押します。

1 文書ウィンドウの一番上にカーソルがあることを確認します。

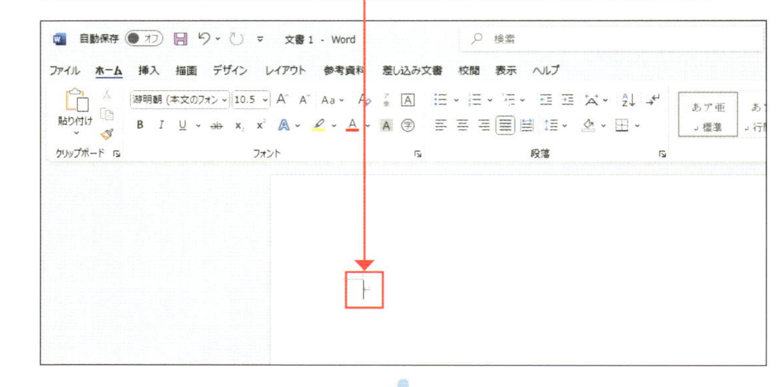

2 今日は西暦何年かを入力します。

3 今日の日付が表示されます。

2024年12月1日（Enter を押すと挿入します）

2024 年

4 Enter キーを押します。

5 今日の日付が自動的に入力されます。

2024 年 12 月 1 日

ヒント

日本語が入力できない場合

日本語が入力できない場合は、半角/全角 キーを押して日本語入力モードをオンにします。44ページを参照してください。

② 宛名や差出人を入力する

解説

改行する

文末で改行して次の行から入力するには、文末で Enter キーを押します。また、文字の入力の基本操作は第2章を参照してください。

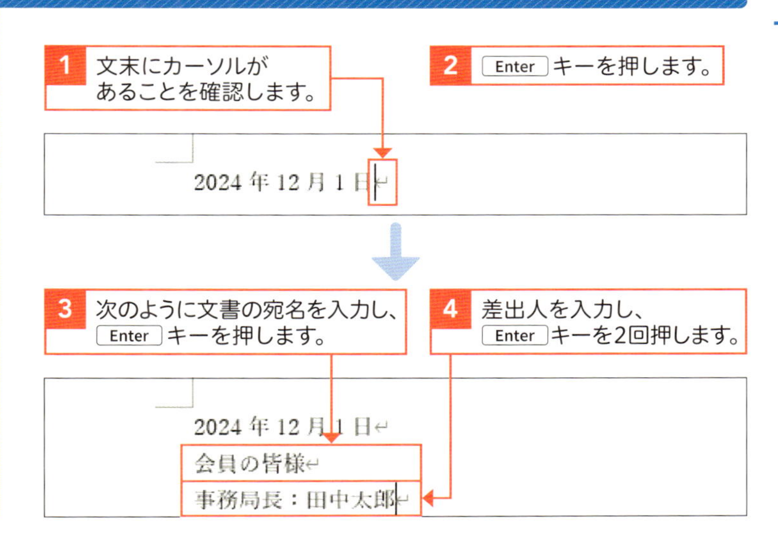

応用技 新規文書で行間が広く空いてしまう

Wordで白紙の文書を表示したとき、行間が大きく空いてしまう場合などは、文書を作成する標準のテンプレートが変わってしまっている可能性があります。その場合、次の方法で元の設定に戻して操作します。まず、[ホーム]タブの[スタイル]の[標準]を右クリックし、[変更]をクリックします。

表示された画面で、[書式]の文字のフォントを「10.5」に変更します。続いて[書式]をクリックして[段落]をクリックします。表示される画面で[配置]を「両端揃え」、[段落後]を「0行」、[行間]を「1行」、[間隔]を空欄にして[OK]をクリックします。元の画面に戻ったら、[この文書のみ]を選択して[OK]をクリックします。なお、[この文書を使用した新規文書]を選択して[OK]をクリックすると、新規文書の作成に使用される「Normal.dotm」というテンプレートの内容が書き換わってしまうので注意してください。「Normal.dotm」は、通常は、「C:¥Users¥<ユーザー名>¥AppData¥Roaming¥Microsoft¥Templates」に保存されています。

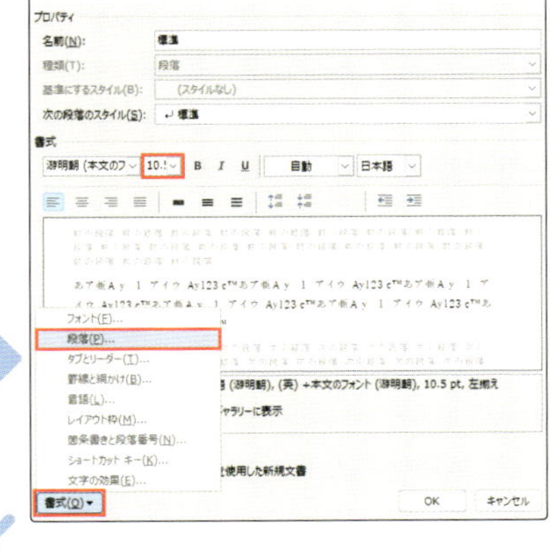

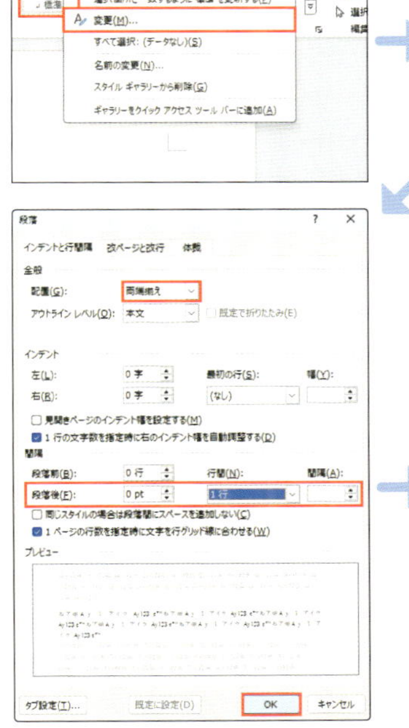

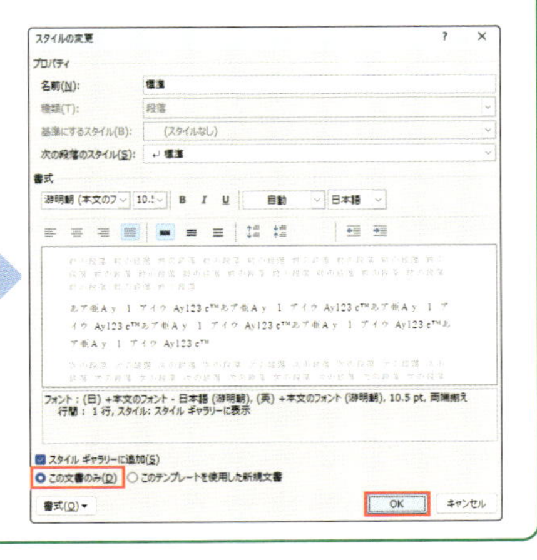

Section
57 件名と本文を入力しよう

ここで学ぶこと

- 頭語
- 結語
- 改行

お知らせ文書の本文を入力します。本文の冒頭、「拝啓」と入力したあとに スペース キーを押して空白を入れると、自動的に「敬具」の文字が入力されます。Wordでは、文字の入力中にさまざまな入力支援機能が働きます。

1 件名を入力する

1 文字カーソルの位置を確認します。

2024年12月1日
会員の皆様
事務局長：田中太郎

2 タイトルを入力します。 3 Enter キーを2回押します。

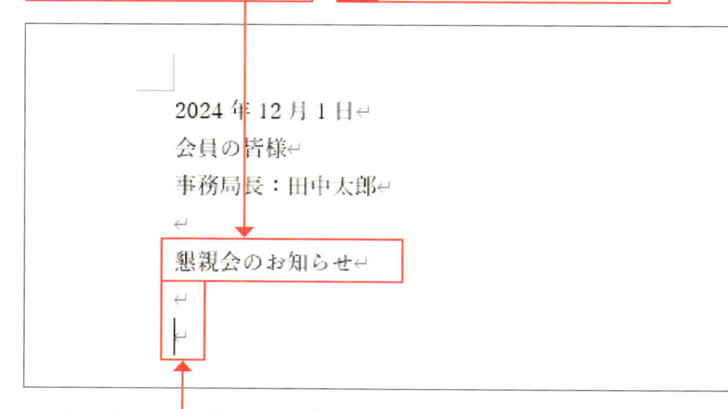

4 改行して空白行が入りました。

ヒント

文字を修正するには

間違った文字を入力した場合は、消したい文字の右側にカーソルを移動して Back space キーを押して文字を削除し、正しい文字を入力します。また、消したい文字の左側にカーソルを移動して Delete キーを押しても文字を削除できます。

ヒント

「段落記号」について

↵は、段落記号といいます。段落とは、↵の次の行から次の↵までのまとまった単位のことです。段落記号を削除すると、改行が解除されます。

② 本文を入力する

解説

本文を入力する

「拝啓」のあとに スペース キーを押すと、「敬具」の文字が自動的に入ります。拝啓と空白のあとに本文を入力します。Enter キーで改行を入れながら文章を入力します。

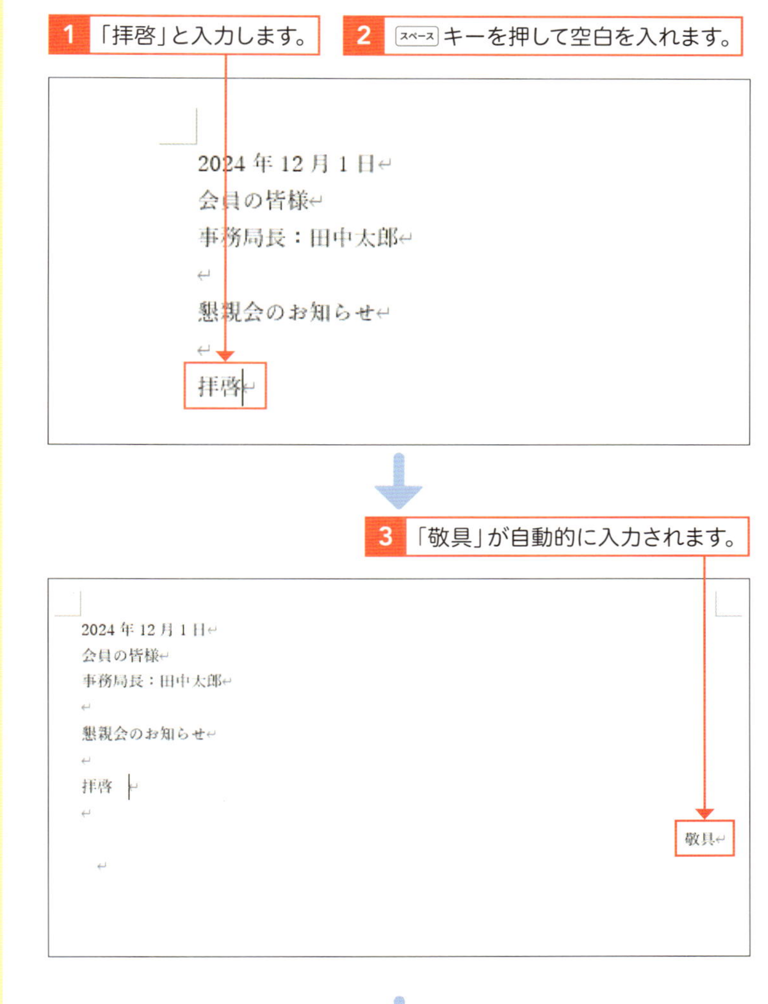

1 「拝啓」と入力します。
2 [スペース] キーを押して空白を入れます。
3 「敬具」が自動的に入力されます。
4 続きの

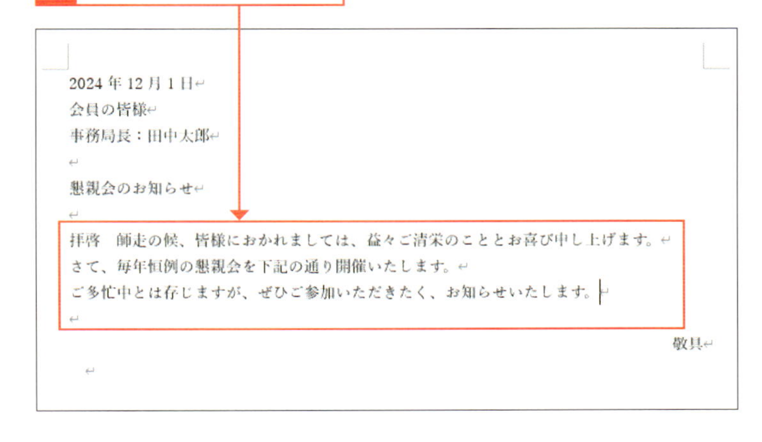

補足

間違えて改行してしまった場合

カーソルの前の文字を消すには、Back space キーを押します。たとえば、Enter キーを1回押すところを2回押してしまったときは、Back space キーを押すと改行が解除されます。

Section
58 別記を入力しよう

ここで学ぶこと
- 箇条書き
- オートコレクトのオプション
- 入力オートフォーマット

別記事項を箇条書きで入力します。Wordでは、文字の入力中に、文字の入力作業を軽減させる入力支援機能が働きます。入力支援機能の1つに入力オートフォーマット機能があります。ここでは、入力オートフォーマット機能を確認しながら文字を入力していきます。

1 「記」を入力する

重要用語

入力オートフォーマット

Wordでは文字の入力中、入力を支援する入力オートフォーマットという機能が働く場合があります。たとえば、「記」を入力して Enter キーを押すと、「以上」の文字が入ります。また、「記」の文字が中央に、「以上」の文字が右に配置されますので、文字の配置も自動的に調整されます。

ヒント

入力オートフォーマット機能をキャンセルする

入力オートフォーマット機能が働いたとき、自動的に入力された内容などを削除して元の状態に戻すには、Back space キーを押します。たとえば、「記」と入力して Enter キーを押したあとに Back space キーを押すと、「記」を入力した直後の状態に戻ります。

1 ここをクリックします。

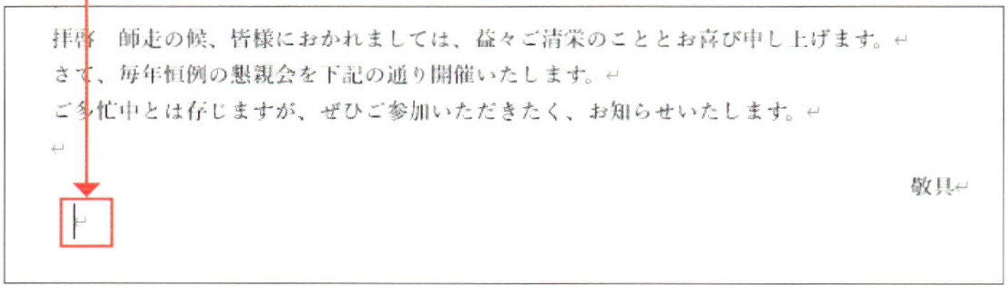

拝啓　師走の候、皆様におかれましては、益々ご清栄のこととお喜び申し上げます。
さて、毎年恒例の懇親会を下記の通り開催いたします。
ご多忙中とは存じますが、ぜひご参加いただきたく、お知らせいたします。

敬具

2 「記」と入力します。

3 Enter キーを押します。

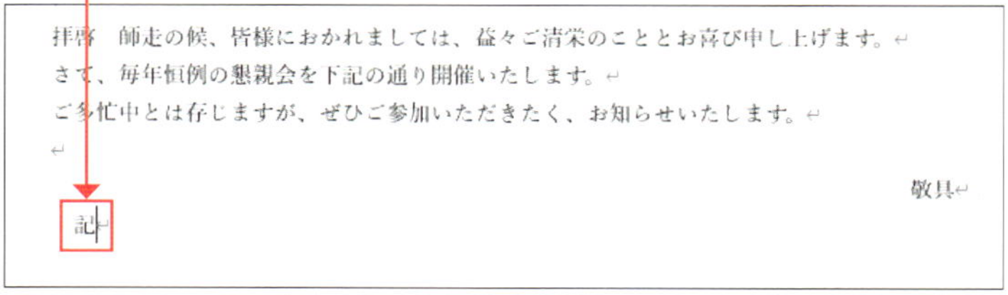

拝啓　師走の候、皆様におかれましては、益々ご清栄のこととお喜び申し上げます。
さて、毎年恒例の懇親会を下記の通り開催いたします。
ご多忙中とは存じますが、ぜひご参加いただきたく、お知らせいたします。

敬具

記

4 「以上」が自動的に入力されます。

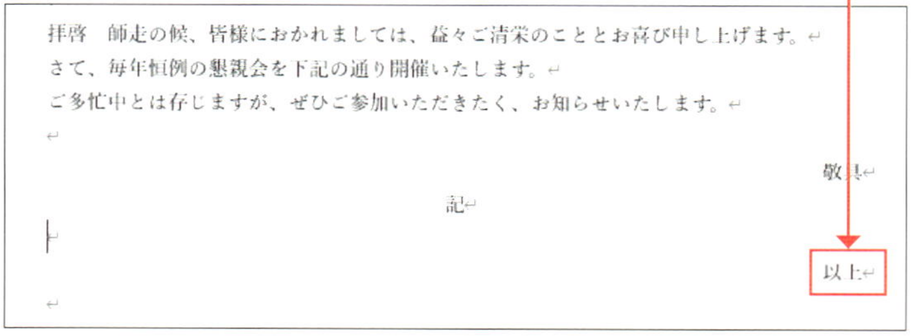

拝啓　師走の候、皆様におかれましては、益々ご清栄のこととお喜び申し上げます。
さて、毎年恒例の懇親会を下記の通り開催いたします。
ご多忙中とは存じますが、ぜひご参加いただきたく、お知らせいたします。

敬具

記

以上

2 箇条書きを入力する

解説

箇条書きの記号が自動的に表示される

行頭に「・」などの記号を入力して スペース キーを押すと、入力オートフォーマット機能が働き、自動的に箇条書きの書式が設定されます。項目を入力して Enter キーを押すと、次の行の行頭にも同じ記号が表示されます。箇条書きの記述をやめるには、最後の項目を入力後に Enter キーを押したあと、もう一度 Enter キーを押します。

応用技

入力オートフォーマット機能をオフにする

入力オートフォーマット機能が働いて箇条書きの設定などが自動的に行われると、[オートコレクトのオプション]が表示されます。[オートコレクトのオプション]をクリックして[元に戻す]をクリックすると、箇条書きの設定が元に戻ります。[箇条書きを自動的に作成しない]を選択すると、箇条書きが自動的に設定される機能がオフになります。[オートフォーマットオプションの設定]をクリックすると、オートフォーマットの機能を使用するかどうかを指定する設定画面が表示されます。

元に戻す(U) - 箇条書きの自動設定
箇条書きを自動的に作成しない(S)
オートフォーマット オプションの設定(C)...

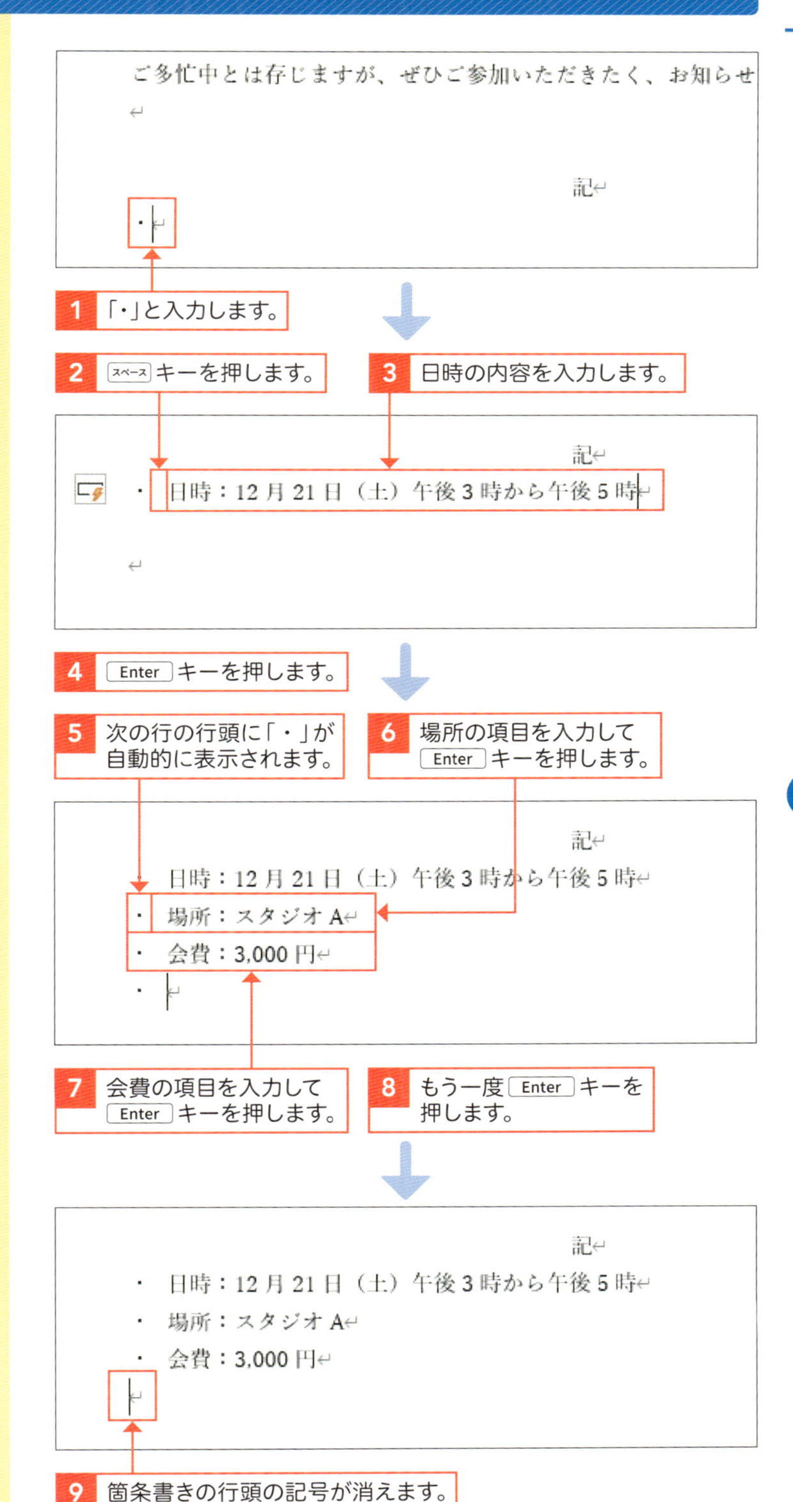

Section
59 文字をコピーして貼り付けよう

ここで学ぶこと
- コピー
- 切り取り
- 貼り付け

すでに入力した文字と同じ内容を入力するときは、文字をコピーして貼り付けます。また、文字を別の場所に移動するときは、文字を切り取って貼り付けます。文字のコピーや移動などの操作は頻繁に使用しますので、ショートカットキーも覚えておくと便利です。

1 文字をコピーする

解説

文字をコピー／移動する

コピーするには、コピーする文字を選択して［ホーム］タブの［コピー］をクリックします。続いて、コピー先を選択して［ホーム］タブの［貼り付け］をクリックします。文字を移動するには、移動する文字を選択して［ホーム］タブの［切り取り］をクリックします。続いて、移動先を選択して［ホーム］タブの［貼り付け］をクリックします。

ショートカットキー

文字のコピーや移動

文字のコピーをショートカットキーで行うには、文字を選択して Ctrl ＋ C キーを押します。続いて、貼り付け先を選択して Ctrl ＋ V キーを押します。また、文字の移動をショートカットキーで行うには、文字を選択して Ctrl ＋ X キーを押します。続いて、貼り付け先を選択して Ctrl ＋ V キーを押します。

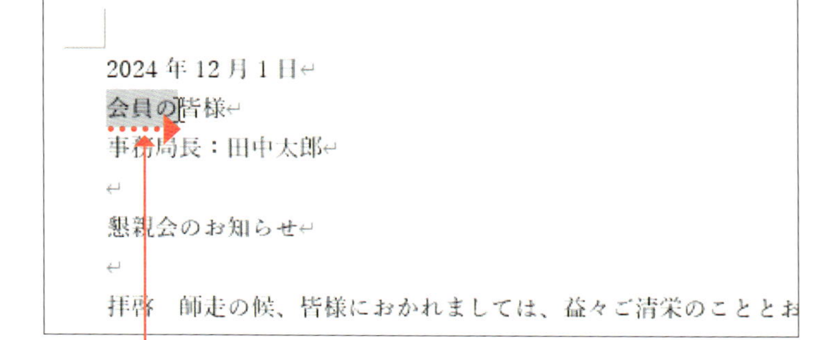

1 コピーする文字をドラッグして選択します。

2 ［ホーム］タブをクリックし、

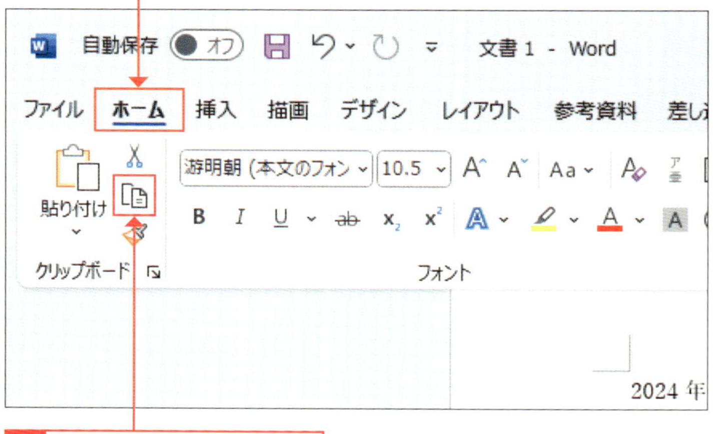

3 ［コピー］をクリックします。

② 文字を貼り付ける

1 コピー先をクリックします。

2 [ホーム] タブをクリックし、

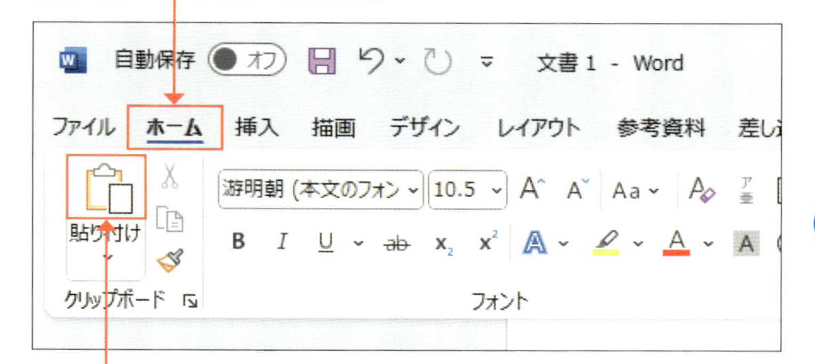

3 [貼り付け] をクリックします。

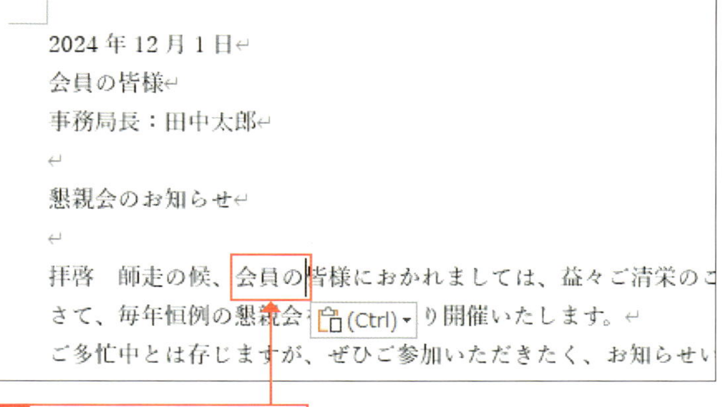

4 文字がコピーされました。

ヒント

ドラッグで操作する

文字を選択後、選択した文字を、Ctrl キーを押しながらコピー先へドラッグしてもコピーできます。また、文字を選択後、選択した文字を、移動先へドラッグすると文字を移動できます。

応用技

切り取りやコピーした文字を貯めて利用する

[ホーム] タブの [クリップボート] の [ダイアログボックス起動ツール] をクリックすると、[クリップボード] 作業ウィンドウが表示されます。[クリップボード] 作業ウィンドウには、コピーや切り取りをした文字が表示されます。貼り付け先を選択後、[クリップボード] 作業ウィンドウに表示されている項目をクリックすると、貼り付けることができます。

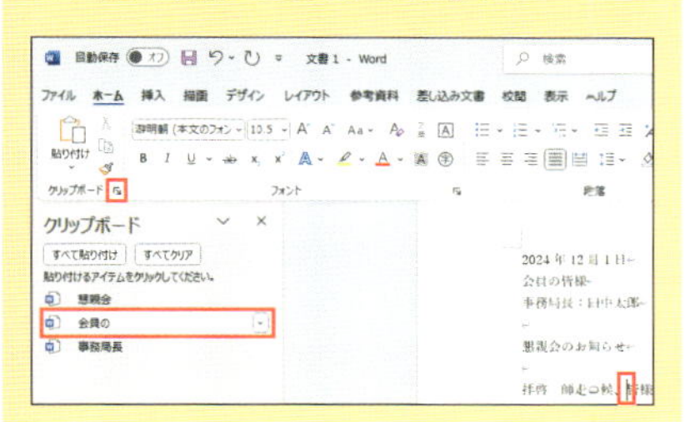

Section
60 中央揃え／右揃えに配置しよう

ここで学ぶこと
- 段落
- 右揃え
- 中央揃え

日付や差出人の名前を右に揃えたり、タイトルを中央に揃えたりするなどして、文字の配置を体裁よく整えましょう。文字の配置は、段落ごとに決められます。配置を整えたい段落内をクリックし、[ホーム] タブのボタンで配置する位置を指定します。

1 文字を中央揃えにする

解説

タイトルを中央揃えにする

文字の配置は、段落ごとに指定できます。段落とは、↵の次の行から次の↵までのまとまった単位のことです。

1 タイトルが入力されている段落内をクリックします。

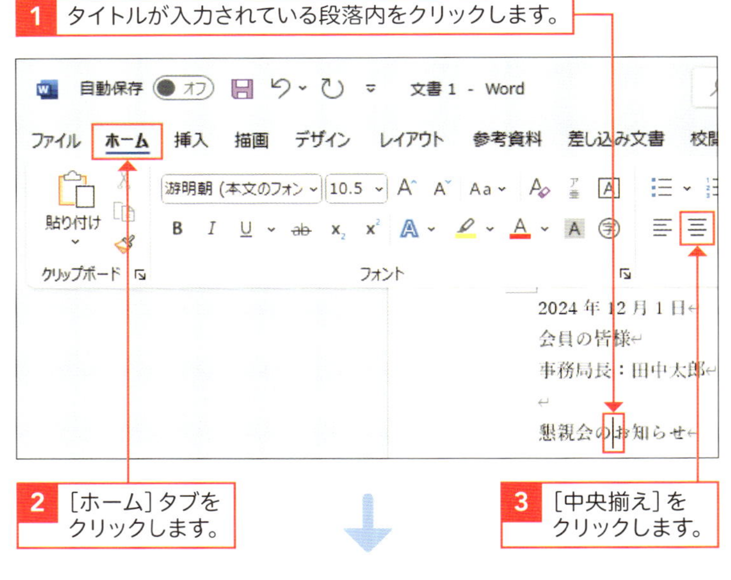

2 [ホーム] タブをクリックします。

3 [中央揃え] をクリックします。

4 タイトルが中央揃えになりました。

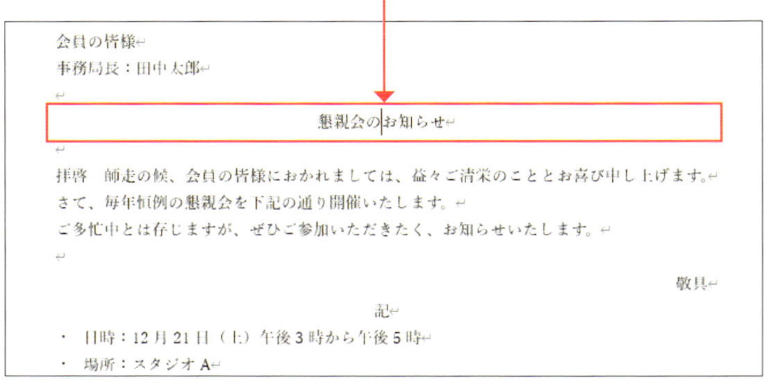

時短

操作を元に戻すには

Word で文書を編集しているとき、操作をキャンセルして元に戻すには、クイックアクセスツールバーの↶をクリックします。クリックするたびに操作をさかのぼって戻すことができます。

② 日付や差出人を右揃えにする

ヒント 配置を元に戻す

文字を入力するときの既定の配置は両端揃えです。文字の配置を元に戻すには、段落をクリックし、［ホーム］タブの［両端揃え］をクリックします。

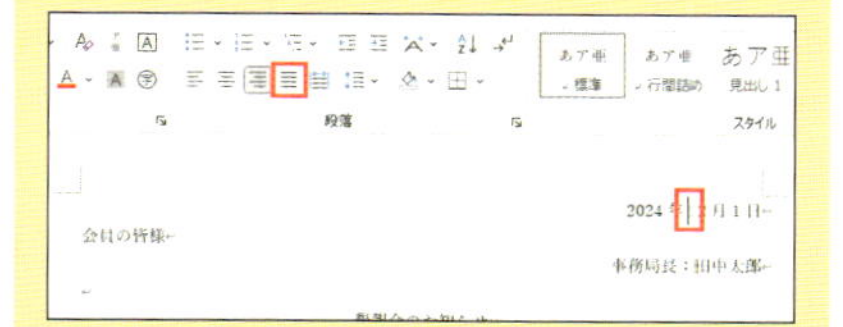

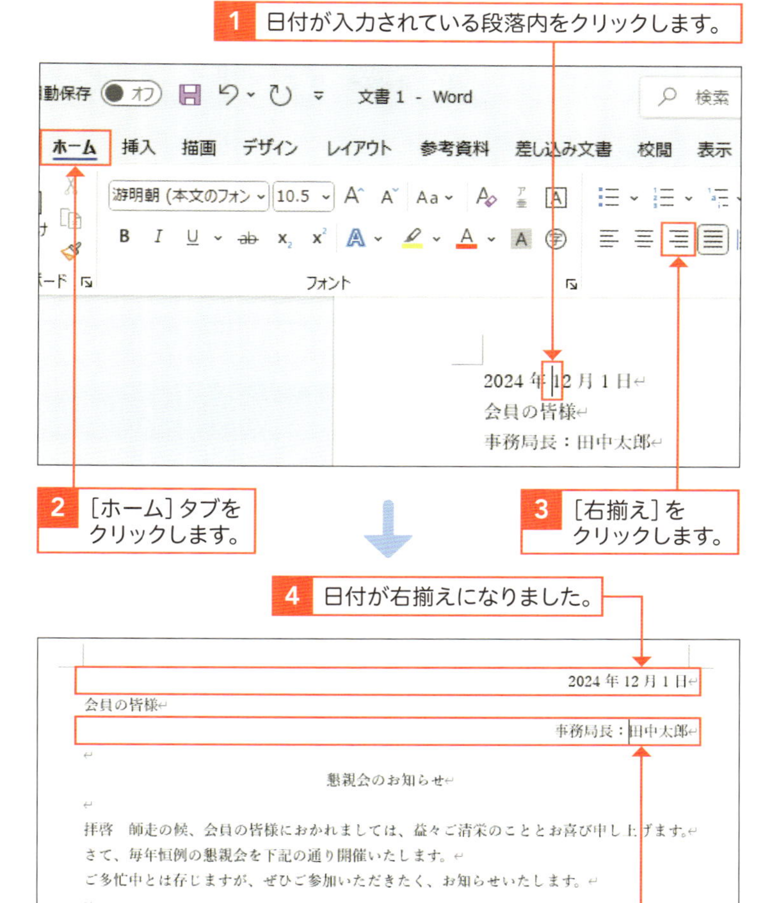
1 日付が入力されている段落内をクリックします。
2 ［ホーム］タブをクリックします。
3 ［右揃え］をクリックします。
4 日付が右揃えになりました。
5 同様にして差出人の段落を右に揃えます。

応用技 段落の先頭位置を右にずらす

箇条書きの項目などを少し右にずらしたい場合などは、段落を1文字ずつ右にずらす字下げの機能を使うと便利です。それには、段落を選択し❶、［インデントを増やす］をクリックします❷。クリックするたびに1文字ずつ右にずらせます。［インデントを減らす］をクリックすると❸、1文字ずつ文字が左にずれます。複数の段落をまとめて選択するには、段落の先頭の左側を下方向にドラッグします。

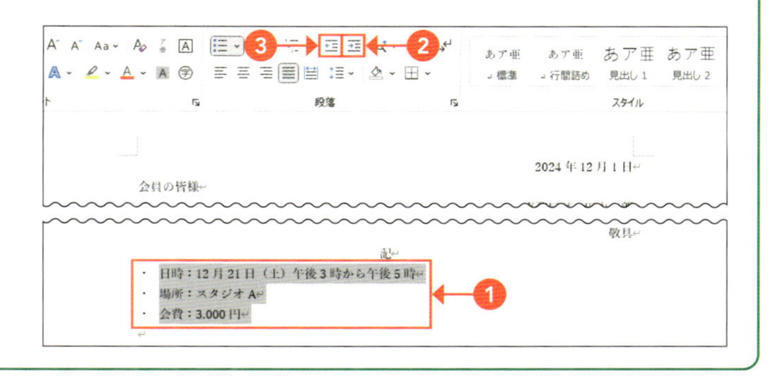

Section

61 太字にして文字サイズを変更しよう

ここで学ぶこと

- 太字
- フォントサイズ
- フォント

タイトルの文字を太字にしたり、文字の大きさを変えたりして目立たせます。文字に飾りを付けるには、最初に対象の文字を選択します。続いて文字の飾りを選びます。[ホーム]タブの[フォント]には、文字にさまざまな飾りを設定するボタンが用意されています。

1 文字を太字にする

解説

太字や斜体の飾りを付ける

文字を太字にするには、B をクリックします。斜体にするときは、I をクリックします。下線を付けるには U をクリックします。いずれも飾りを付ける文字を選択してからボタンをクリックします。

ショートカットキー

文字に飾りを付ける

文字を選択したあとにショートカットキーを押して文字飾りを付けることもできます。太字は Ctrl + B キー、斜体は Ctrl + I キー、下線は Ctrl + U キーです。

1 太字にする文字をドラッグして選択します。

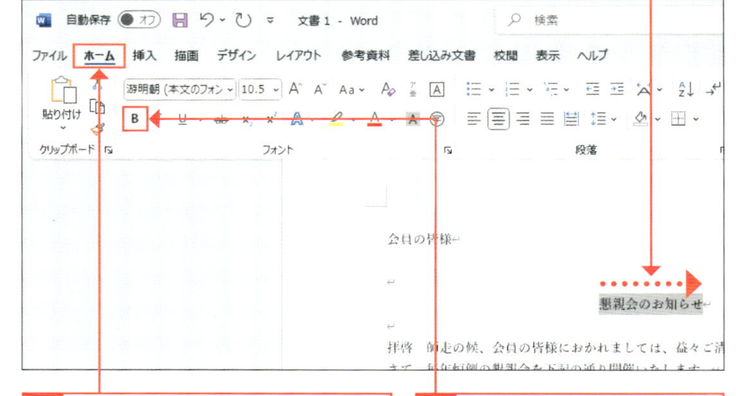

2 [ホーム]タブをクリックします。

3 [太字]をクリックします。

4 文字が太字になりました。

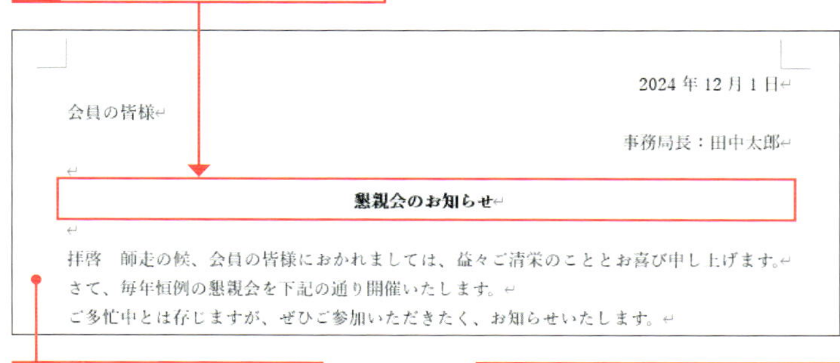

5 選択中の文字以外をクリックします。

6 選択範囲が解除されます。

2 文字の大きさを変更する

ヒント 文字の大きさをひと回り大きくする

文字のサイズを変更するとき、ひと回りずつ大きくしたり小さくしたりするには、[ホーム]タブの[フォントサイズの拡大]や[フォントサイズの縮小]をクリックします。クリックするたびに文字を大きくしたり小さくしたりできます。

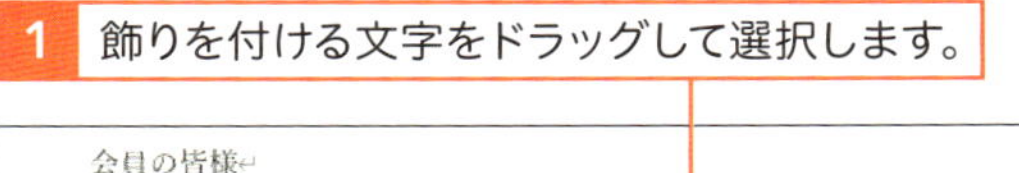

1 飾りを付ける文字をドラッグして選択します。

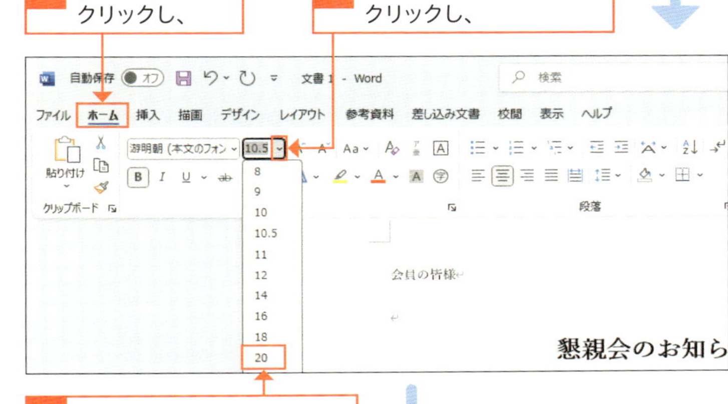

2 [ホーム]タブをクリックし、

3 [フォントサイズ]のをクリックし、

4 文字のサイズを選択します。

5 文字の大きさが変わりました。

6 選択中の文字以外をクリックします。

7 選択範囲が解除されます。

ヒント 書式を削除する

文字や段落に設定した書式をまとめて削除するには、対象となる箇所を選択して[ホーム]タブの[すべての書式をクリア]をクリックします。

ヒント 文字のフォントを変更する

文字の形を変更するには、文字を選択し、[ホーム]タブの[フォント]のをクリックします。表示される文字のフォントの一覧からフォントを選びクリックします。

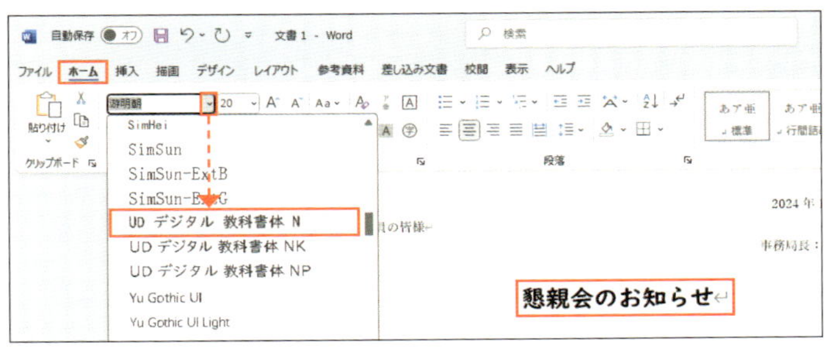

Section

62 お知らせ文書を印刷しよう

ここで学ぶこと

- [ファイル] タブ
- 印刷設定
- 印刷

作成した文書を印刷してみましょう。[ファイル] タブの [印刷] をクリックすると、画面の右側に印刷イメージが表示され、画面の左側に印刷時の設定を行う項目が表示されます。印刷時の設定を変更すると、右側の印刷イメージに反映されます。

1 印刷イメージを確認する

解説

プリンターを接続しておく

文書を印刷する前に、パソコンとプリンターを接続してプリンターの電源をオンにします。印刷イメージを確認してから印刷を実行します。

ヒント

[レイアウト] タブで印刷時の設定ができる

[レイアウト] タブの [ページ設定] で、用紙のサイズや印刷の向きなどを指定できます。また、印刷イメージを確認する画面でも、印刷時の設定を行えます。

1 印刷する文書を開いておきます。

2 [ファイル] タブをクリックします。

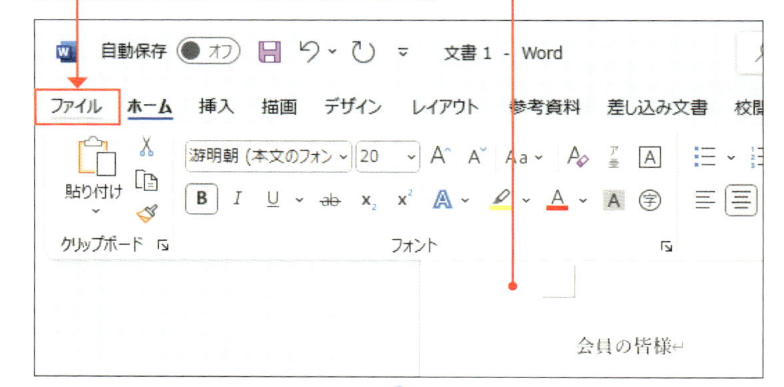

3 [印刷] をクリックします。

② 印刷する

解説

印刷時の設定を行う

印刷イメージを確認する画面では、左側で用紙の向きや余白などを指定できます。必要に応じて設定を変更しましょう。また、左側のメニューの下の［ページ設定］をクリックすると、さまざまな設定をまとめて行える画面が表示されます。

補足

オフラインと表示される場合

プリンターの欄にプリンター名が表示されていても［オフライン］と表示されているときは、印刷ができません。パソコンとプリンターが正しく接続されているか、プリンターの電源が入っているかどうかを確認しましょう。

ヒント

保存したファイルを開く

保存したファイルを開くには、［ファイル］タブをクリックし、［開く］をクリックします。［その他の場所］の［参照］をクリックすると、ファイルを開く画面が表示されます。ファイルの保存先を指定してファイルをクリックして［開く］をクリックします。

1 印刷イメージを確認します。

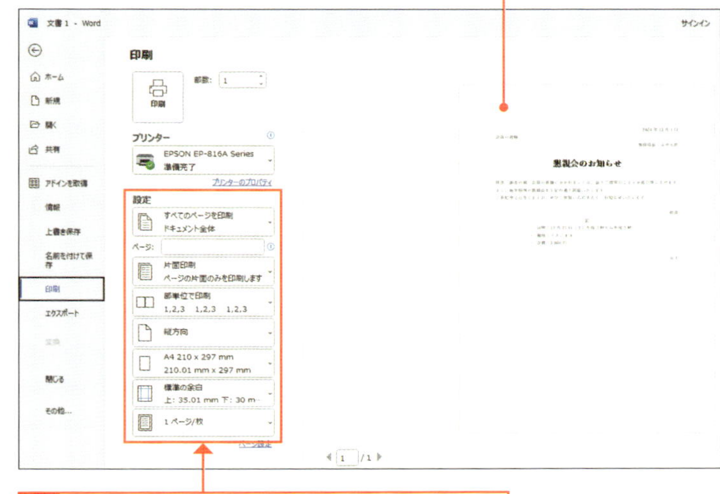

2 必要に応じて用紙の向きなどを変更します。

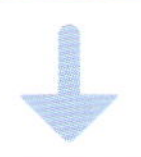

3 接続しているプリンターが表示されていることを確認します。

4 ［部数］を指定します。

5 ［印刷］をクリックすると印刷が実行されます。

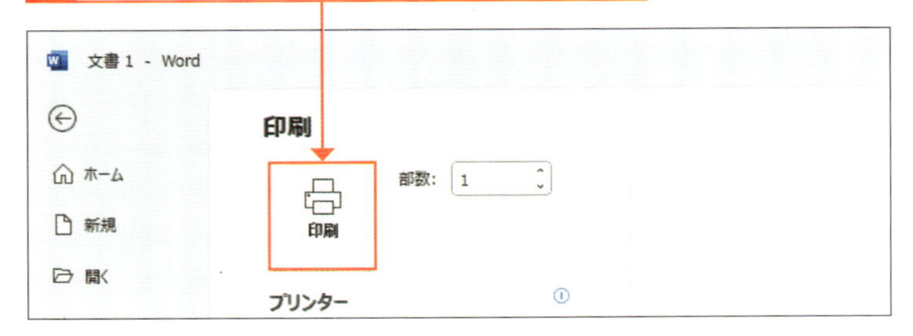

Section
63 お知らせ文書を保存しよう

ここで学ぶこと

- 保存
- 上書き保存
- ファイル

作成した文書をあとでまた使用する場合は、ファイルを保存しておきましょう。ファイルを保存するときは、ファイルの保存先とファイル名を指定します。ここでは、「ドキュメント」フォルダーに「懇親会のお知らせ」という名前でファイルを保存します。保存したファイルを開く方法は、167ページのヒントを参照してください。

1 ファイルを保存する

ヒント

ファイルを上書き保存する

一度保存したファイルを編集したあとに、更新して保存するときも［上書き保存］をクリックします。

ヒント

Wordを終了する

Wordを終了するには、ウィンドウの右上の［閉じる］をクリックします。

注意

このファイルを保存

「Microsoft Office」のアプリにログインしていると、ファイルを保存するときに［上書き保存］をクリックすると、インターネット上のファイル保存スペースにファイルを保存するかを指定する画面が表示されます。ここでは、自分のパソコンに保存するため、［その他のオプション］をクリックして画面を閉じて保存先を指定します。

2 [名前を付けて保存]の画面が表示されます。

3 [参照]をクリックします。

4 この後は、59ページを参考に、ファイルの保存先とファイル名を指定して保存します。

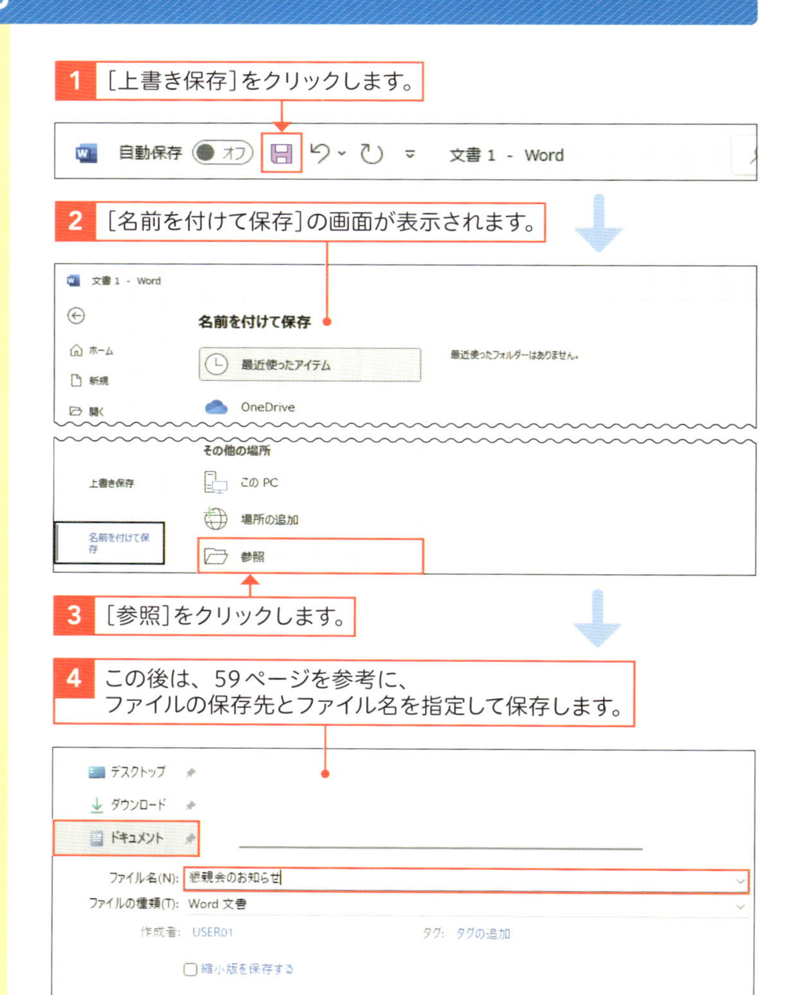

第 8 章

エクセルでお小遣い帳を作成しよう

Section

64 Excelを起動しよう

ここで学ぶこと

- Excel
- ワークシート
- セル

Excelとは、「Microsoft Office」というアプリに含まれるアプリの1つで、計算表やグラフを作成するアプリです。ノートパソコンの中には、あらかじめ「Microsoft Office」が入っているものもあります。この章ではExcelの基本操作を紹介します。

1 Excelを起動する

ヒント

Excelのバージョンについて

Excelの最新バージョンは、2024年10月時点でExcel 2024です。Excel 2021／2019／2016は、以前のバージョンのExcelですが、本書で紹介するほとんどの内容は、Excel 2021／2019／2016でも同様に操作できます。なお、Microsoft 365のサブスクリプション版のOfficeのExcelを使用している場合は、最新の機能を利用できます。

1 [スタート]ボタンをクリックします。
2 [すべてのアプリ]をクリックします。
3 スタートメニューのここをドラッグし、

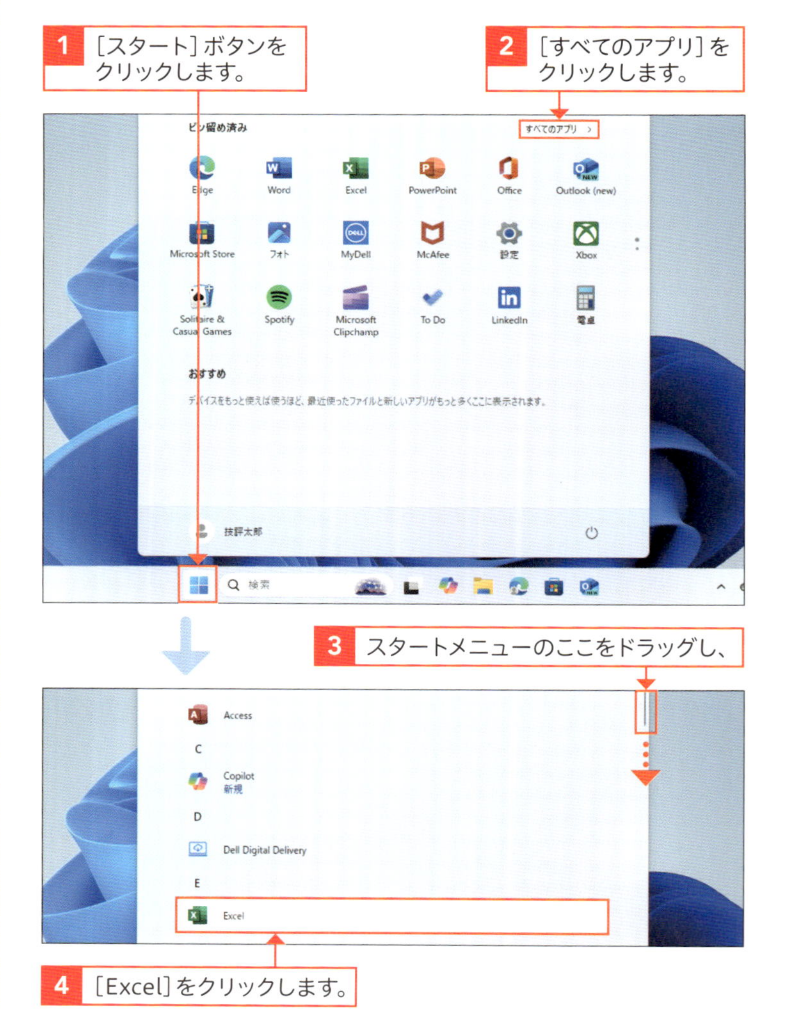

② 新しいブックを用意する

タブについて

使用しているパソコンによって、表示されるタブは、異なる場合があります。また、操作に応じて表示されるタブもあります。

1 ［空白のブック］をクリックします。

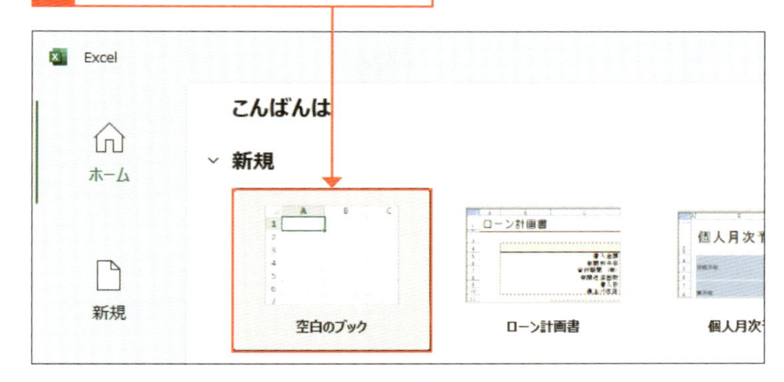

2 ワークシートが表示されます。

Excelの画面

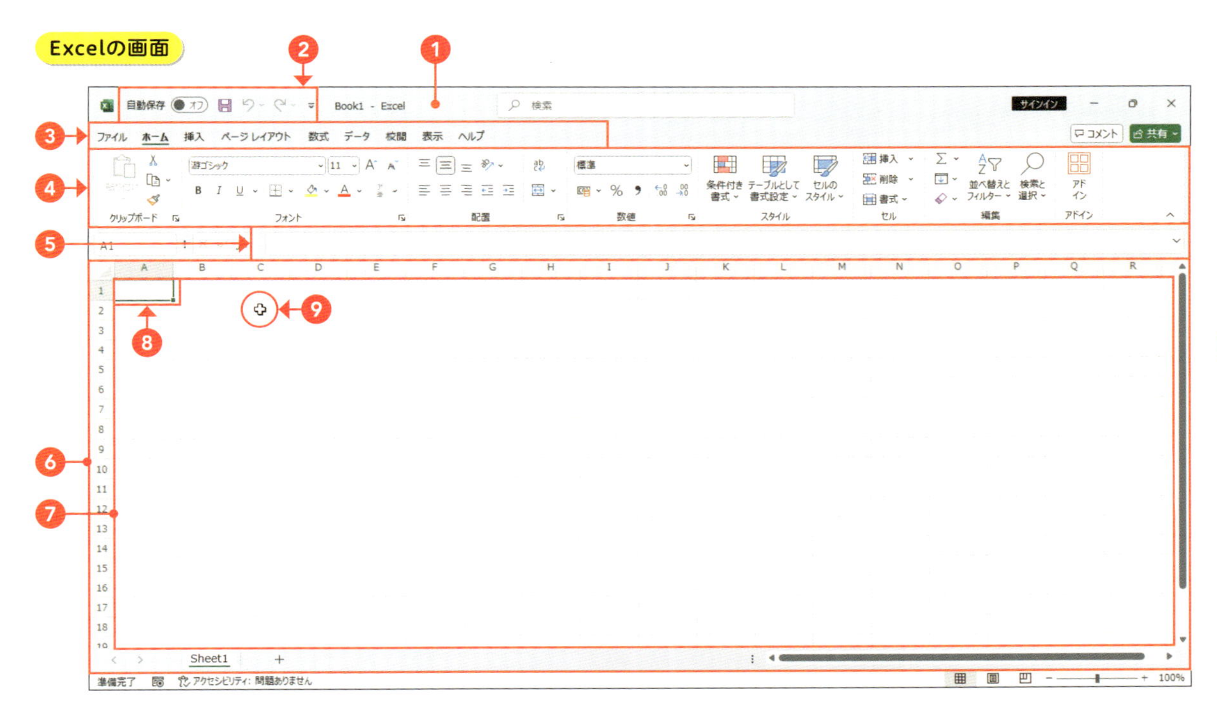

❶ **タイトルバー**
アプリの名前や開いているファイル名などが表示されます。

❷ **クイックアクセスツールバー**
よく使う機能のボタンが並んでいるところです。

❸ **タブ／❹リボン**
Excelの機能は、タブごとに分類されています。タブをクリックすると、リボンの内容が切り替わります。

❺ **数式バー**
アクティブセルの内容が表示されるところです。

❻ **ワークシート**
表の作成などを行う作業用のシートです。

❼ **セル**
文字や日付などの項目や数値、計算式などを入力するところです。

❽ **アクティブセル**
作業対象のセルです。セルが太枠で囲まれます。

❾ **マウスポインター**
マウスの操作対象の位置を示します。マウスポインターの形は、その位置によって異なります。

Section

65 項目名を入力しよう

ここで学ぶこと

- 入力
- アクティブセル
- セル

この章では、かんたんなお小遣い帳を作成しながらExcelの操作の基本を紹介します。まずは、表のタイトルや項目名を入力します。タイトルや項目は、セルというマス目にそれぞれ入力します。入力するセルを選択し、アクティブセルを移動してから文字を入力しましょう。

1 タイトルを入力する

日本語が入力できない場合

Excelでは、数値や日付などの値を入力することが多いので、起動した直後は日本語入力モードがオフになっています。日本語が入力できない場合は、半角/全角キーを押して日本語入力モードをオンにします(44ページ参照)。

重要用語

セル番地

セルの場所を区別するために、セルにはそれぞれ番地がついています。たとえば、A列の1行目のセルは「A1」セル、C列の3行目のセルは「C3」セルといいます。

1 A列の1行目のセルをクリックします。

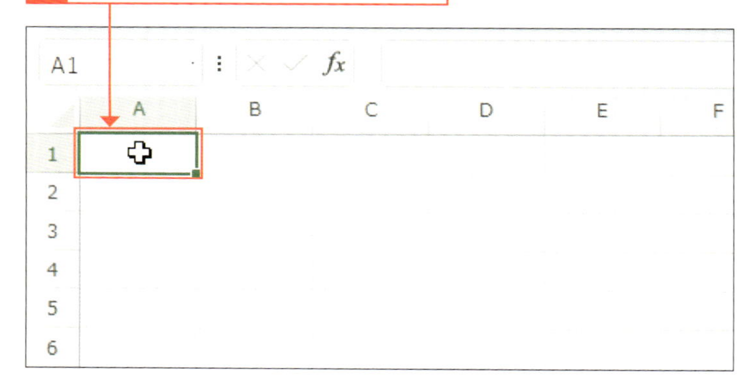

2 日本語入力モードをオンにします。

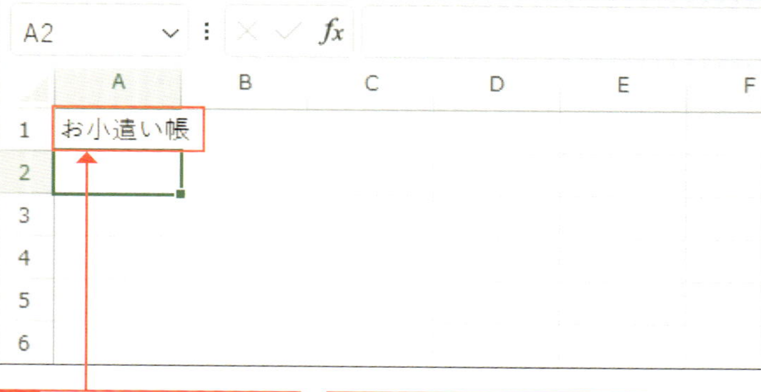

3 タイトルを入力します。

4 Enter キーを押します。

2 項目名を入力する

重要用語

アクティブセル

セルに文字を入力するときは、入力するセルをクリックします。そうすると、セルが太い枠で囲まれます。太い枠で囲まれた作業対象のセルをアクティブセルといいます。

ヒント

文字を修正する

セルに入力した文字を入力し直すには、セルをクリックしてそのまま文字を入力します。入力した文字の一部を修正するには、文字が入っているセルをダブルクリックします。そうすると、カーソルが表示されます。また、アクティブセルの内容は、数式バーに表示されます。数式バーをクリックして文字を修正することもできます。

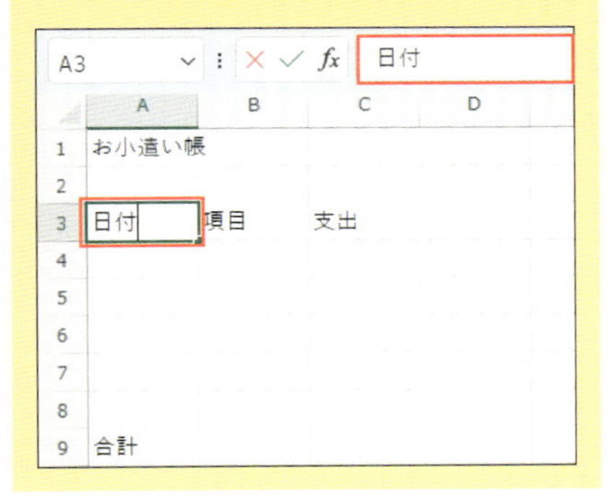

1 A3セルをクリックします。

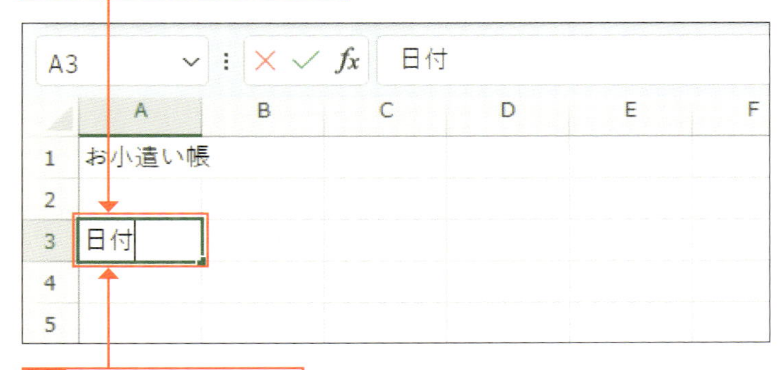

2 「日付」と入力します。

3 B3セルをクリックします。

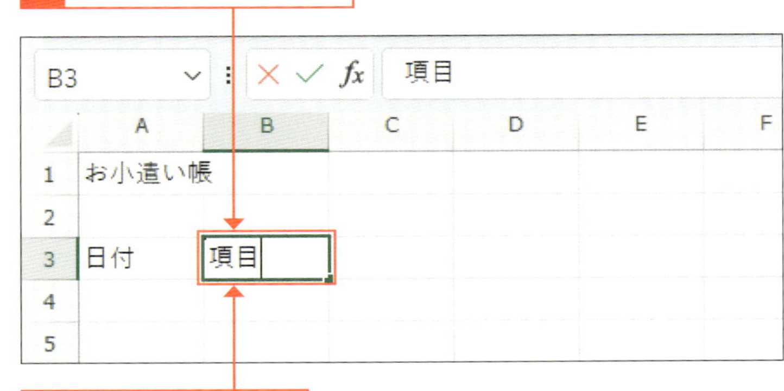

4 「項目」と入力します。

5 同様の方法で、次のように項目を入力します。

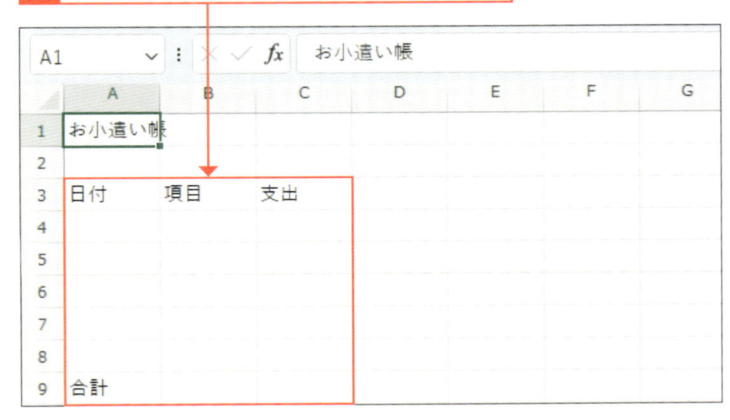

Section

66 日付と金額を入力しよう

ここで学ぶこと

- 入力
- アクティブセル
- 日付

表のデータを入力します。日付や数値を入力するときは、日本語入力モードをオフの状態に切り替えて入力しましょう。入力した文字を決定する手間が省けるので手早く入力できます。日付を入力するときは、月や日を「/」で区切って入力します。

1 日付を入力する

解説

日付を入力する

日付を入力するには、「2024/12/7」のように「/」で区切って入力します。「12/7」と年を省略して入力した場合は、今年の「12/7」の日付が入力されます。

ヒント

日付の表示方法について

日付の表示書式は、あとから変更できます。181ページを参照してください。

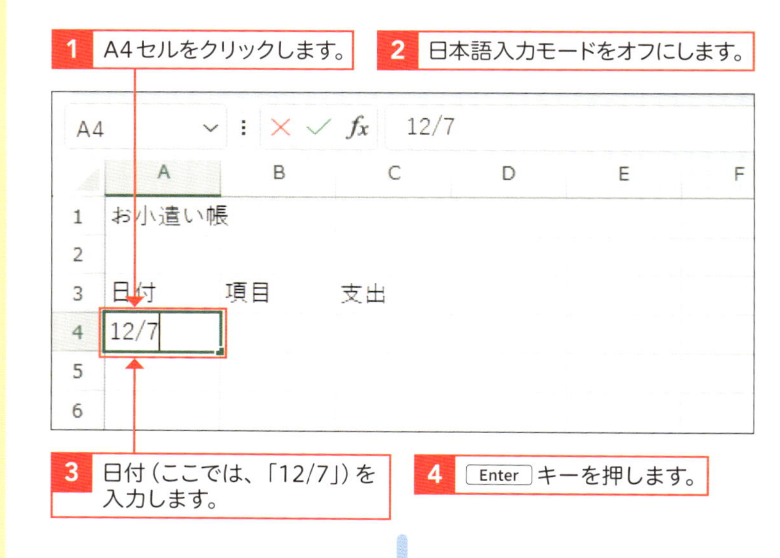

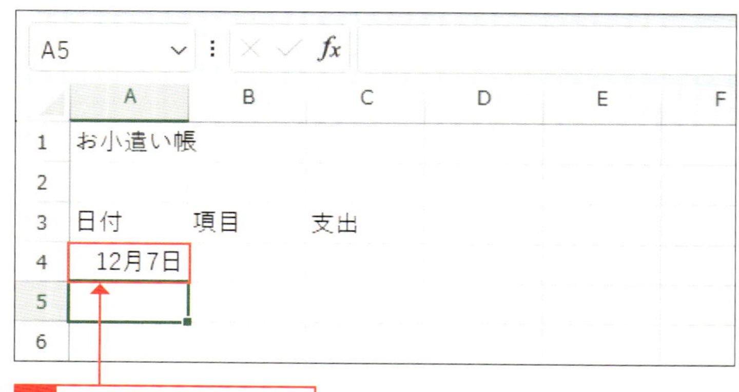

② 内容を入力する

列の幅について

項目名が長い場合は、列幅を広げて表示します。列幅の調整方法については、178ページで紹介します。

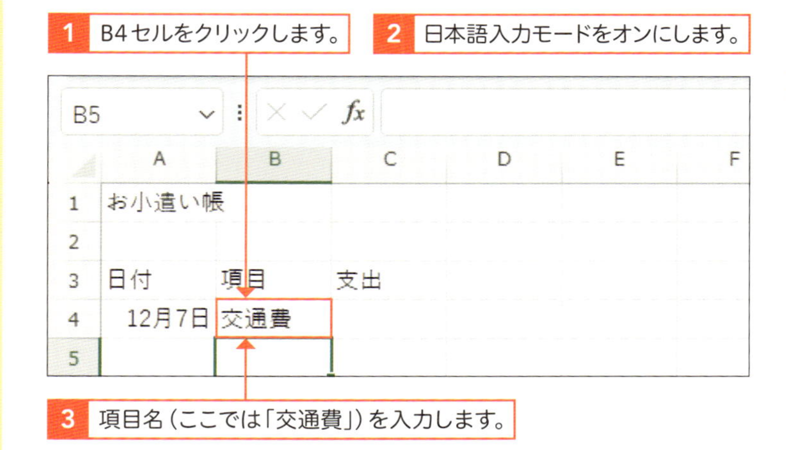

③ 金額を入力する

数値の表示形式について

数値に「¥」や3桁区切りの「,」を付けたい場合、それらの記号を入力する必要はありません。数値の表示形式を指定します（180ページ参照）。

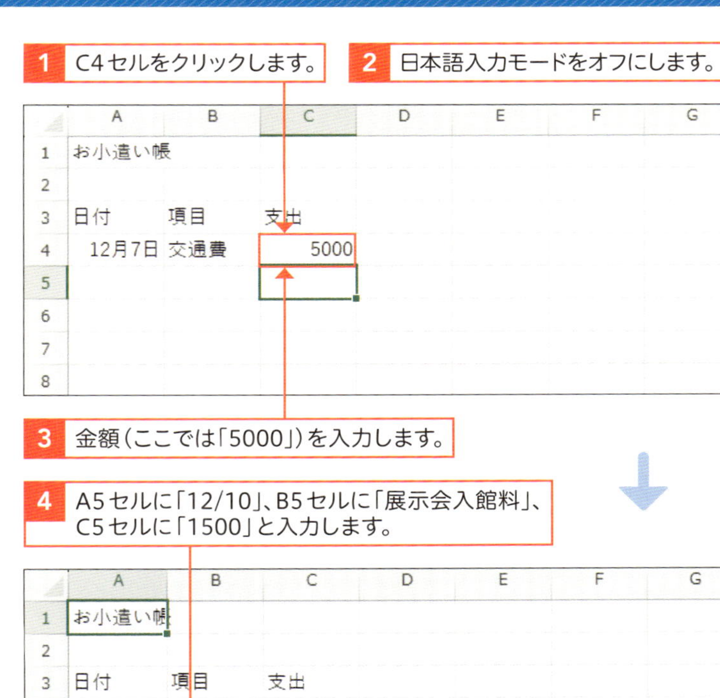

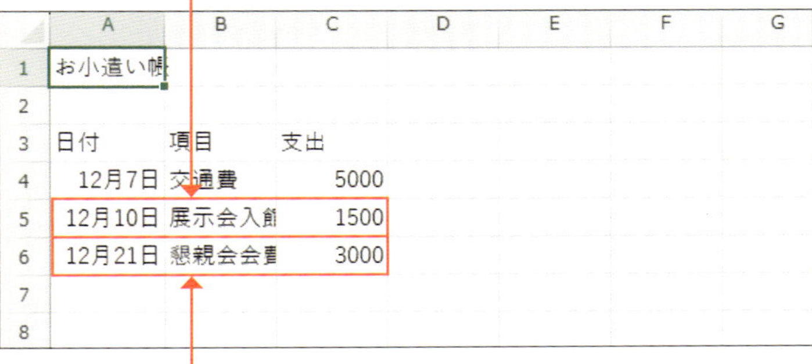

Section 67

金額を合計しよう

ここで学ぶこと

- 計算式
- 数式バー
- 合計

Excelは、計算が得意なアプリです。セルに入力した数値などを使用してさまざまな計算ができます。ここでは、自動的に合計を求める式を作成する方法で、支出の合計を求めます。計算結果を表示するセルを選択し、計算の元になるセル範囲を確認しながら計算式を作成します。

1 合計の式を入力する準備をする

解説

結果を表示するセルを選択する

計算式を入力するときは、計算結果を表示したいセルを選択します。ここでは、C9セルに、C4セル～C8セルまでの値の合計を表示します。そのため、あらかじめC9セルを選択しておきます。

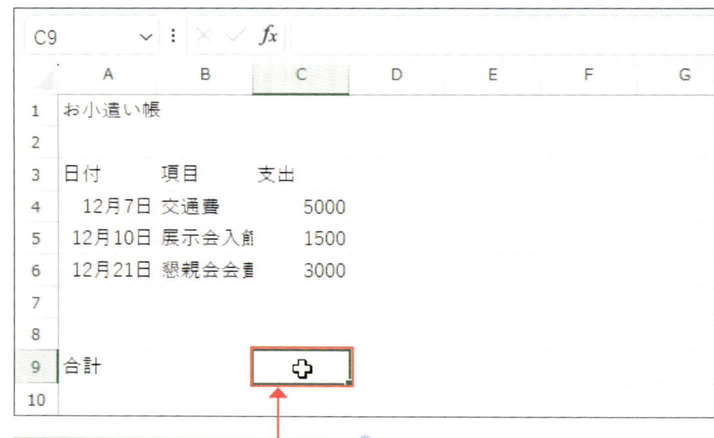

1 C9セルをクリックします。

2 ［ホーム］タブをクリックします。

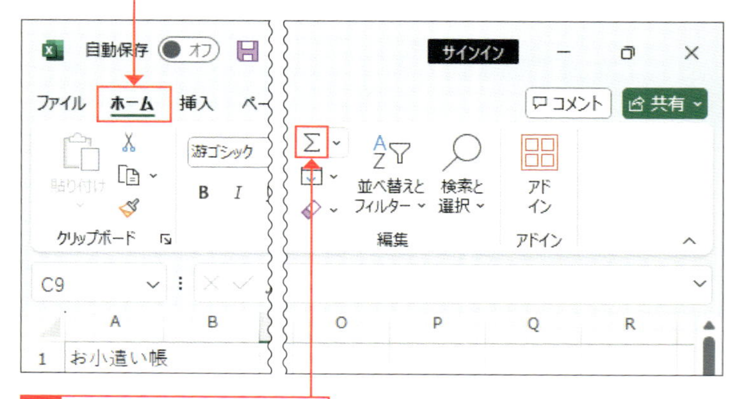

3 ［合計］をクリックします。

ヒント

合計を求める式を入力する

［合計］をクリックすると、合計を求める計算式をワンクリックで入力できます。式の内容は、「=SUM（合計を求めるセル範囲）」です。

② 合計の式を作成する

解説

数式の内容について

[合計]をクリックすると、合計値をかんたんに求められます。C9セルには、「=SUM(C4:C8)」という式が入力されました。この意味は、「C4セルからC8セルの値の合計を表示する」ということです。合計を求めるセル範囲が違う場合は、セル範囲を選択して変更することもできます。

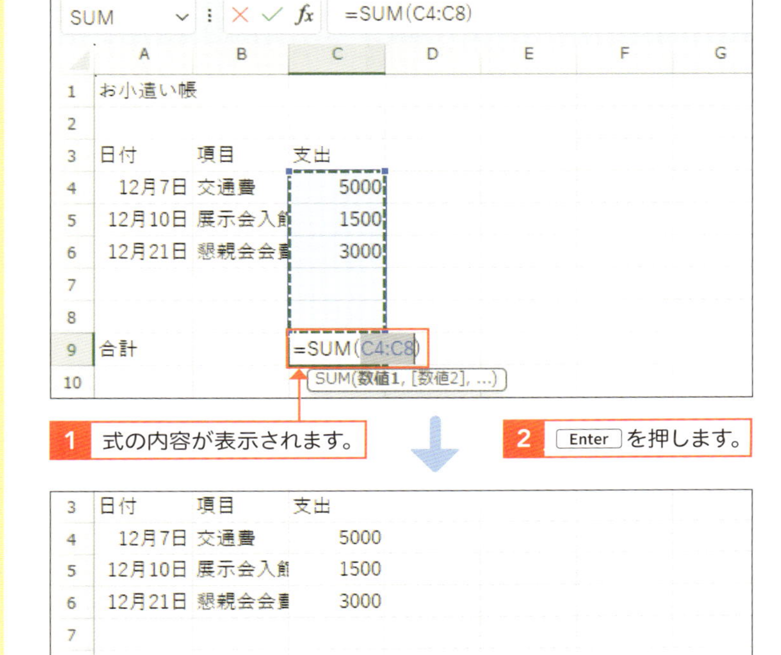

1 式の内容が表示されます。

2 Enter を押します。

3 計算結果が表示されました。

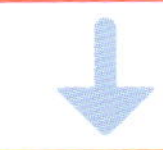

4 A7セルに「12/22」、B7セルに「プレゼント購入費」、C7セルに「28000」と入力します。

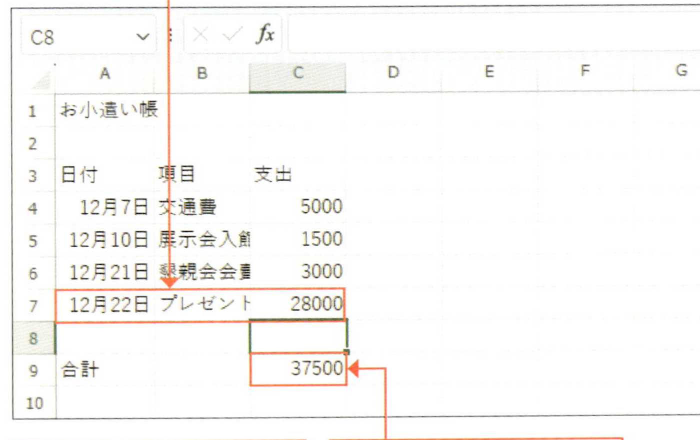

5 Enter キーを押します。

6 計算結果が変わります。

解説

計算結果は自動的に変わる

ここでは、計算式を入力したあとに、「12/22、プレゼント購入費、28000」のデータを追加しました。そうすると、計算結果が「9500」から「37500」に自動的に変わります。

Section

68 列の幅を調整しよう

ここで学ぶこと

- 列幅
- 行の高さ
- 自動調整

表に入力した文字が列の幅に収まらない場合は、列幅を広げて調整しましょう。列幅を調整するときは、列の右側の境界線をドラッグします。たとえば、A列の幅を調整するときは、A列とB列の境界線部分をドラッグします。また、列の幅を自動調整する方法も紹介します。

1 列幅を調整する

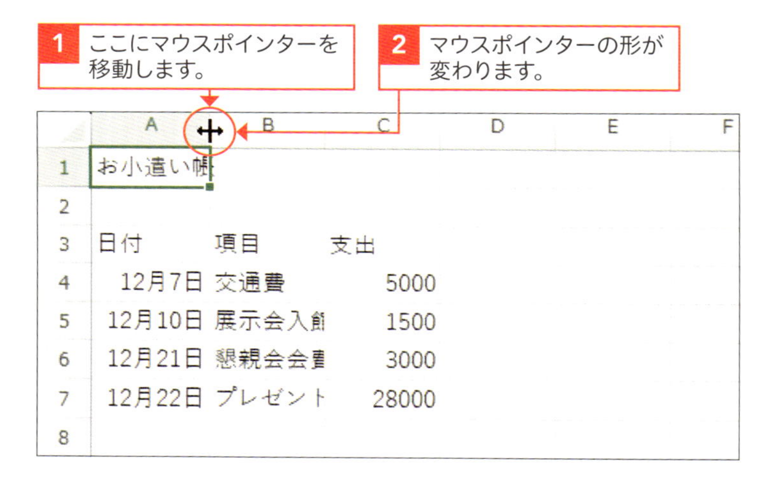

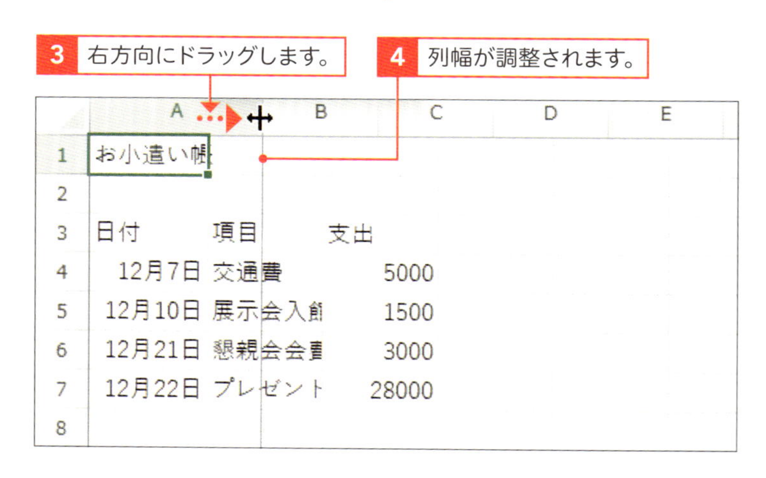

注意

列に「####」と表示された場合

列幅を狭くしたときなどに数値や日付の一部が隠れてしまう場合、セルに「####」と表示されます。すべての文字が表示されるように列幅を広げると、入力されている数値や日付が正しく表示されます。

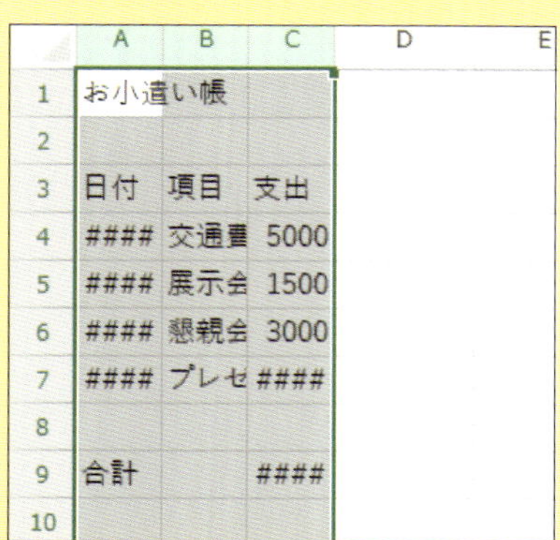

ヒント

行の高さを変更する

行の高さを変更するには、行の下境界線部分を上下にドラッグします。

1 ここにマウスポインターを移動します。
2 マウスポインターの形が変わります。

3 右方向にドラッグします。
4 列幅が調整されます。

② 列幅を自動調整する

解説

列幅を自動調整する

列に入力されている文字の長さに合わせて列幅を自動調整するには、列の右側境界線をダブルクリックします。ここでは、B列の右側境界線をダブルクリックして自動調整します。

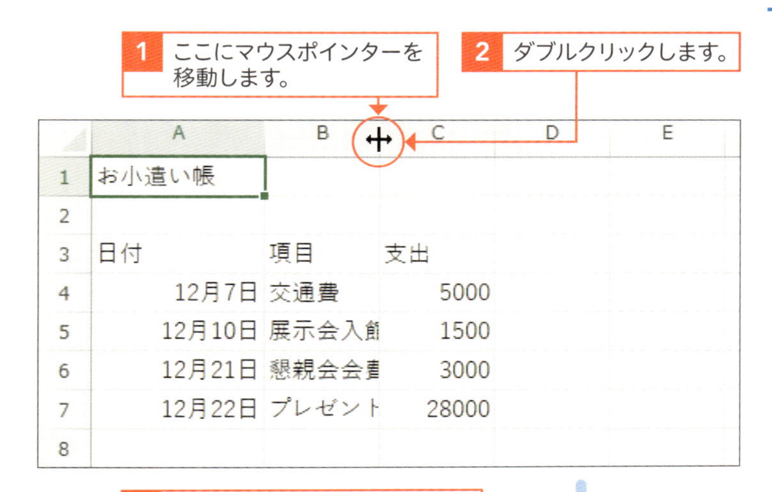

3 列幅が自動的に調整されます。

	A	B	C	D
1	お小遣い帳			
2				
3	日付	項目	支出	
4	12月7日	交通費	5000	
5	12月10日	展示会入館料	1500	
6	12月21日	懇親会会費	3000	
7	12月22日	プレゼント購入費	28000	
8				

応用技 複数の列幅を変更する

複数の列幅をまとめて変更するには、まず、複数の列の列番号のところをドラッグして複数列を選択します。続いて、選択しているいずれかの列の右側境界線をドラッグします。または、選択しているいずれかの列の右側境界線をダブルクリックすると、列幅が自動調整されます。

	A	B	C	D
1	お小遣い帳			
2				
3	日付	項目	支出	
4	12月7日	交通費	5000	
5	12月10日	展示会入館	1500	
6	12月21日	懇親会会費	3000	
7	12月22日	プレゼント	28000	
8				

	A	B	C	D
1	お小遣い帳			
2				
3	日付	項目	支出	
4	12月7日	交通費	5000	
5	12月10日	展示会入館	1500	
6	12月21日	懇親会会費	3000	
7	12月22日	プレゼント	28000	
8				

Section 69

金額に¥と桁区切りカンマを付けよう

ここで学ぶこと

- セル選択
- 通貨記号
- 桁区切りカンマ

「1000」という数値を「¥1,000」のように表示したいとき、数値を入力するときに通貨記号やカンマを入力する必要はありません。数値や日付をどのように表示するかは、セルの表示形式で指定します。ここでは、金額が入力されているセルを選択して表示形式を指定します。

1 セルを選択する

解説

セル範囲を選択する

ここでは、数値が入力されているセルに対して通貨やカンマを付ける書式を設定します。まずは、操作対象のセル範囲を選択します。

ショートカットキー

キー操作と組み合わせてセルを選択する

表全体のセル範囲を選択するとき、表の左上のセルを選択し、Shift キーを押しながら表の右下のセルをクリックすると、表全体を選択できます。

1 C4セルにマウスポインターを移動します。

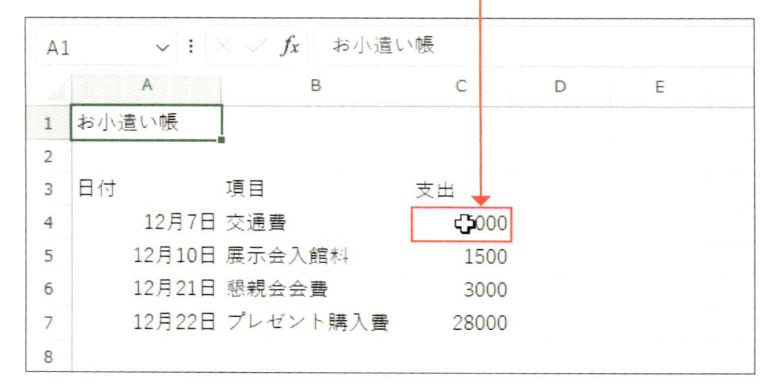

2 C4セルからC9セルをドラッグして選択します。

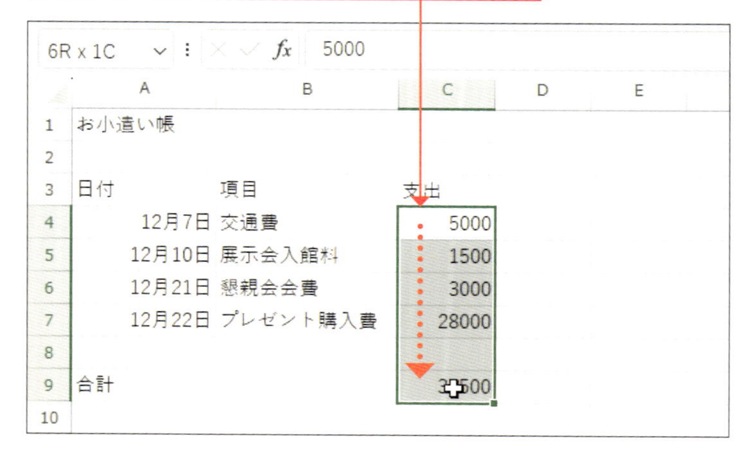

② 通貨の表示形式を指定する

ヒント 桁区切りカンマだけを表示する

数値の表示形式を指定するとき、通貨記号を付けずに桁区切りのカンマだけを表示するには、手順1の後、[桁区切りスタイル]をクリックします。

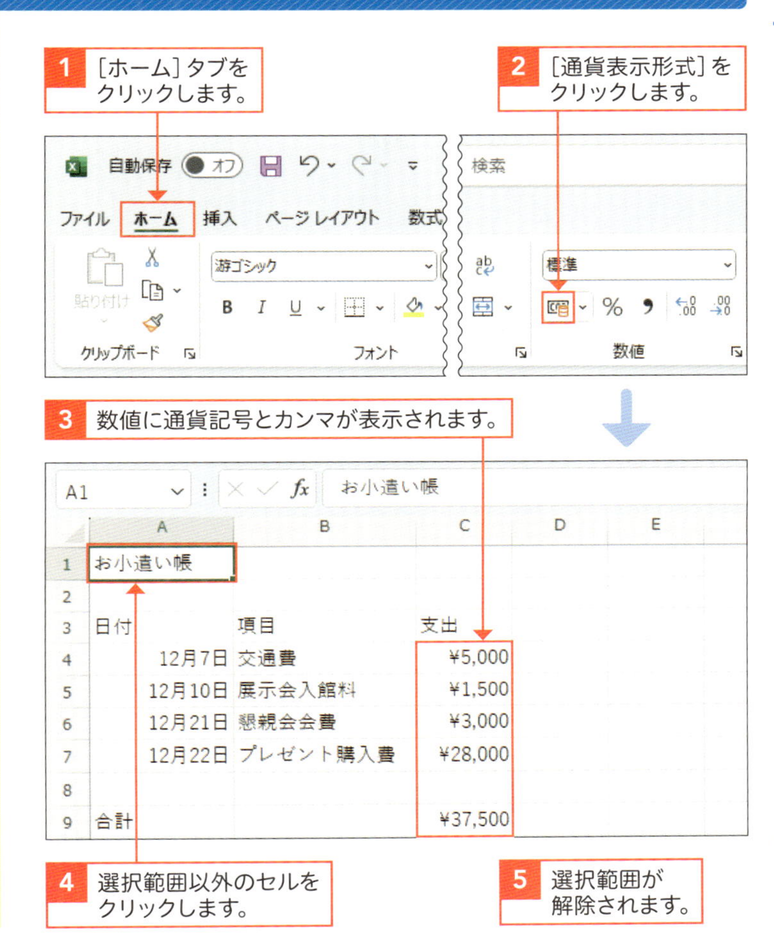

応用技 日付の表示形式を指定する

日付の表示形式も指定できます。たとえば、「12月7日」を「2024/12/7」のように表示するには、日付が入力されているセル範囲を選択し❶、[ホーム]タブの[数値の書式]の⌄をクリックし❷、[短い日付形式]をクリックします❸。

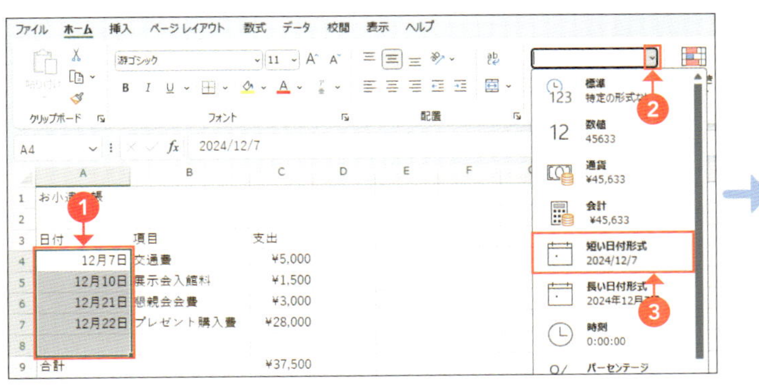

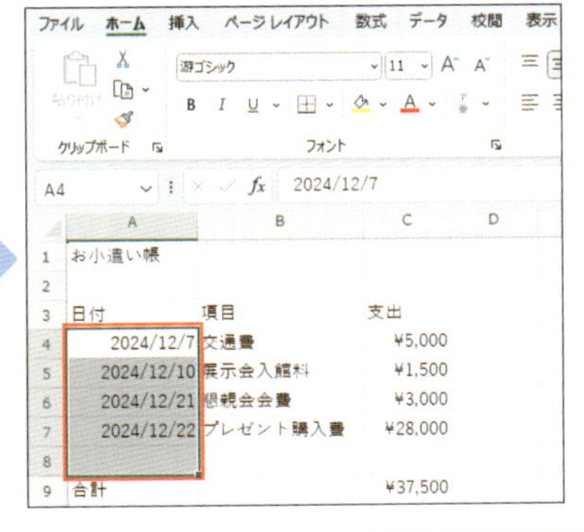

Section
70 罫線を引いて表を作ろう

ここで学ぶこと

- セル選択
- 罫線
- 格子

空白のブックを作成すると、セルとセルの区切りにグレーの目盛線のついたワークシートが表示されますが、グレーの目盛線は通常は印刷されません。ここでは、表を印刷したときに、表全体に線が表示されるようにします。まずは、表全体のセル範囲を選択します。

1 セルを選択する

解説

表全体を選択する

罫線を引くセルを選択します。ここでは、表全体に格子状の罫線を引きますので、表全体を選択します。斜め方向にドラッグしてセルを選択しましょう。

ヒント

セル範囲の選択をやり直す

セル範囲を間違えて選択してしまった場合は、どこかのセルをクリックしてセル範囲の選択を解除し、改めてセル範囲を選択し直しましょう。

1 A3セルにマウスポインターを移動します。

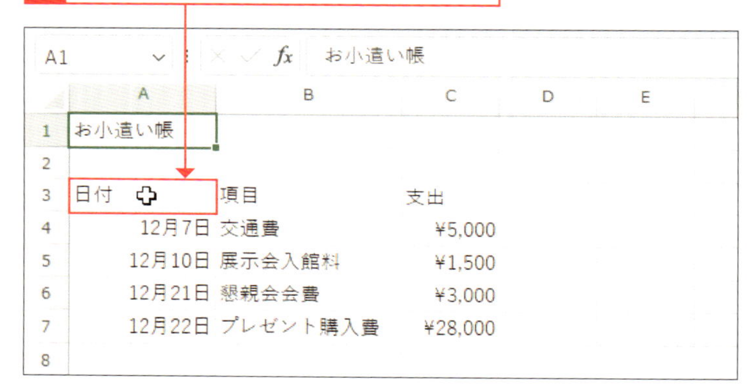

2 A3セルからC9セルをドラッグして選択します。

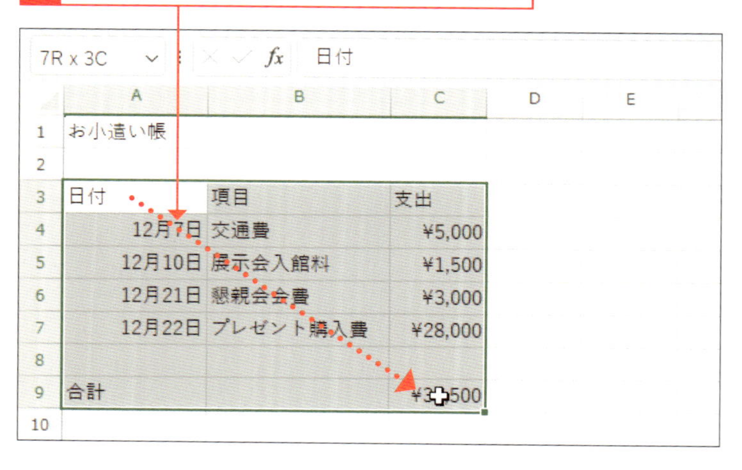

② 格子状の線を引く

解説

格子状の線を引く

ここでは、表全体に格子状の線を引きます。表全体を選択後、[ホーム]タブの[罫線]をクリックし、罫線を引く場所を指定します。ここでは、[格子]を選択します。

応用技

罫線を引くセルを選択する

罫線を引くときは、罫線を引くセル範囲を選択します。たとえば、見出しの下に二重線を引くには、見出しが入力されているA3セル〜C3セルを選択し、[ホーム]タブの[罫線]をクリックして、[下二重罫線]をクリックします。

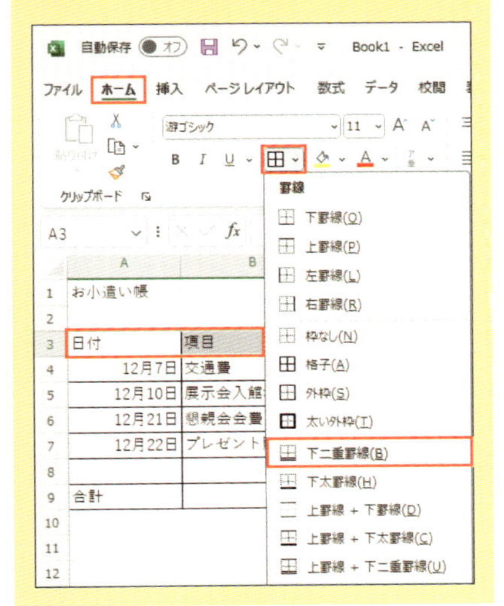

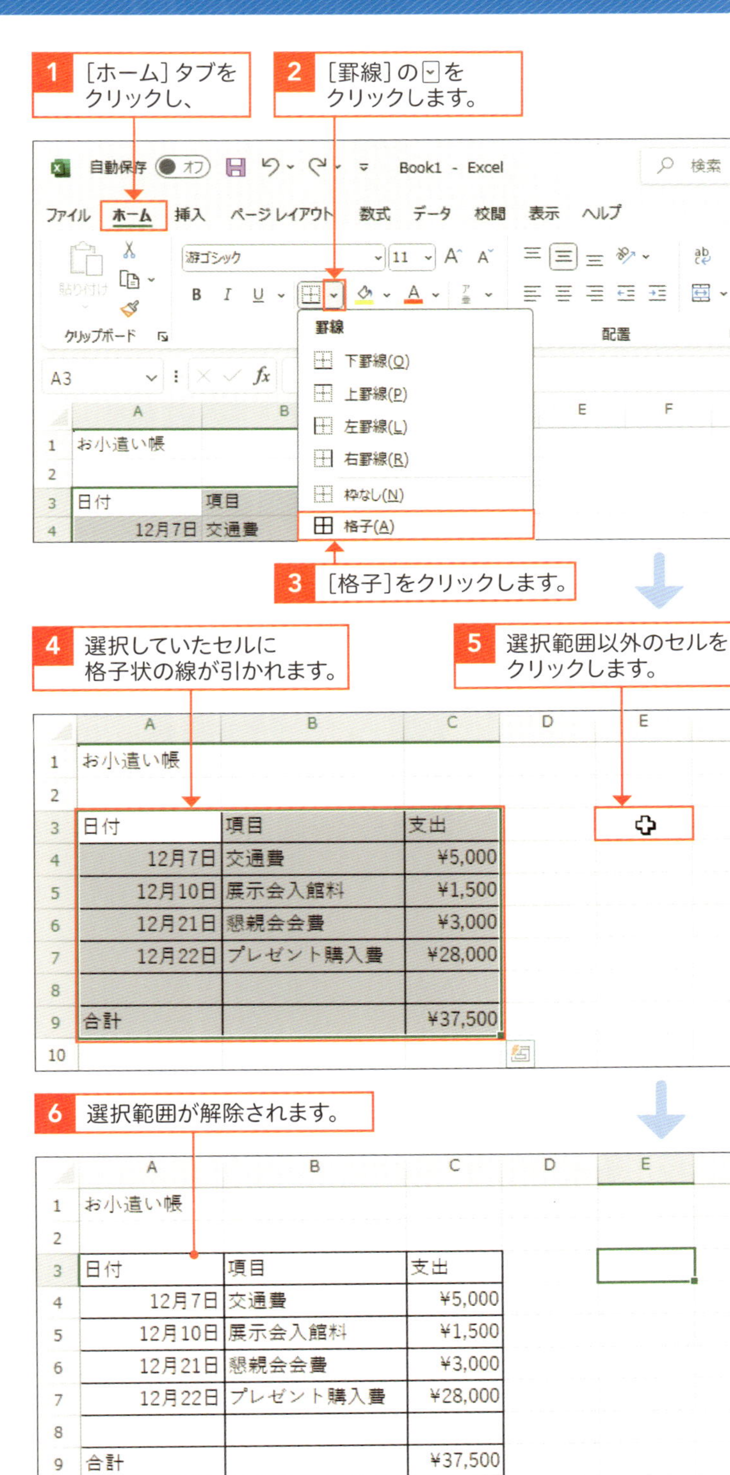
1 [ホーム]タブをクリックし、
2 [罫線]の⌄をクリックします。
3 [格子]をクリックします。
4 選択していたセルに格子状の線が引かれます。
5 選択範囲以外のセルをクリックします。
6 選択範囲が解除されます。

Section

71 セルの背景に色を塗ろう

ここで学ぶこと

- セル選択
- 塗りつぶしの色
- 文字の色

表の見栄えを整えるには、罫線を引く以外に、セルに色を付ける方法もあります。ここでは、表の見出しや合計の行が目立つように色を付けます。まずは、色を付けるセルを選択してから色を選択します。まずは、見出しの行のセルを選択しましょう。

1 セルを選択する

解説

セルの背景に色を付ける

セルの背景に色を付けます。ここでは、見出しの項目に色を付けます。まずは、見出しが入力されているセルを選択して色を選びます。色を選ぶときに表示される色の一覧は、Excelのバージョンなどによって異なります。

時短

複数個所を同時に選択する

離れた場所にある複数のセル範囲を同時に選択するには、1つ目のセル範囲をドラッグして選択したあと❶、Ctrl キーを押しながら2つ目以降のセル範囲をドラッグして選択します❷。

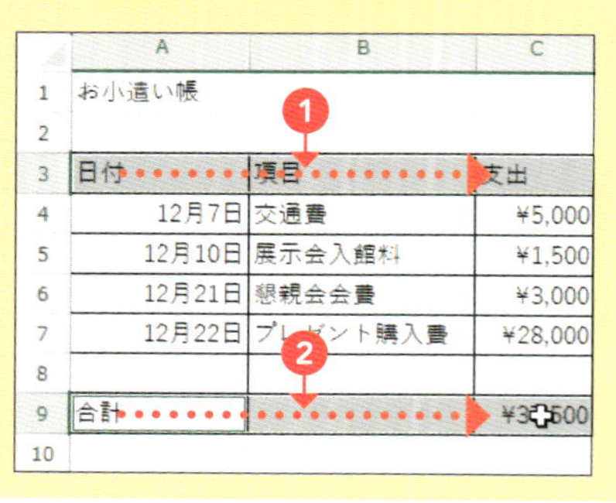

1 A3セルにマウスポインターを移動します。

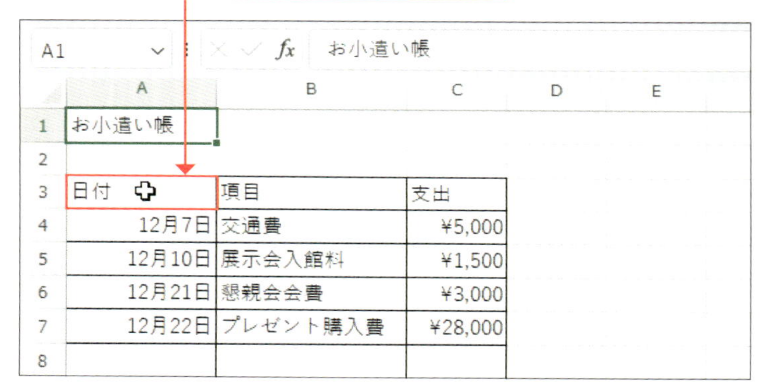

2 A3セルからC3セルをドラッグして選択します。

1R x 3C | 日付

	A	B	C	D	E
1	お小遣い帳				
2					
3	日付	項目	支出		
4	12月7日	交通費	¥5,000		
5	12月10日	展示会入館料	¥1,500		
6	12月21日	懇親会会費	¥3,000		
7	12月22日	プレゼント購入費	¥28,000		
8					
9	合計		¥37,500		
10					

② セルの背景に色を付ける

💡 ヒント
文字の色を選択する

文字の色を変更したい場合は、セルを選択したあとに、[フォントの色]の⌄をクリックして色を選択します。

💡 ヒント
文字のフォントや大きさを変更する

文字の形を変更するには、対象のセル範囲を選択したあと、[ホーム]タブの[フォント]の⌄をクリックしてフォントを選択します。大きさを変更するには、[ホーム]タブの[フォントサイズ]の⌄をクリックして大きさを選択します。

✨ 応用技
セルのスタイルを指定する

セルの背景の色や文字の色をまとめて変更するときは、[ホーム]タブのセルのスタイルから選択することもできます。スタイルの一覧からスタイルを選択すると、セルの色や文字の色などをまとめて変更できます。

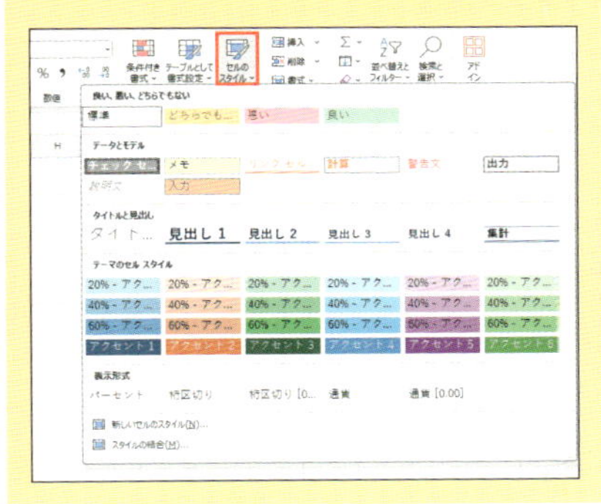

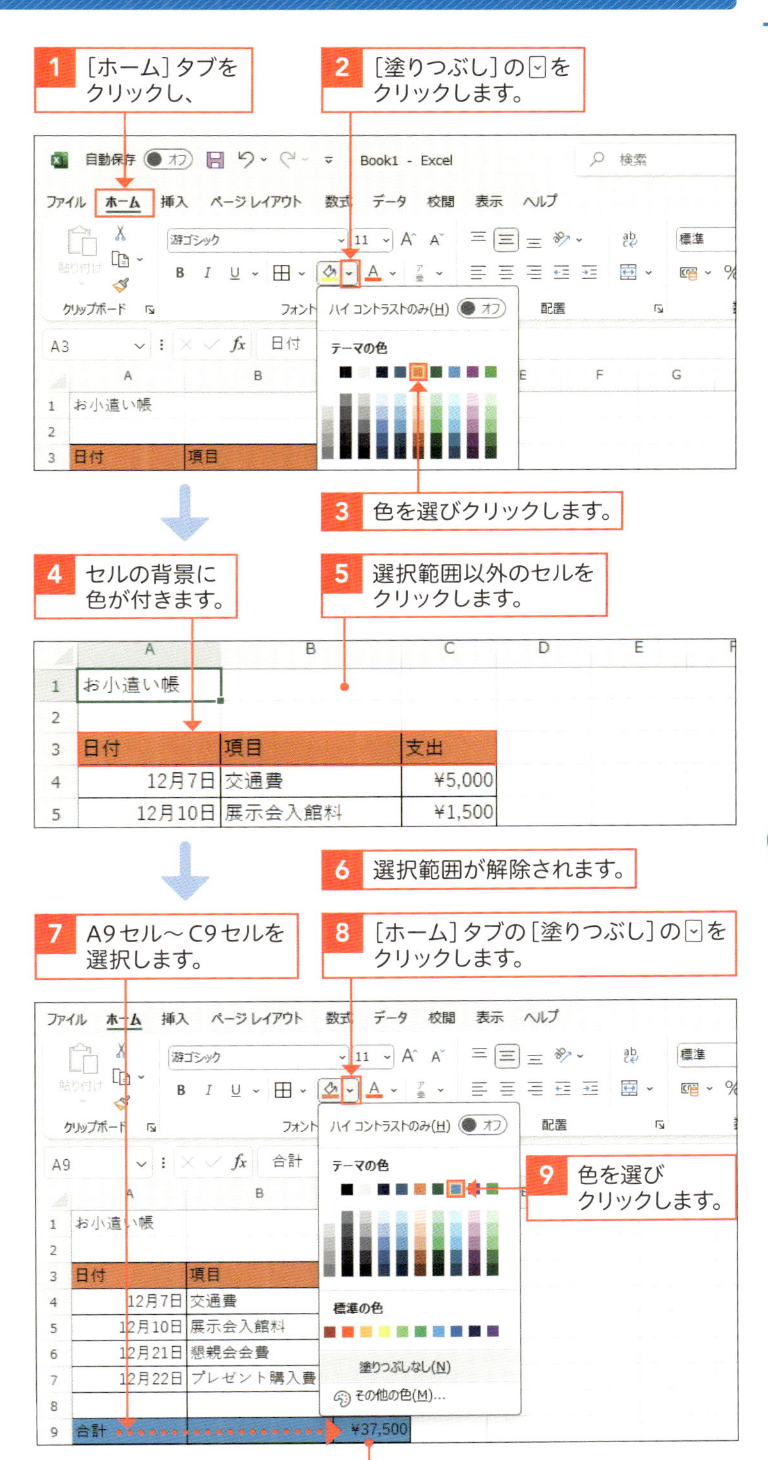

1 [ホーム]タブをクリックし、
2 [塗りつぶし]の⌄をクリックします。
3 色を選びクリックします。
4 セルの背景に色が付きます。
5 選択範囲以外のセルをクリックします。
6 選択範囲が解除されます。
7 A9セル〜C9セルを選択します。
8 [ホーム]タブの[塗りつぶし]の⌄をクリックします。
9 色を選びクリックします。
10 選択していたセルに色が付きます。

Section

72 お小遣い帳を印刷しよう

ここで学ぶこと

- [ファイル]タブ
- 印刷設定
- 印刷

作成したお小遣い帳を印刷してみましょう。Excelでは、標準の表示方法で作業している場合、Wordのような用紙の区切り線が表示されないため、印刷時のイメージが分かりづらいものです。印刷前には、印刷イメージを確認する画面で印刷時の設定を確認しましょう。

1 印刷イメージを確認する

解説

プリンターを接続しておく

計算表を印刷する前に、パソコンとプリンターを接続してプリンターの電源をオンにします。印刷イメージを確認してから印刷を実行します。

ヒント

保存したファイルを開く

保存したファイルを開くには、[ファイル]タブをクリックし、[開く]をクリックします。[その他の場所]の[参照]をクリックすると、ファイルを開く画面が表示されます。ファイルの保存先を指定してファイルをクリックして[開く]をクリックします。

1 [ファイル]タブをクリックします。

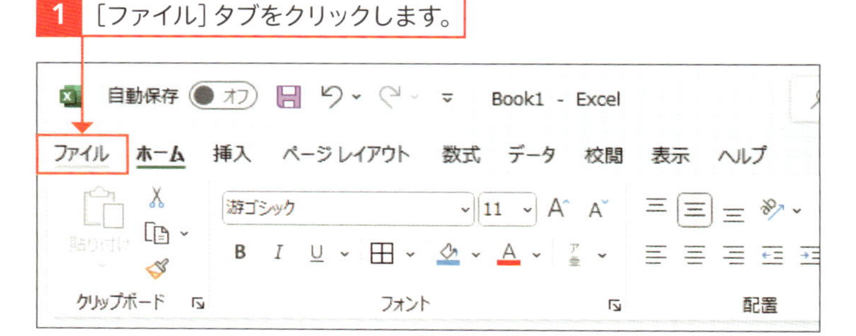

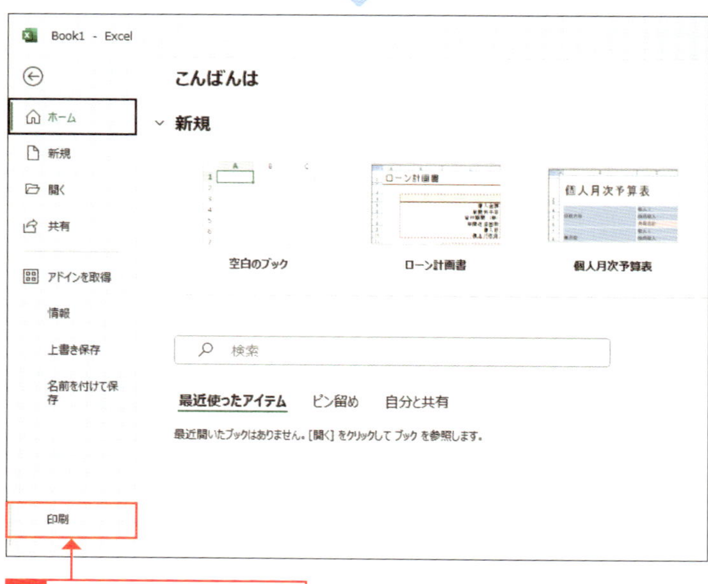

2 [印刷]をクリックします。

② 印刷する

表の横幅を用紙の幅に合わせる

表の横幅が用紙の幅から少しはみ出してしまう場合は、表の幅を用紙の幅に自動的に調整する方法を使用すると便利です。それには、印刷イメージを表示する画面で[拡大縮小なし]をクリックし、[すべての列を1ページに印刷]をクリックします。そうすると、表の幅が1ページ内に収まるように縮小されます。

[ページ設定]画面を表示する

印刷の画面の左側のメニューの下の[ページ設定]をクリックすると、[ページ設定]画面が表示されます。[ページ設定]画面では、印刷時のさまざまな設定をまとめて行えます。たとえば、[ヘッダー/フッター]タブではヘッダーやフッターを指定できます。

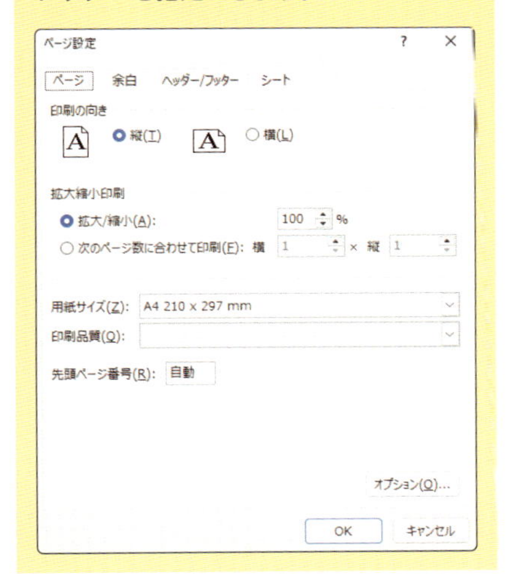

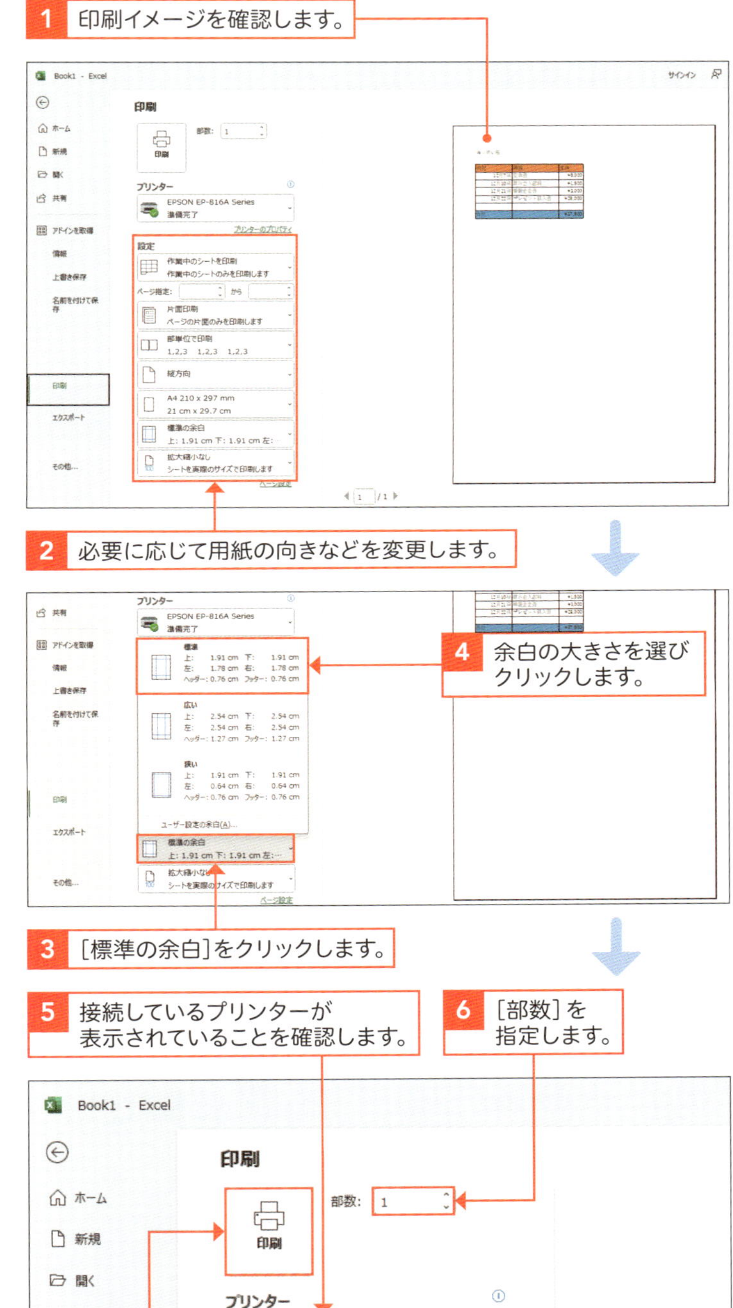

Section

73 お小遣い帳を保存しよう

ここで学ぶこと

- 保存
- 上書き保存
- ファイル

作成した「お小遣い帳」を保存します。ファイルを保存するときは、ファイルの保存先とファイル名を指定します。ここでは、「ドキュメント」フォルダーに「お小遣い帳」という名前でファイルを保存します。保存したファイルを開く方法は、187ページのヒントを参照してください。

1 ファイルを保存する

ファイルを上書き保存する

一度保存したファイルを編集したあとに、更新して保存するときも[上書き保存]をクリックします。

ヒント

Excelを終了する

Excelを終了するには、ウィンドウの右上の[閉じる]をクリックします。

このファイルを保存

「Microsoft Office」のアプリにログインしていると、ファイルを保存するときに[上書き保存]をクリックすると、インターネット上のファイル保存スペースにファイルを保存するかを指定する画面が表示されます。ここでは、自分のパソコンに保存するため、[その他のオプション]をクリックして画面を閉じて保存先を指定します。

2 [名前を付けて保存]の画面が表示されます。

3 [参照]をクリックします。

4 この後は、59ページを参考に、ファイルの保存先とファイル名を指定して保存します。

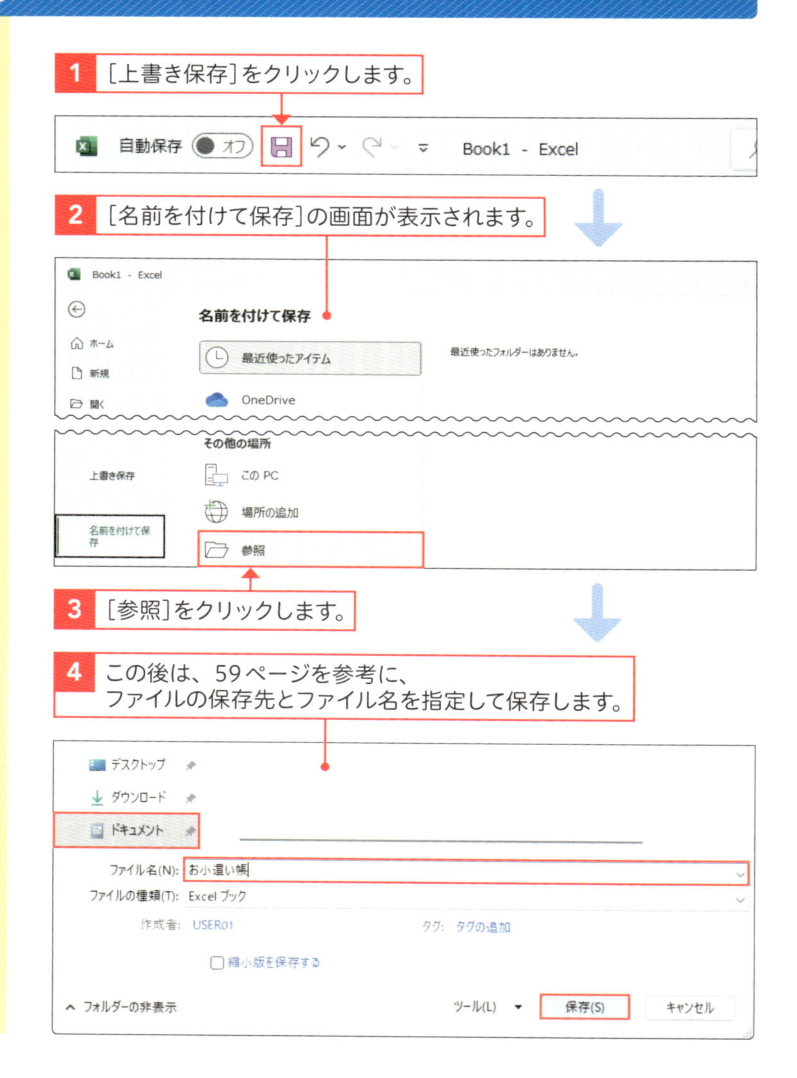

第 9 章

ノートパソコンの困ったを解決しよう

Section
74 外出先でインターネットを使いたい

ここで学ぶこと
- インターネット
- Wi-Fi
- 通知領域

カフェやレストラン・ホテルなどでは、無線でインターネットに接続するためのWi-Fiの環境が整っていて無料で利用できることも多くあります。接続方法は、接続先によって異なりますが、ここでは、一例として、カフェで提供されている無料のWi-Fiサービスに接続する方法を紹介します。

1 外出先でWi-Fiに接続するには

方法	内容
Wi-Fiスポットに接続する	カフェやスーパー、ホテル、駅や空港、各種の公共施設などが提供しているWi-Fiスポットに接続する方法です。無料で使用できるものも多くあります。また、自分が契約している電話会社やプロバイダーが提供しているWi-Fiスポットなどを、無料または低価格で使用できる場合もあります。
モバイルルーターを使う	Wi-Fiでインターネットに接続するためのモバイルルーターという通信機器を利用する方法です。一般的には、通信業者と契約をして利用します。
スマートフォンを使う	テザリング機能がついたスマートフォンを使用している場合、スマートフォン経由でWi-Fiネットワークを利用できます。テザリング機能を利用するには、スマートフォンの利用料金以外に追加料金が発生したり、通信量によって追加料金が発生したりする場合もあります。事前に利用料金を確認しましょう。

ヒント 事前に確認しよう

Wi-Fiスポットに接続する場合は、事前にインターネットを利用して、メールアドレスなどの登録が必要な場合もあります。スマホなどの機器を持ち歩いていない場合は、自宅で登録を済ませておくとよいでしょう。なお、登録の有無や接続方法などはWi-Fiサービスによって異なりますので、Wi-Fiサービスを提供している場所のホームページなどで確認してください。Wi-Fiサービスを利用できる店舗の検索もできます。

・スターバックスコーヒーのWi-Fiサービスに関するホームページ

・マクドナルドのWi-Fiサービスに関するホームページ

2 Wi-Fiに接続する

接続先によって異なる

Wi-Fiに接続する方法は、接続先によって異なります。ここでは、例としてスターバックスコーヒーの店舗でWi-Fiに接続する例を紹介しています。Wi-Fiがオフになっている場合は、33ページのヒントを参照してください。また、パスワードを入力する画面が表示された場合は、34ページを参照してください。

Wi-Fiの接続を切断する

Wi-Fiの接続を切断するには、タスクバーのネットワークのアイコンをクリックし、接続しているネットワークの項目をクリック、[切断]をクリックします。

1 33ページの方法で、近くのWi-Fiネットワークの一覧を表示します。

2 接続するネットワークの名前をクリックします。

3 [接続]をクリックします。

4 ブラウザーが起動してログイン画面が表示されたら、[インターネットに接続]をクリックします。

5 [同意する]をクリックすると、Wi-Fiに接続できます。

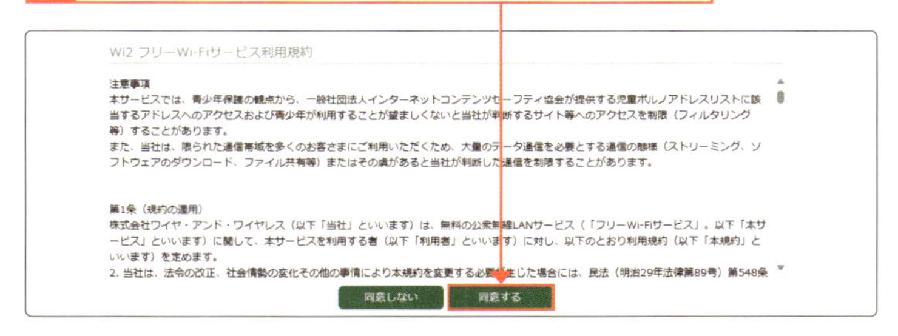

6 このあとは、ブラウザーでホームページを見ることができます。

Section
75 スリープするまでの時間を設定したい

ここで学ぶこと
- スリープ
- 電源ボタン
- 設定

ノートパソコンを外出先で利用するときは、バッテリーが無駄に減ってしまうことがないように、一定時間ノートパソコンを使用しなかったときに自動的に省電力モードのスリープモードになるように設定しておきましょう。どのタイミングでスリープモードにするか指定できます。

1 設定画面を表示する

解説

スリープまでの時間を指定する

ノートパソコンを一定時間使用しないときに、自動的にスリープモードに切り替えるまでの時間や、画面の電源を切るまでの時間を指定します。バッテリーで使用しているときと、電源に接続しているときとで別々に指定できます。

ヒント

省エネ機能を使用する

省エネ機能とは、バッテリーでノートパソコンを操作しているとき、無駄にバッテリーが減ってしまうのを防ぐために、消費電量を抑えてバッテリーの残量を節約するための機能です。バッテリーの残量が少なくなったときに、画面の明るさを下げるなどの設定ができます。手順3の画面の［省エネ機能］をクリックして設定します。

1 タスクバーの通知領域のバッテリーのアイコンをクリックします。

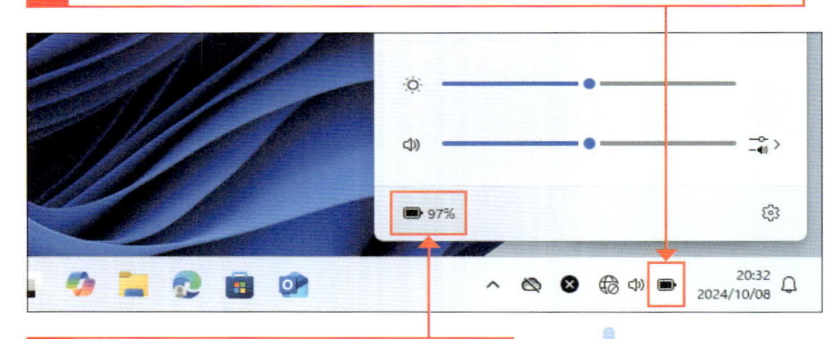

2 バッテリーのマークをクリックします。

3 設定画面が表示され、バッテリーの情報が表示されます。

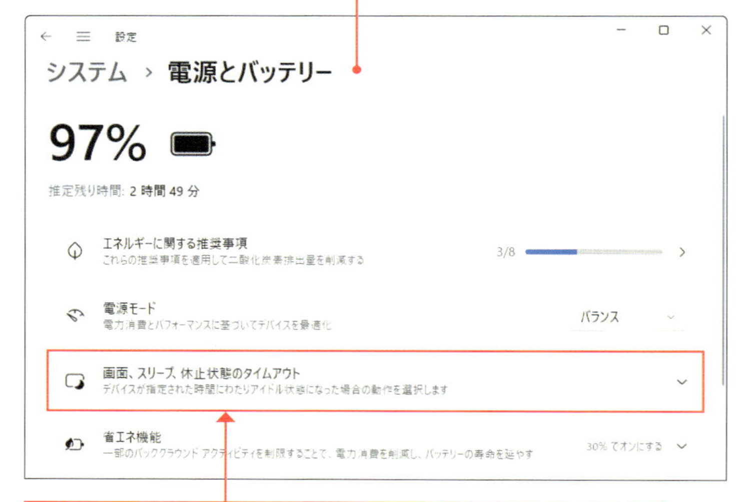

4 ［画面、スリープ、休止状態のタイムアウト］をクリックします。

2 スリープの設定をする

タスクバーから操作する

タスクバーのバッテリーのアイコンを右クリックし、[電源とスリープの設定]をクリックしても、電源とスリープの設定画面を開けます。

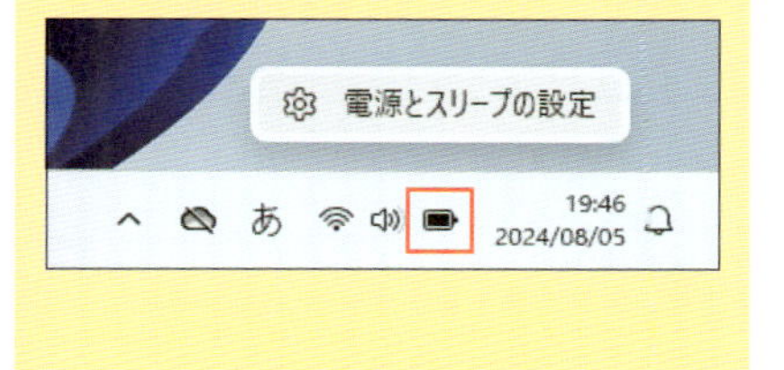

1 画面をスクロールします。

2 スリープ状態にするまでの時間などを確認します。

応用技 電源ボタンの動作などを確認する

ノートパソコンでは、電源ボタンを押したり、本体のカバーを閉じたりしたときに自動的にスリープモードになるように設定できます。それには、手順3の画面で、[カバーと電源 個のボタンコントロール]をクリックします。すると、設定を確認できます。

Section
76 音量や画面の明るさを調整したい

ここで学ぶこと

- 設定
- 明るさ
- 音量

画面を極端に明るくしたり音量を大きくしたりすると、バッテリーの残量が無駄に減ってしまいます。画面の明るさや音量を、適度に調整する設定方法を知っておきましょう。ここでは、音量や画面の明るさを通知領域から指定します。

1 音量を調整する

音を消すには

音を消すには、音量を設定する画面でスピーカーのアイコンをクリックします。

スピーカーの情報などを確認する

通知領域のスピーカーのアイコンを右クリックすると、ショートカットメニューが表示されます。ショートカットメニューからサウンドに関する設定画面などを表示できます。

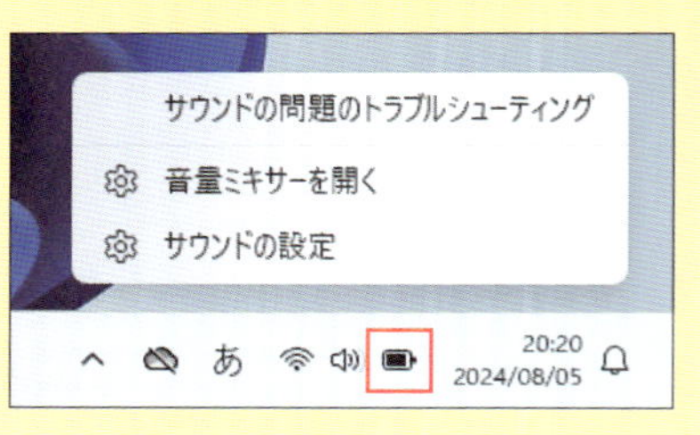

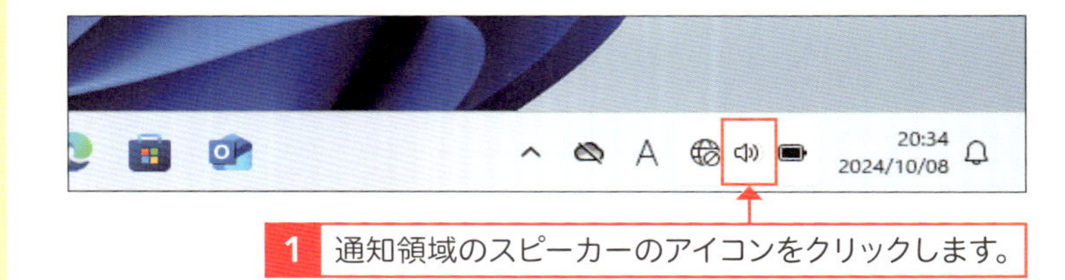

1 通知領域のスピーカーのアイコンをクリックします。

2 つまみをドラッグして、音量を調整します。

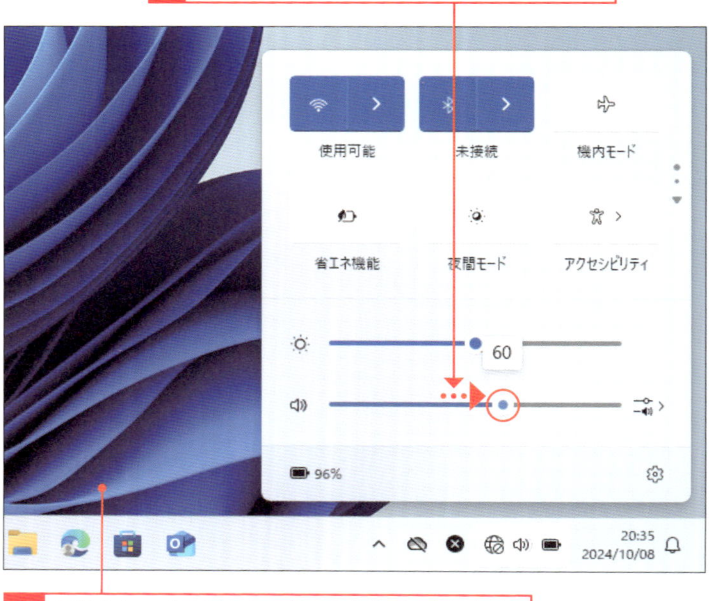

3 デスクトップの何もないところをクリックします。

② 明るさを調整する

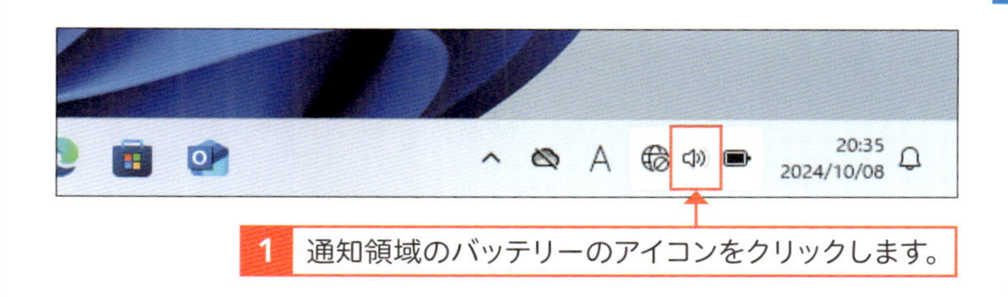

1 通知領域のバッテリーのアイコンをクリックします。

2 つまみをドラッグして、明るさを調整します。

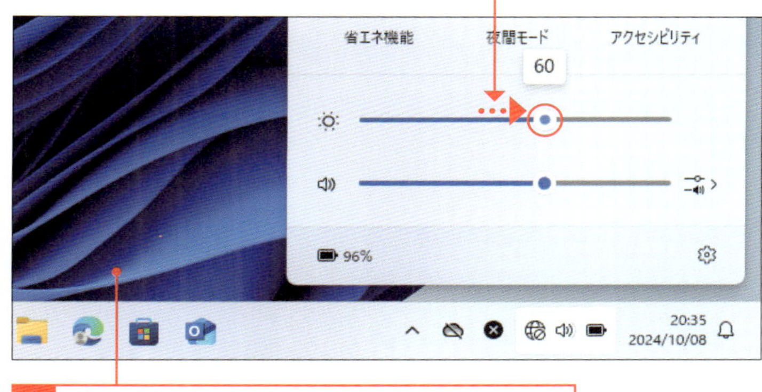

3 デスクトップの何もないところをクリックします。

ヒント キーボードで音量や明るさを変更する

キーボードに音量や明るさを変更するキーがある場合は、キーボードから明るさや音量を変更できます。Fn キーを押しながら明るさや音量を調整する場合もあります。Fn キーについては、43ページを参照してください。

応用技 明るさの詳細を設定する

手順2の画面で、明るさの太陽のマークを右クリックし、[設定を開く]をクリックすると、ディスプレイの明るさを変更する設定画面が表示されます。つまみをドラッグすることで設定を変更できます。また、夜間にパソコンを使用する場合などに、昼間の光のようなブルーライトを抑えて目に優しい夜間モードの明るさに切り替えたりできます。

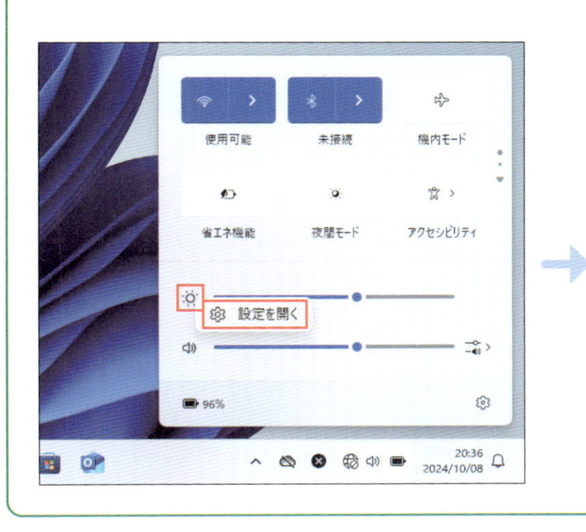

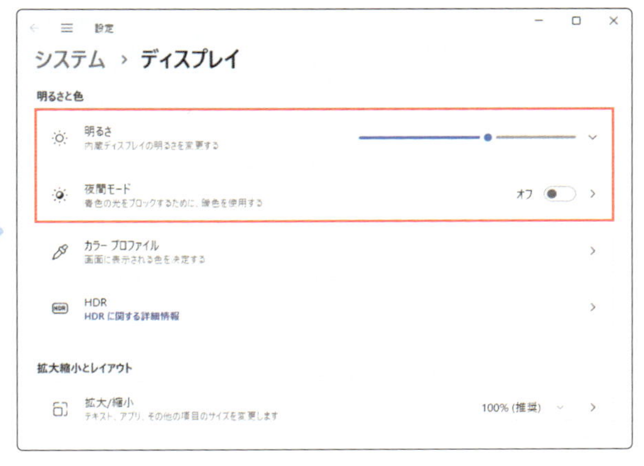

Section 77

意図した数字やアルファベットが入力されない

ここで学ぶこと

- 「NumLock」キー
- 「CapsLock」キー
- 「Fn」キー

アルファベットを入力したいのに数字が入力されてしまう場合や、数字が入力できない場合は、ナムロックの状態を確認します。また、アルファベットの小文字を入力したいのに大文字が入力される場合は、キャップスロックの状態を確認します。

1 ナムロックの状態を切り替える

解説

ナムロックの状態を切り替える

アルファベットを入力したいのに数字が入力されてしまう場合や、数字が入力できない場合は、Num Lockキーを押してナムロックの状態を切り替えます。または、Fnキーを押しながらNum Lockキーを押します。Fnキーについては、43ページを参照してください。

1 数字のキーを押しても数字が入力できない場合、Num Lockキーを押します。

2 数字が入力できるようになります。

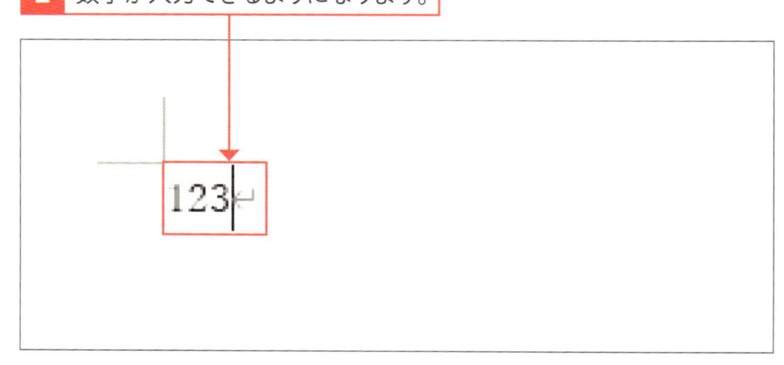

2 キャップスロックの状態を切り替える

解説

キャップスロックの状態を切り替える

日本語入力モードがオフのとき、通常の状態ではアルファベットのキーを押すとアルファベットの小文字が入力されます。しかし、キャップスロックがオンになっていると、アルファベットの大文字が入力されます。キャップスロックをオフにするには、Shift + Caps Lock キーを押します。

ヒント

Shift キーを押しながら入力すると

日本語入力モードがオフのとき、キャップスロックがオフの状態でも Shift キーを押しながらアルファベットのキーを押すとアルファベットの大文字を入力できます。逆にキャップスロックがオンの状態でも、Shift キーを押しながらアルファベットのキーを押すとアルファベットの小文字を入力できます。

補足

キーボードのランプで確認する

ノートパソコンによっては、ナムロックやキャップスロックの状態が、本体前面やキーボードのキーなどにあるランプに表示されます。オンのときは、ランプが点灯しますので、すぐに分かります。

1 日本語入力モードがオフで、アルファベットのキーを押したときに大文字が表示された場合、

2 Shift + Caps Lock キーを押します。

3 小文字が入力できるようになります。

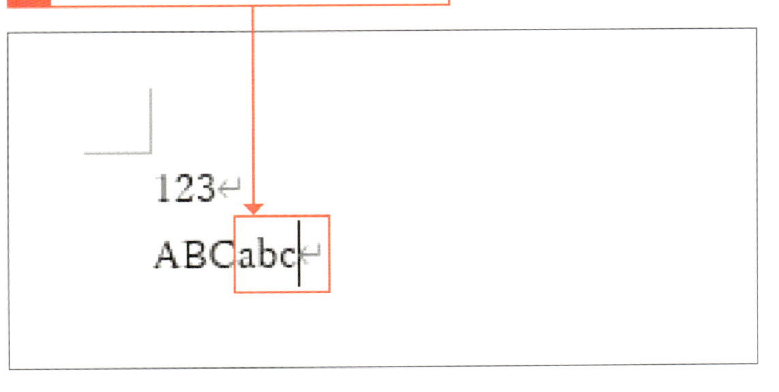

Section 78 よく使うアプリをすぐに起動したい

ここで学ぶこと

- スタートメニュー
- タスクバー
- ピン留め

頻繁に使用するアプリを起動するとき、毎回、スタートメニューでアプリの一覧からアプリの項目を探すのは面倒です。スタートメニューやタスクバーからかんたんに起動できるようにしておくと便利です。アプリをスタートメニューやタスクバーにピン留めします。

1 スタートメニューにピン留めする

解説

スタートメニューにピン留めする

アプリをスタートメニューにピン留めすると、次回以降は、スタートメニューに表示されるアイコンをクリックするだけでアプリが起動できるようになります。アプリの一覧を表示してアプリの項目を探す手間が省けます。

ヒント

ピン留めを外す

スタートメニューに追加したアイコンを削除するには、削除するアプリのアイコンを右クリックして［スタートからピン留めを外す］をクリックします。スタートメニューからアイコンを削除しても、アプリの一覧からアプリを起動できます。

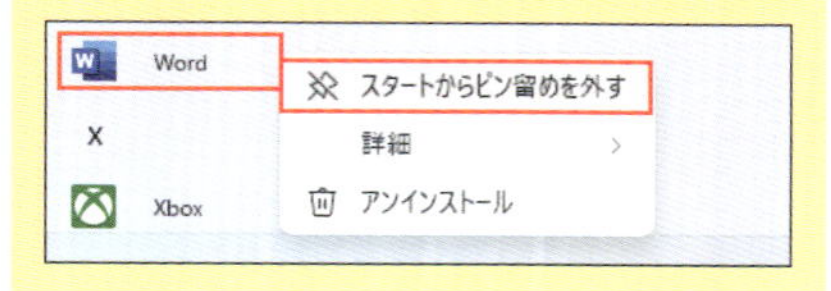

1 スタートメニューでアプリの一覧を表示します（28ページ参照）。

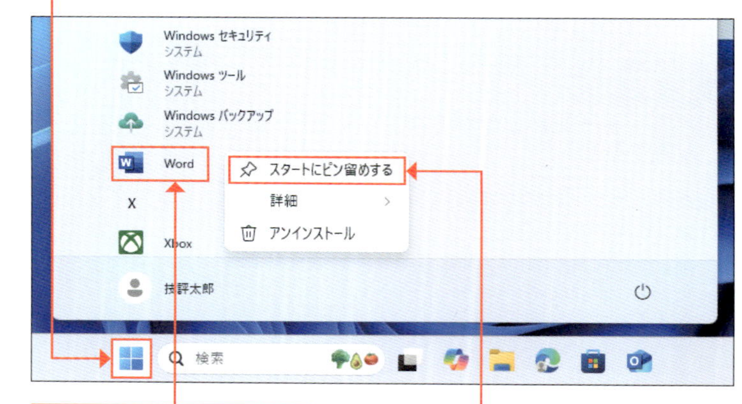

2 スタートメニューにピン留めしたいアプリを右クリックします。

3 ［スタートにピン留めする］をクリックします。

4 スタートメニューにアプリを起動するアイコンが表示されます。

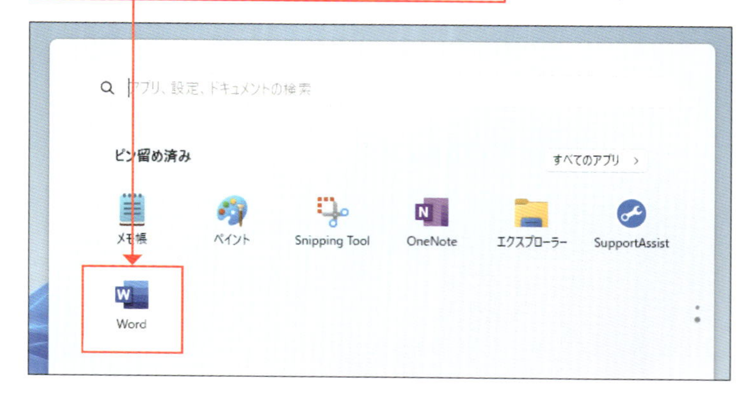

② タスクバーにピン留めする

解説

タスクバーにピン留めする

アプリをタスクバーに表示します。スタートメニューのアプリのアイコンをタスクバーにドラッグして追加することもできます。次回以降は、タスクバーに表示されているアプリのプログラムアイコンをクリックするだけでアプリが起動できます。

ヒント

アイコンを削除する

タスクバーに追加したアイコンを削除するには、削除したいアプリのアイコンを右クリックして［タスクバーからピン留めを外す］をクリックします。タスクバーからアイコンを削除しても、アプリの一覧からアプリを起動できます。

1 スタートメニューでアプリの一覧を表示します（28ページ参照）。

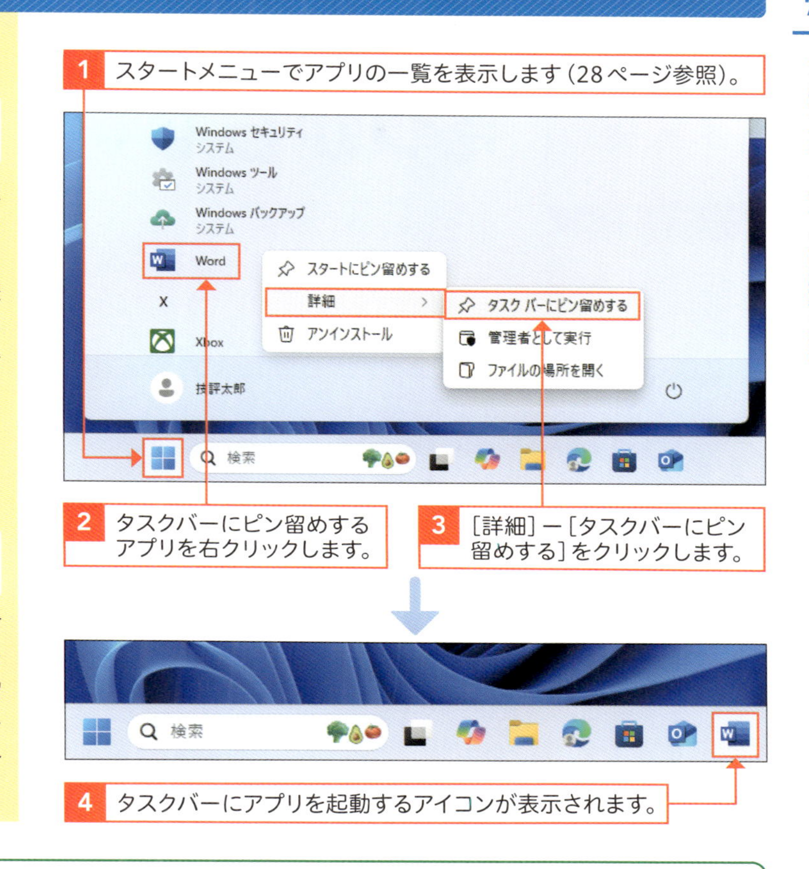

2 タスクバーにピン留めするアプリを右クリックします。

3 ［詳細］－［タスクバーにピン留めする］をクリックします。

4 タスクバーにアプリを起動するアイコンが表示されます。

応用技 Word や Excelのファイルをピン留めする

Word や Excelのアプリをタスクバーにピン留めしているとき、Word や Excelのよく使うファイルをタスクバーからかんたんに起動できるように指定できます。それには、Word や Excelのプログラムアイコンを右クリックします。最近使用したファイルの一覧が表示されたら、ピン留めするファイルの［一覧にピン留めする］をクリックします。そうすると、Word や Excelのプログラムアイコンを右クリックすると、ファイル名が常に表示されます。項目をクリックすると、指定したファイルが開きます。

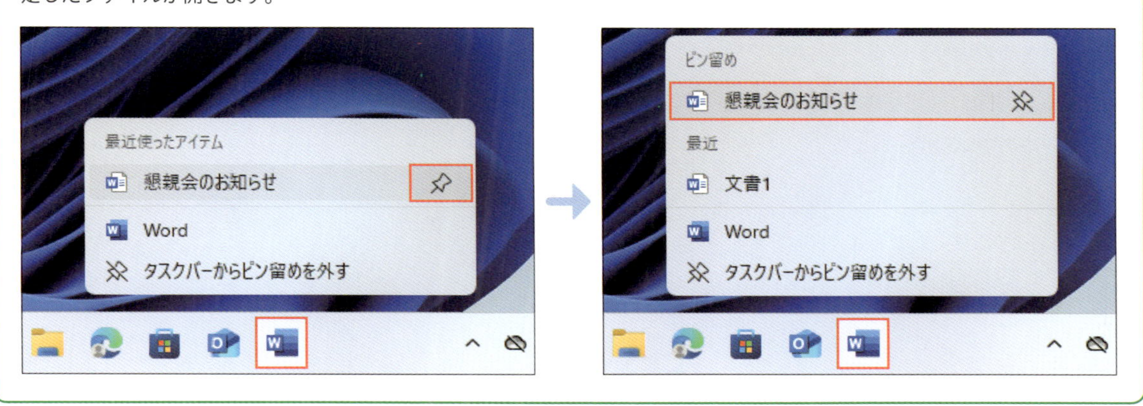

Section
79 保存したファイルが見つからない

ここで学ぶこと

- ファイル検索
- スタートメニュー
- タスクバー

パソコンで作成したファイルをどこに保存したかわからなくなってしまった場合は、ファイル名を指定してファイルを検索してみましょう。正しいファイル名がわからなくても、ファイル名の一部で検索できる場合もあります。ここでは、58ページで保存したファイルを検索します。

1 ファイルを検索する

解説

検索する

スタートメニューの［検索］ボックスを使用すると、パソコンに保存したファイルやアプリ、インターネット上の情報を検索できます。タスクバー上の検索ボックスから検索することもできます。

ヒント

アプリを起動する

［検索］ボックスを使用してアプリを起動することもできます。たとえば、検索キーワードとしてアプリの名前を入力し、表示されるアプリの項目をクリックすると、アプリが起動します。29ページを参照してください。

② ファイルを開く

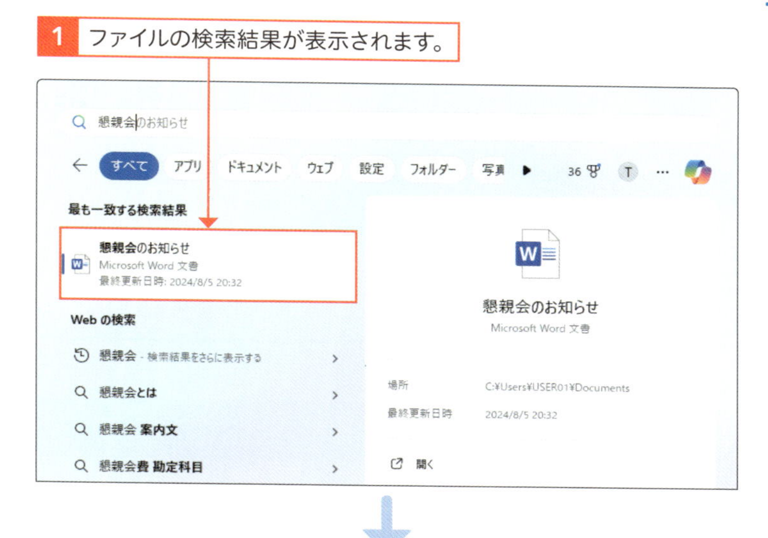

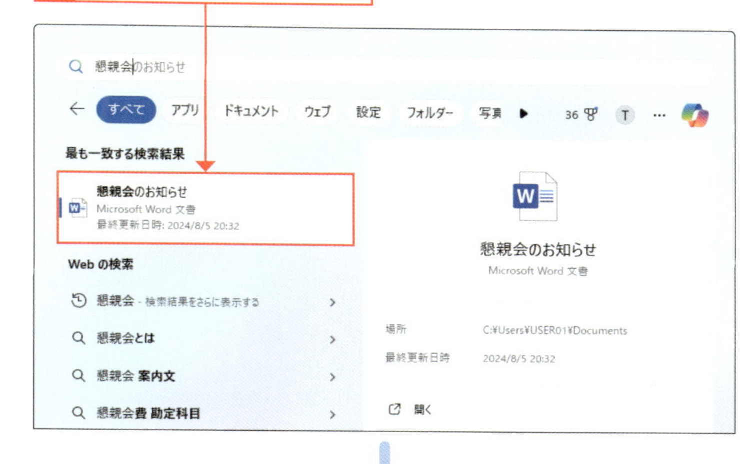

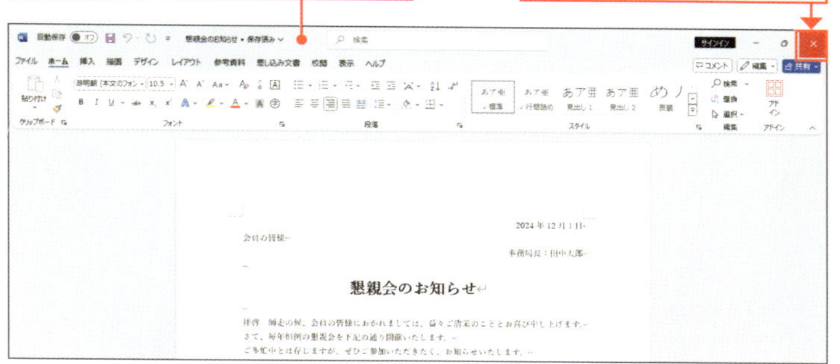

ヒント
インターネットの情報を検索する

［検索］ボックスを使用すると、インターネットの情報を検索することもできます。インターネットで検索したいキーワードを入力し、検索候補の中から🔍の項目をクリックすると、「Microsoft Edge」が起動して検索結果が表示されます。

2 ファイル名をクリックします。

3 ファイルを作成したアプリが起動してファイルが開きます。

4 ここをクリックしてファイルを閉じます。

Section 80

文字やアプリの表示を見やすく拡大したい

ここで学ぶこと

- 設定
- 文字サイズ
- 拡大／縮小

パソコンの文字が読みづらい場合は、文字を大きく変更してみましょう。ここでは、2通りの方法を紹介します。1つ目は、文字やアプリの操作のボタンなどを大きく表示します、2つ目は、画面全体を拡大してファイルアイコンやアプリの操作のボタンなどを大きく拡大します。

1 設定画面を表示する

解説

設定画面を表示する

設定画面を表示して、文字の大きさを変更します。設定画面の左側のナビゲーションが表示されていない場合は、画面左上の☰をクリックしてナビゲーションを表示します。

ヒント

検索して表示する

設定画面を表示するには、検索機能を利用することもできます。たとえば、タスクバーの検索ボックスに「テキストのサイズ」と入力し、表示される［テキストのサイズを大きくする］をクリックすると、設定画面が開きます。

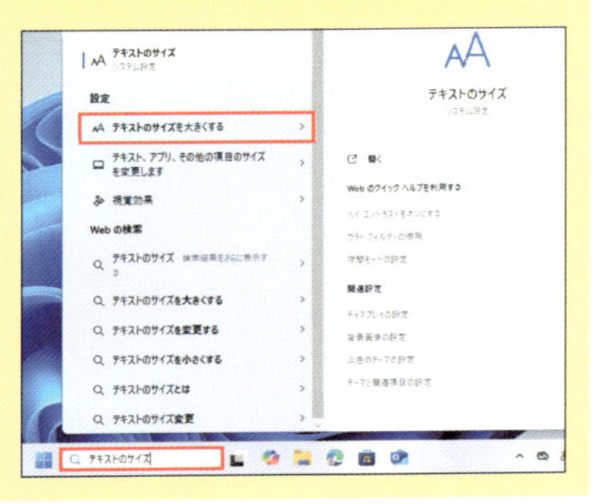

1 ［スタート］ボタンをクリックします。
2 ［設定］をクリックします。
3 左の［アクセシビリティ］

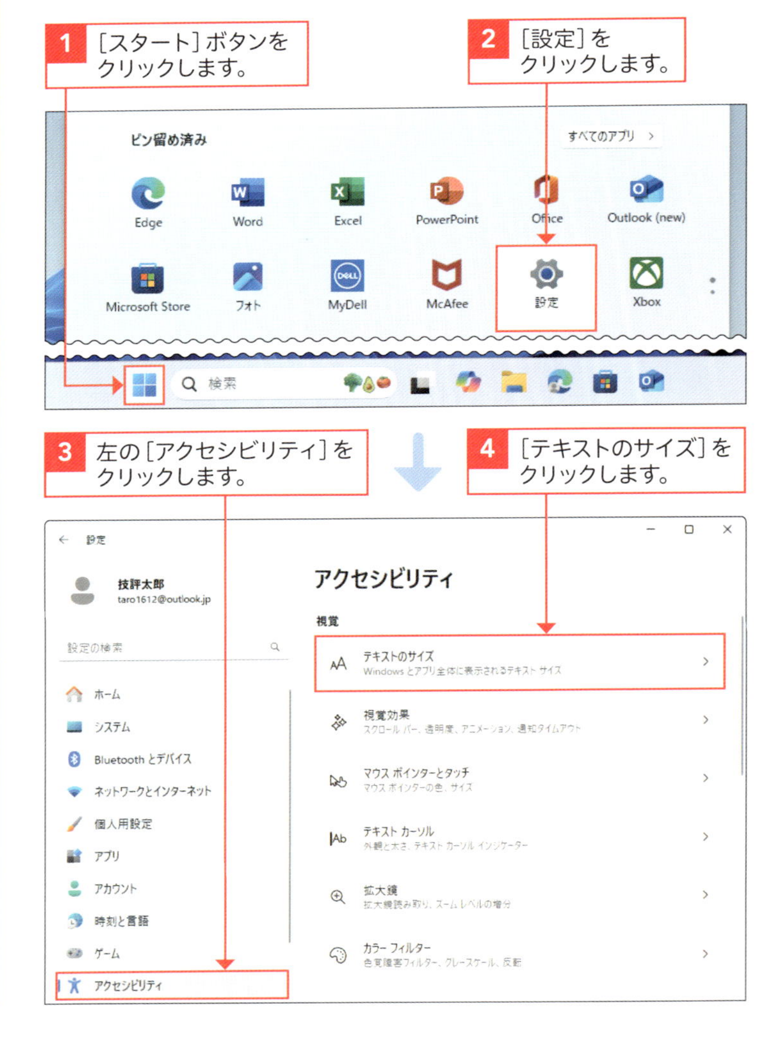

2 文字サイズのみを変更する

解説

文字の大きさを変更する

文字の大きさは、通常「100%」になっています。テキストサイズのプレビューを見ながら大きさを指定します。

1 ［テキストのサイズ］のここをドラッグして文字の大きさを調整します。

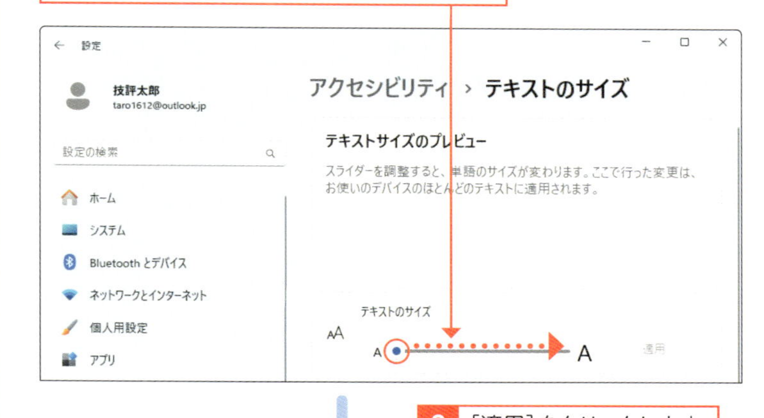

2 ［適用］をクリックします。

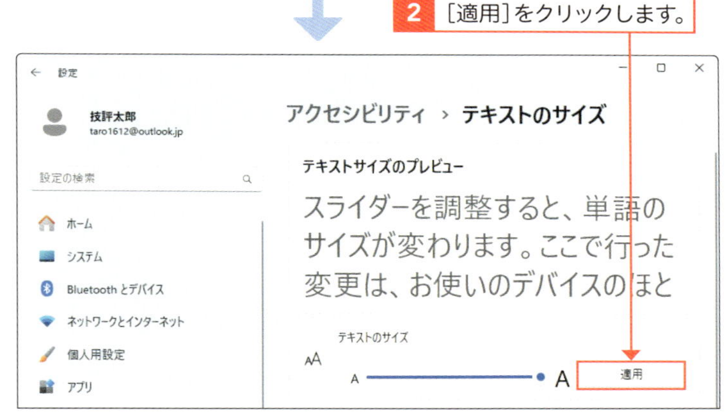

3 「お待ちください」の画面が一瞬表示されます。

4 文字の大きさが大きくなります。

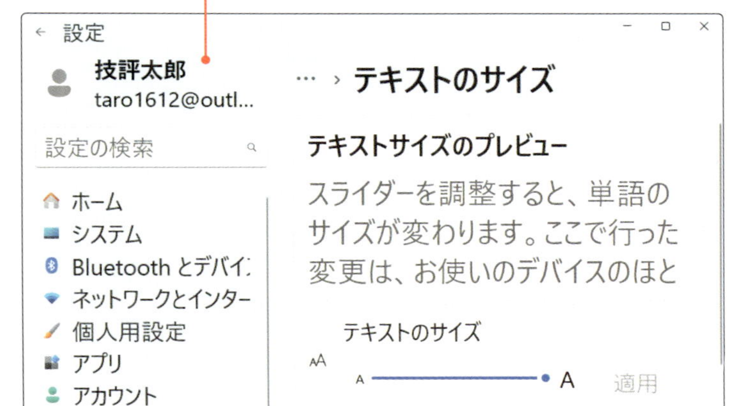

文字の大きさが変わる

テキストのサイズを変更すると、ファイルアイコンの下のファイル名や、アプリのタブの文字の大きさ、アプリの操作のボタンなどが大きくなります。開いているウィンドウの大きさ、ファイルのアイコンの大きさ、メモ帳やWordやExcelなどのアプリで、自分で入力する文字の大きさなどは変わりません。

③ アプリと文字の表示サイズを大きくする

解説

画面を拡大する

パソコンの画面を拡大して表示します。文字の大きさだけでなく、表示しているウィンドウの大きさやタスクバーの大きさなどが一回り大きく表示されます。設定できる倍率はパソコンによって異なります。

1 ここでは、前のページで変更した文字の大きさを元に戻した状態で操作します。

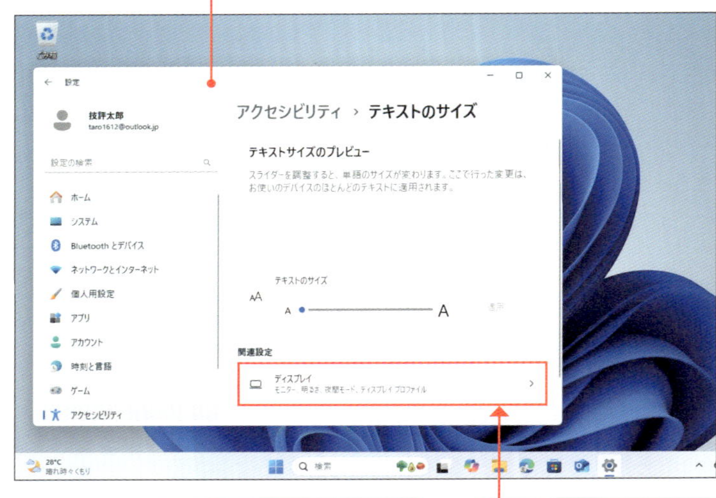

2 202ページの方法で、テキストのサイズを変更する画面を開きます。

3 ［ディスプレイ］をクリックします。

4 ［拡大/縮小］のここをクリックします。

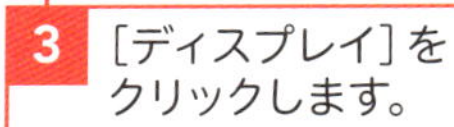

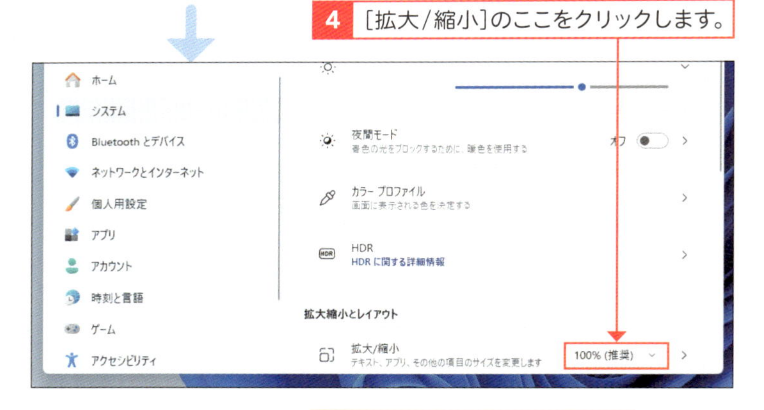

5 「125%」をクリックします。

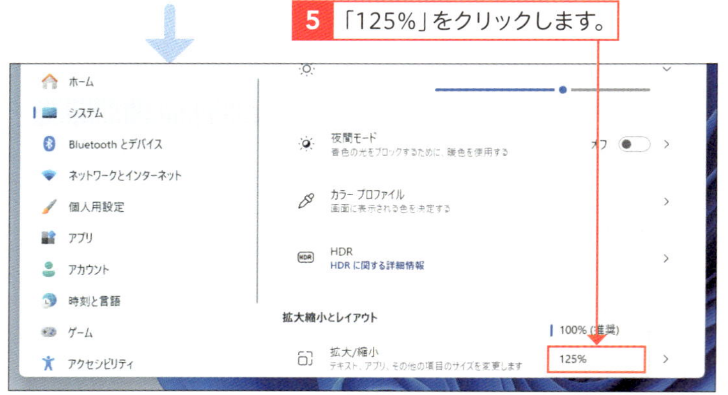

ヒント

ファイルのアイコンの表示方法を変更する

デスクトップ画面の、ファイルやフォルダーのアイコンの表示方法は、変更することができます。デスクトップ画面で右クリックし、［表示］にマウスポインターを移動し、表示方法を変更します。

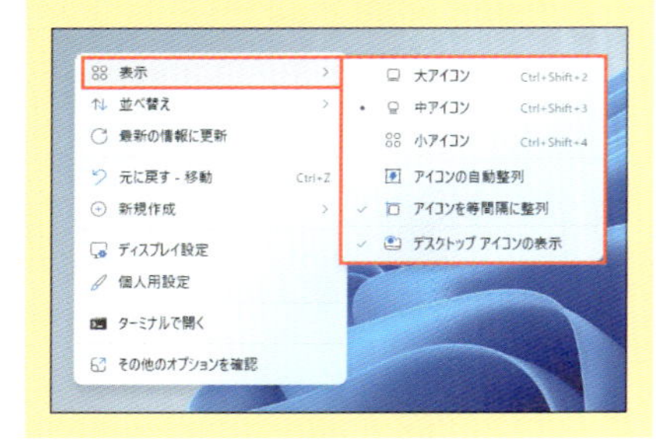

設定を元に戻す

画面を拡大したあと、元に戻すには、前のページの方法で設定画面を表示し、[拡大縮小] で「100%」を選択します。

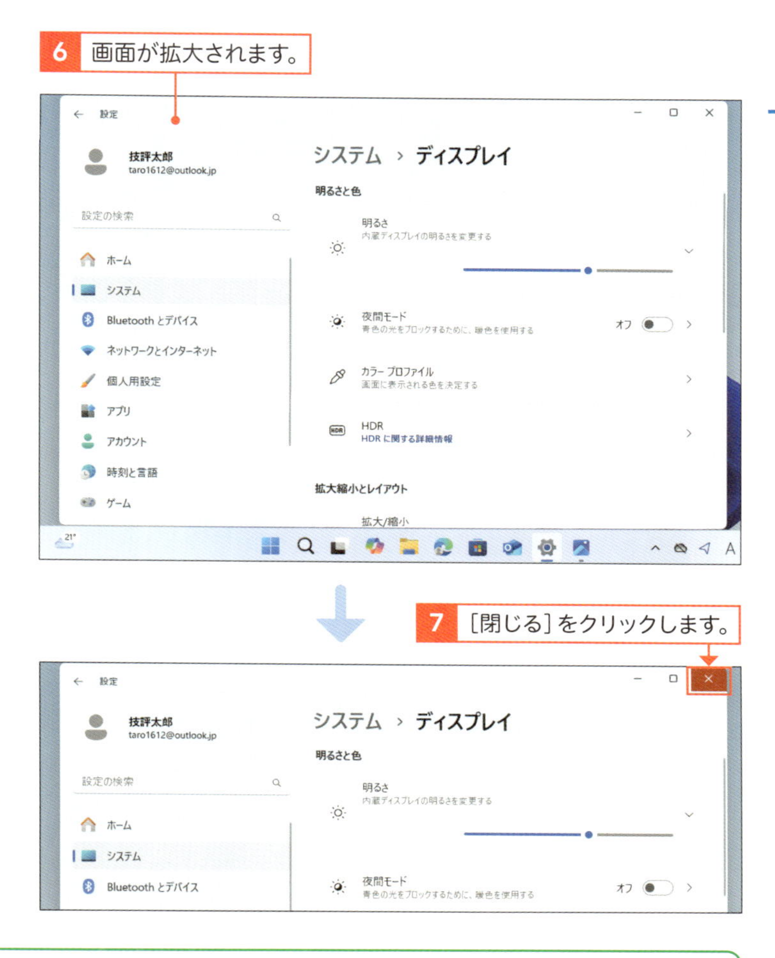

解像度を変更する

パソコンの画面は、たくさんのピクセル(ドット)という点で構成されています。画面の横と縦のピクセルの数を解像度といいます。たとえば、「1920 × 1080」のように表します。解像度が高いほど、画面により多くのものを表示できるので、情報量が多くなります。ディスプレイの解像度は変更できます。変更できる設定値は、ノートパソコンによって異なります。

Section
81 パソコンやアプリが動かなくなった

ここで学ぶこと

- 電源ボタン
- ロック画面
- タスクマネージャー

パソコンの操作がまったくできなくなったり、特定のアプリが動かなくなったりした場合は、パソコンを強制終了したり、強制的にアプリを終了したりして対処する方法があります。ただし、この方法で終了した場合、保存していないデータは消えてしまうことが多いので注意します。

1 パソコンを強制終了する

解説

強制的に電源を切る

電源ボタンを長押しすると、多くの場合、強制的にパソコンが終了します。この方法は、30ページの方法でパソコンを終了できないときに使用します。終了できない場合は、パソコンに接続しているケーブルなどを外してもう一度電源ボタンを長押しします。

1 電源ボタンを押し続けます。

2 電源が切れたら、改めて電源ボタンを押して電源をオンにします。

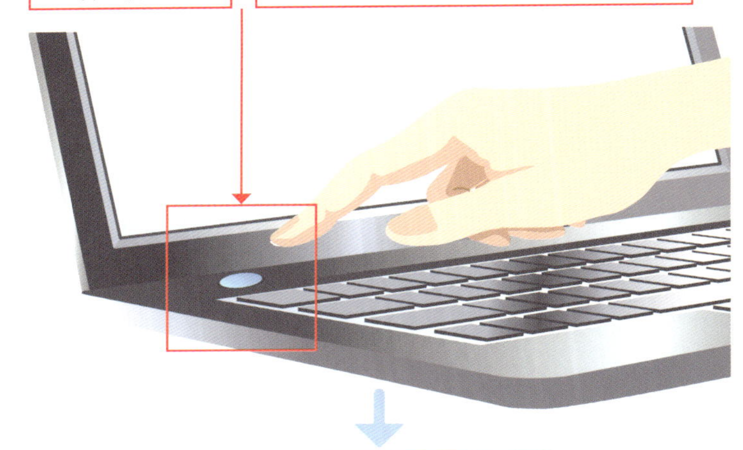

3 ロック画面が表示されたら、いずれかのキーを押してパソコンを起動します。

② アプリを強制終了する

解説
タスクマネージャーで強制終了する

特定のアプリの操作ができない場合は、少し時間をおいて回復するのを待ちましょう。回復しない場合、強制的に終了するには、[スタート]ボタンを右クリックして[タスクマネージャー]をクリックします。表示される画面の[プロセス]をクリックし、応答のないアプリをクリックして[タスクを終了する]をクリックします。ただし、終了したアプリで保存していないデータは、消えてしまうことが多いので注意します。

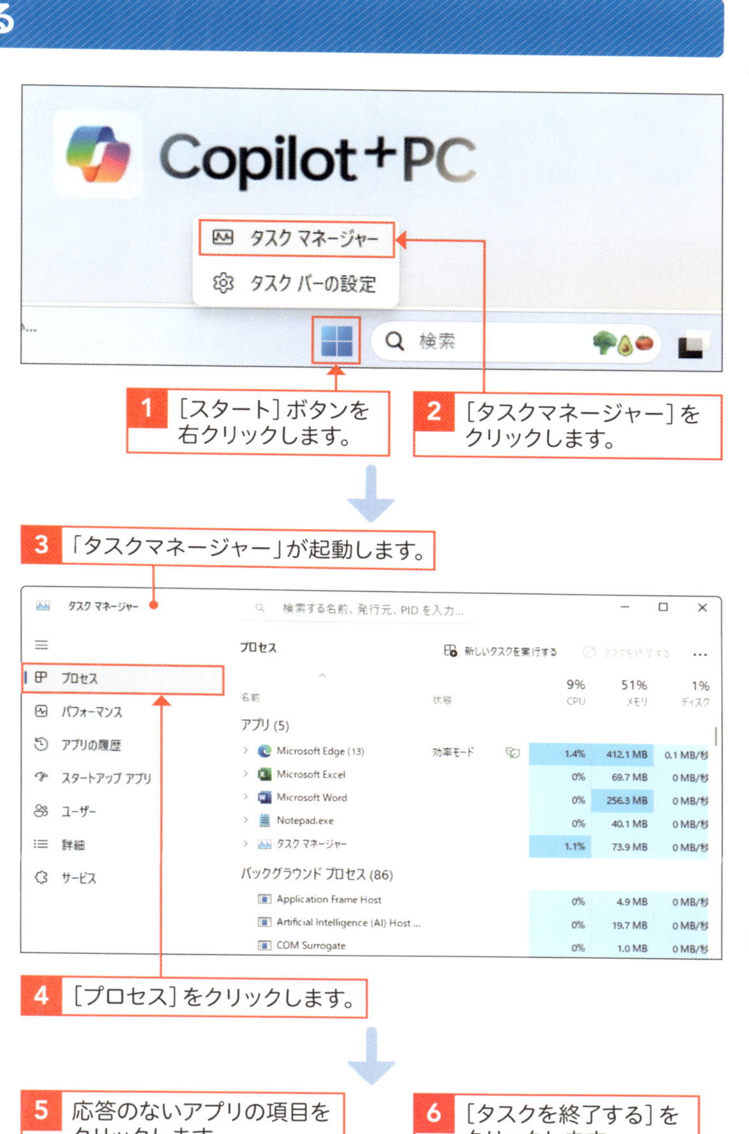

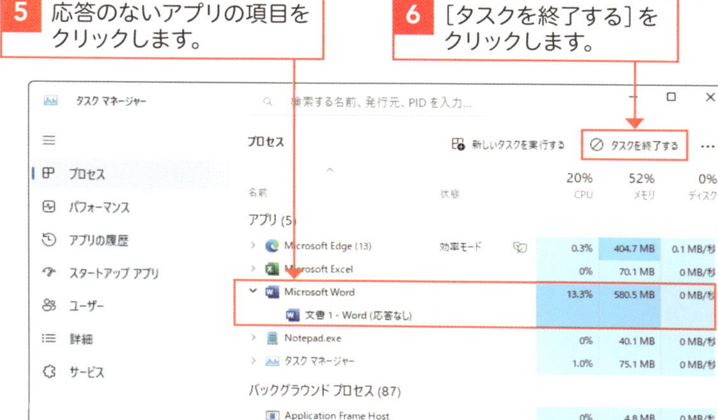

タスクマネージャーを起動する

「タスクマネージャー」は、キーボード操作で起動することもできます。Ctrl キーと Alt キーを同時に押しながら、Delete キーを押すと表示される画面で、[タスクマネージャー]をクリックします。

Section

82 ファイルをUSBメモリー／SDカードに保存したい

ここで学ぶこと

- USBメモリー
- SDカード
- 保存

パソコンに保存したファイルを外出先でも利用するには、いくつかの方法があります。インターネット経由ではなく、ファイルを実際に持ち歩く場合は、USBメモリーやSDカードにコピーして利用する方法があります。パソコンにUSBメモリーやSDカードを接続してコピーします。

1 USBメモリーにファイルを保存する

重要用語

USBメモリー

USBメモリーとは、データを保存する機器です。パソコンのUSBの接続口に挿して利用します。数センチくらいの大きさなので、ファイルの持ち運びに手軽に利用できます。USBメモリーの容量は、製品によって異なります。

USBメモリーのセキュリティ機能について

USBメモリーの中には、セキュリティ機能がついていて、利用するときに、パスワードの入力などが必要になることもあります。その場合の使用方法は、USBメモリーの操作説明書をご確認ください。

1 USBメモリーをパソコンに接続します。

2 「エクスプローラー」を起動します（60ページ参照）。

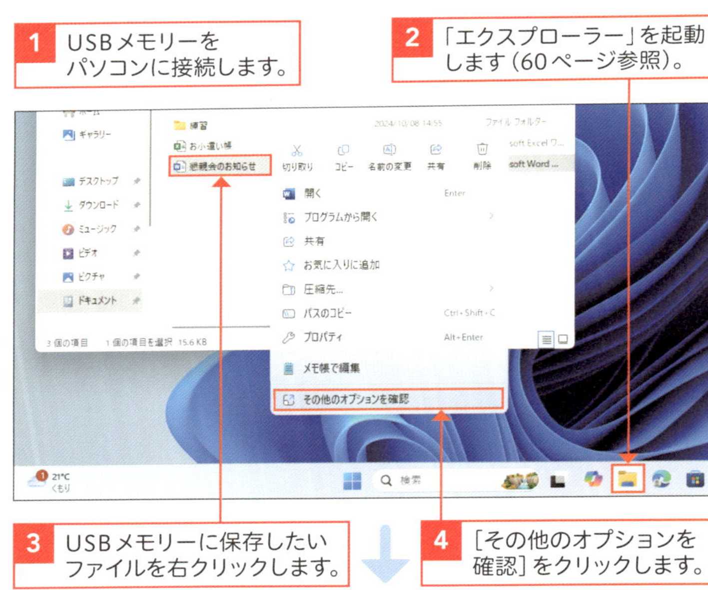

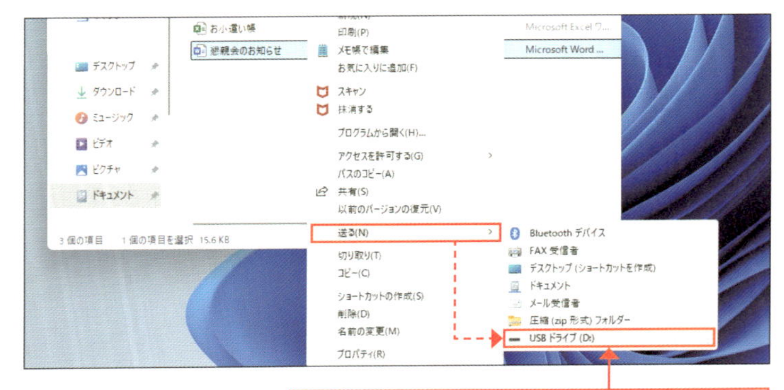

5 ［送る］－［USBドライブ］をクリックします。

② USBメモリーを取り外す

ファイルをコピーする

ファイルをコピーするには、ファイルを右クリックして、[その他のオプションを確認]をクリックし、[送る]にマウスポインターを合わせ、コピー先のUSBメモリーをクリックします。または、USBメモリーの中身が表示されているウィンドウにファイルをドラッグします。

安全に取り外す

パソコンに接続したUSBメモリーをいきなり抜いてしまうと、データが破損してしまうこともありますので注意が必要です。安全に取り外せる状態にし、メッセージを確認してから取り外します。

接続したときの動作を指定する

USBメモリーを接続すると、次のようなメッセージが表示される場合があります。メッセージをクリックすると、USBメモリーを接続したときに常に行う動作を選択できます。

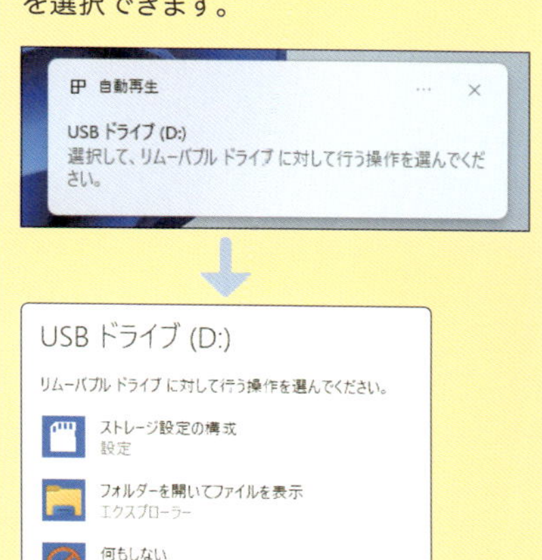

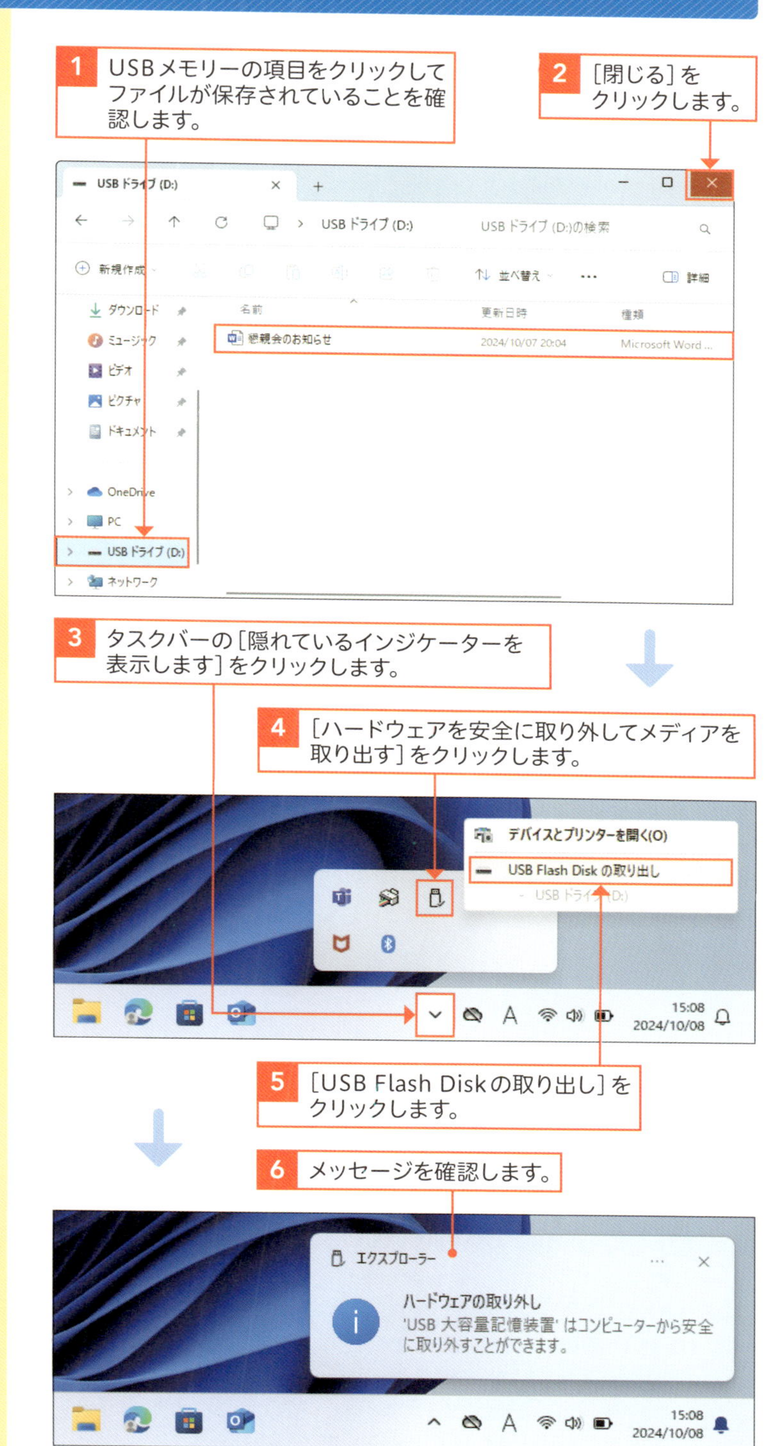

4 [ハードウェアを安全に取り外してメディアを取り出す]をクリックします。

5 [USB Flash Diskの取り出し]

③ SDカードにファイルを保存する

重要用語

SDカード

SDカードには、さまざまな種類があります。まず、大きさの違いとして、SDカードサイズやmicroSDカードサイズなどがあります。また、SDカードの容量の違いとしては、以下のような規格があります。自分のノートパソコンがどの規格のSDカードをサポートしているかを確認して使用しましょう。

規格	容量
SDカード	2GBまで
SDHCカード	4GB～32GB
SDXCカード	64GB～2TB
SDUCカード	4TB～128TB

ヒント

カードリーダー

パソコンにSDカードの接続口が付いていない場合、SDカードリーダーを使用する方法があります。SDカードリーダーは、USBなどで接続して利用できます。また、SDカードサイズの接続口しかないパソコンでも、microSDカードアダプターを使えば、microSDカードを読み込むことができます。

1 SDカードをパソコンに接続します。

2 「エクスプローラー」を起動します（60ページ参照）。

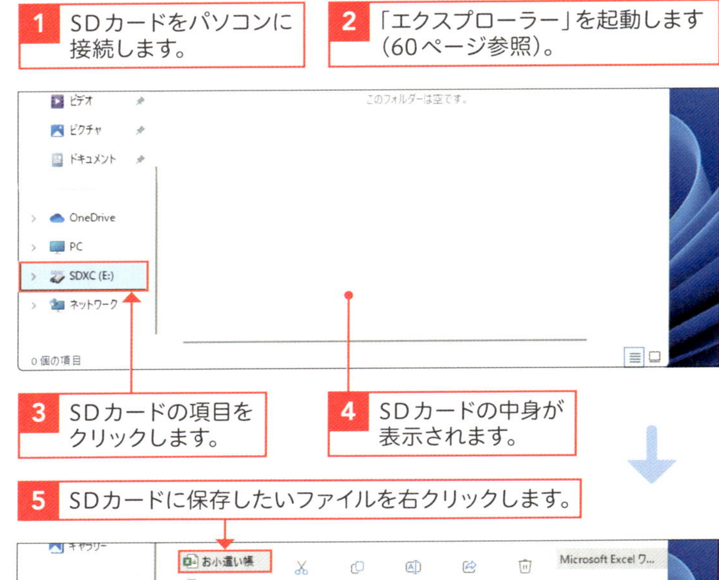

3 SDカードの項目をクリックします。

4 SDカードの中身が表示されます。

5 SDカードに保存したいファイルを右クリックします。

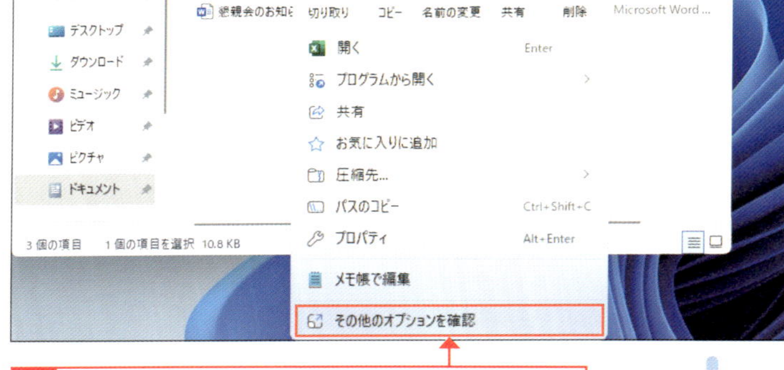

6 [その他のオプションを確認]をクリックします。

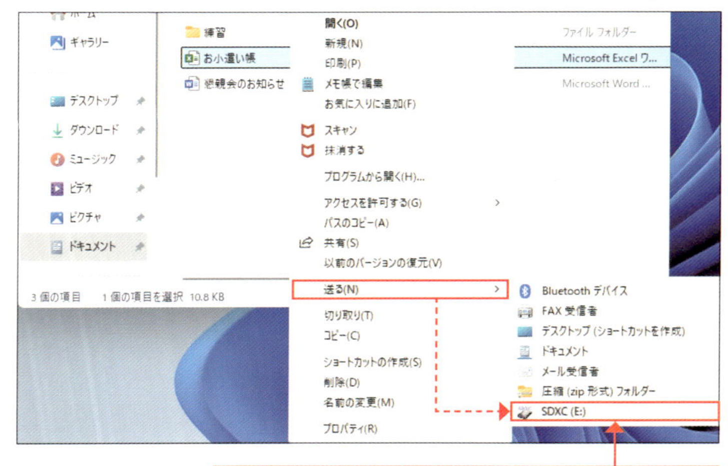

7 [送る]－[SDカードの項目]をクリックします。

4 SDカードを取り外す

安全に取り外す

SDカードをパソコンから取り外すときは、安全に取り外せる状態にします。メッセージを確認してから、取り外します。

1 SDカードをクリックして、ファイルが保存されていることを確認します。

2 ［閉じる］をクリックします。

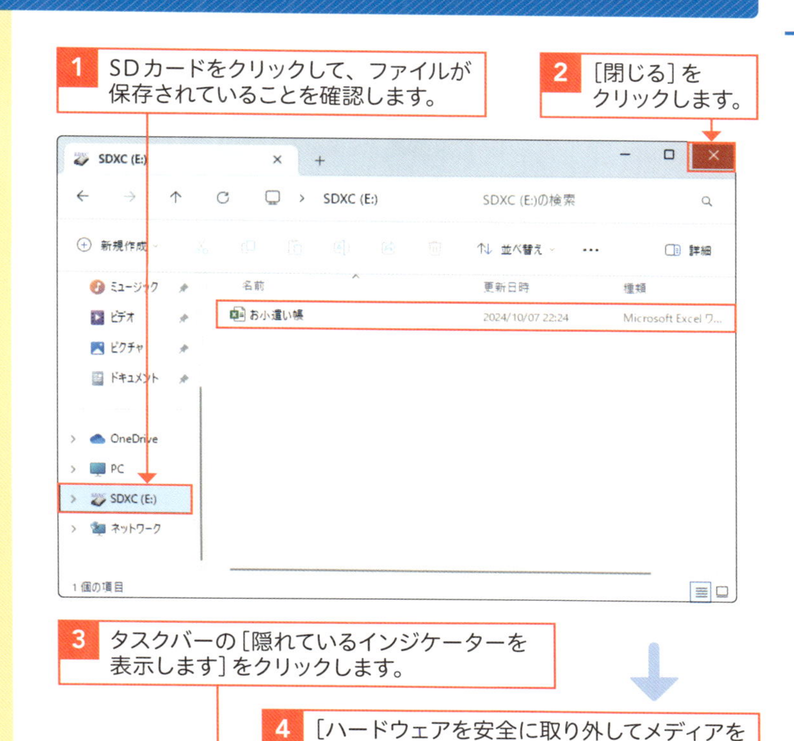

3 タスクバーの［隠れているインジケーターを表示します］をクリックします。

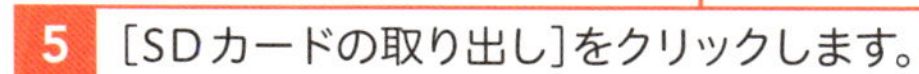

4 ［ハードウェアを安全に取り外してメディアを取り出す］のアイコンをクリックします。

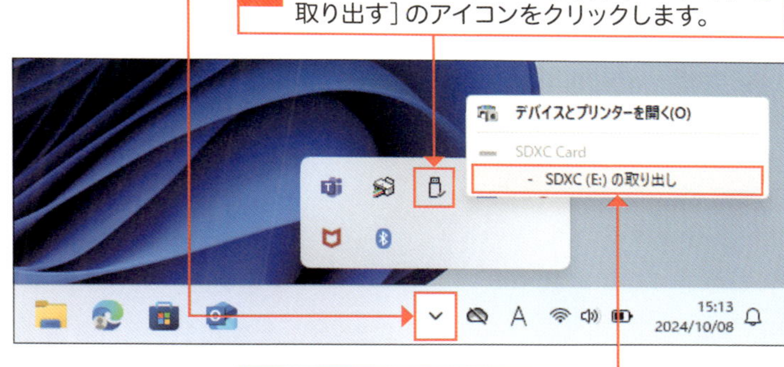

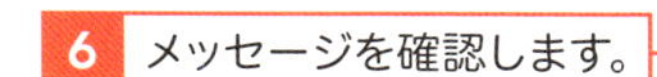

5 ［SDカードの取り出し］をクリックします。

6 メッセージを確認します。

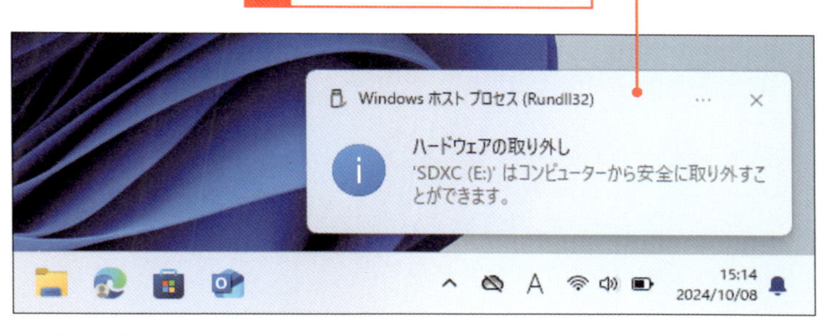

7 SDカードを取り外します。

接続したときの動作を指定する

SDカードを接続すると、次のようなメッセージが表示される場合があります。このとき、メッセージをクリックすると、SDカードを接続したときに常に行う動作を選択できます。

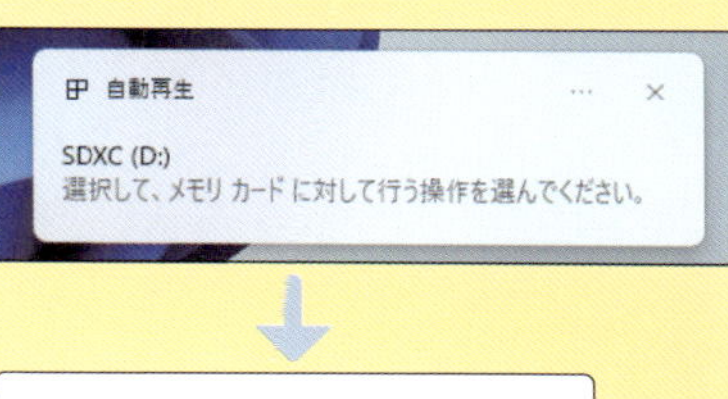

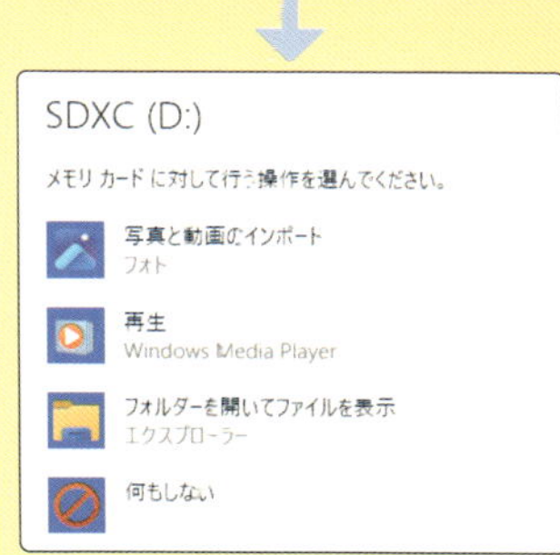

Section
83 ドライブの空き容量を確認したい

ここで学ぶこと
- ハードディスク
- 空き容量
- ディスククリーンアップ

パソコンの中には、データを保存するドライブがあります。ドライブの空き容量が少ないとパソコンの動作が遅くなることがあります。余計なファイルを削除したり、自分で作成したファイルを他の場所に移動したりすると、空き容量を増やせます。

1 空き容量を確認する

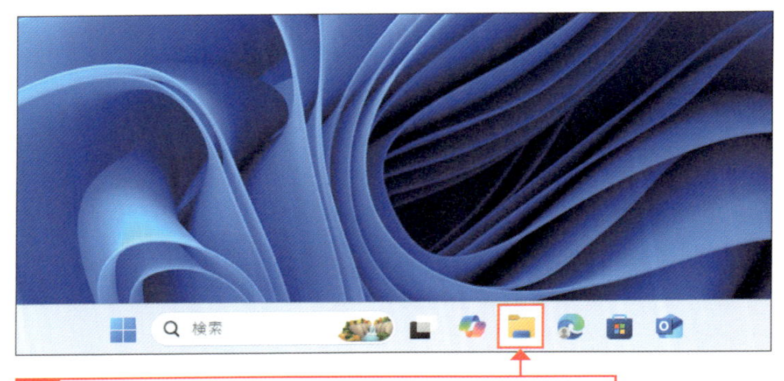

1 タスクバーの[エクスプローラー]をクリックします。

2 [PC]をクリックします。

3 ドライブの空き容量が表示されます。

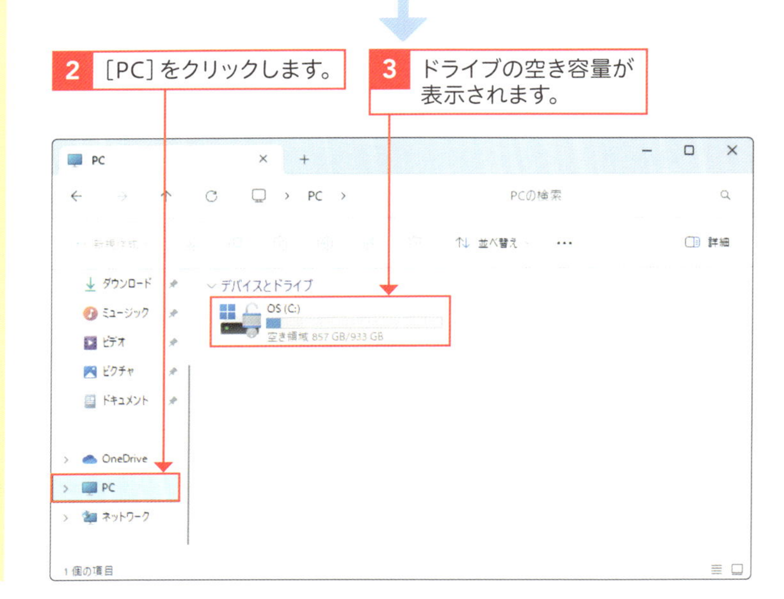

解説
複数ある場合もある

パソコンによっては、ドライブの中身が複数に分かれていたり、ドライブが複数あったりする場合があります。また、Windows 11がインストールされているドライブには、Windowsのマークが表示されます。

ヒント
表示されない場合

ドライブのアイコンが表示されない場合は、をクリックします。

ヒント
HDDとSSD

最近のパソコンは、データを保存するのにハードディスクドライブ(HDD)ではなくSSD(ソリッドステートドライブ)が搭載されているものが多くあります。SSDは、HDDより高速で静かという特徴があります。

② 詳細を確認する

余計なファイルを消す

エクスプローラーの画面で余計なファイルを削除したいドライブをクリックし、[もっと見る]をクリックして[クリーンアップ]をクリックすると、削除候補のファイルを選択してまとめて削除できます。

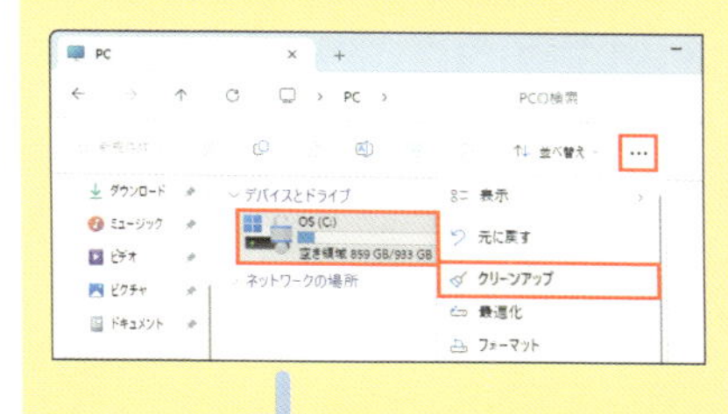

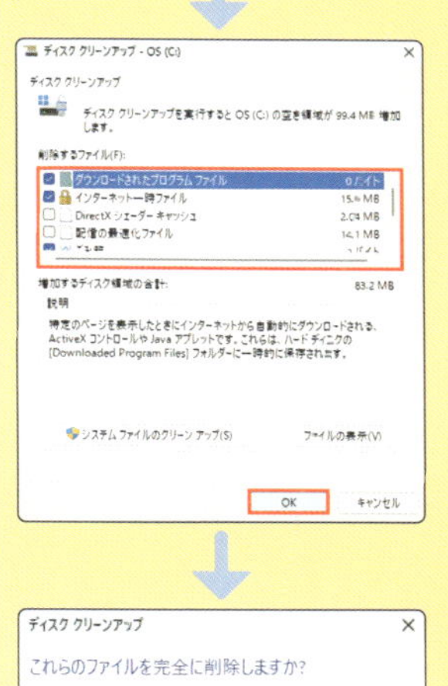

ヒント

外付けドライブ

パソコンに外付けHDDや外付けSSDを接続すると、ファイルを保存する場所を増やすことができます。外付けドライブを選択するときは、ドライブの種類や容量、大きさ、パソコンとの接続方法などを確認しましょう。USB接続で利用できるコンパクトサイズのものなども多くあり、手軽に利用できます。

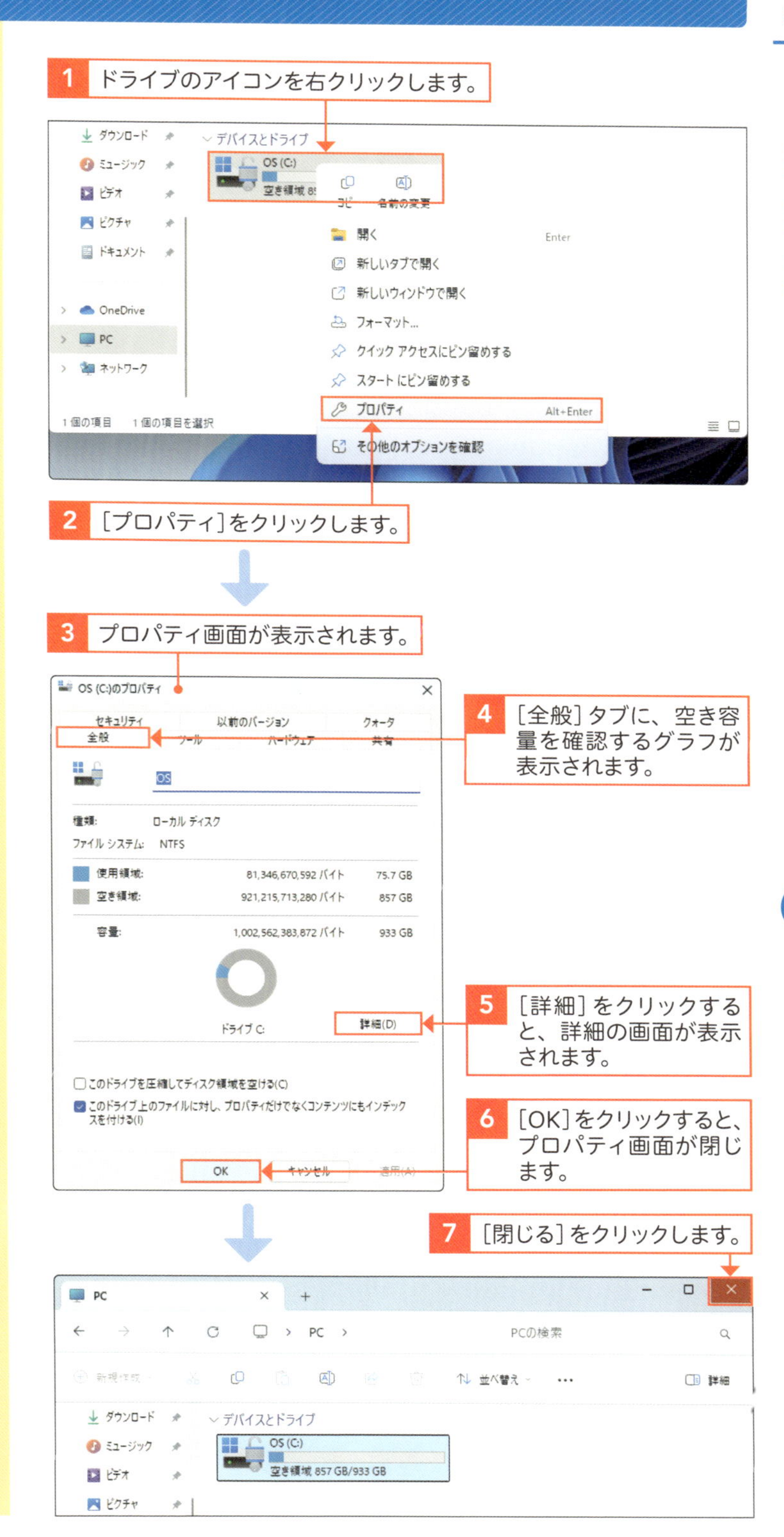

1 ドライブのアイコンを右クリックします。
2 [プロパティ]をクリックします。
3 プロパティ画面が表示されます。
4 [全般]タブに、空き容量を確認するグラフが表示されます。
5 [詳細]をクリックすると、詳細の画面が表示されます。
6 [OK]をクリックすると、プロパティ画面が閉じます。
7 [閉じる]をクリックします。

Section
84 アプリをアンインストールしたい

ここで学ぶこと

- アプリ
- 設定
- アンインストール

パソコンにアプリなどのソフトを追加することを、インストールといいます。逆に、ソフトを削除することをアンインストールといいます。ここでは、パソコンにインストールされているアプリを確認し、不要なアプリをアンインストールする方法を紹介します。

1 インストールされているアプリを確認する

解説

アプリを確認する

パソコンにインストールされているアプリを確認するには、設定画面を確認します。パソコンには、あらかじめさまざまなアプリがインストールされています。

1 202ページの方法で、設定画面を表示します。

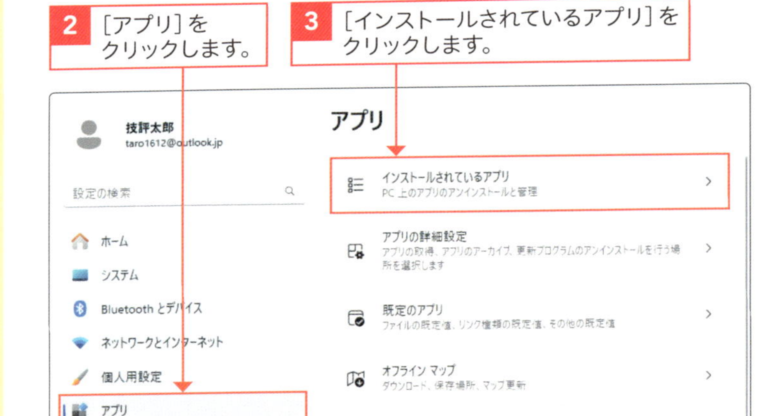

4 パソコンにインストールされているアプリの一覧が表示されます。

ヒント

アプリの容量について

インストールされているアプリの一覧のアプリの右側には、アプリのおおよそのファイル容量が表示されます。不要なアプリをアンインストールすることで、アプリが使用しているファイルが消えるので、パソコンのドライブの空き容量を増やすことができます。

② アンインストールする

アプリの詳細を確認する

手順2の画面で表示される項目はアプリによって異なります。[詳細オプション]をクリックすると、アプリの詳細画面が表示されます。詳細画面で選択しているアプリを修復したり、リセットしたりできます。

アプリを追加する

アプリを追加するには、「ストア」アプリから利用したいアプリを探して入手する方法があります。「ストア」アプリは、タスクバーの「ストア」アプリのアイコンをクリックして表示できます。「ストア」アプリには、たくさんのアプリが用意されていて、無料のアプリも多くあります。また、市販のアプリを追加する方法は、対象のアプリの説明などを確認してください。

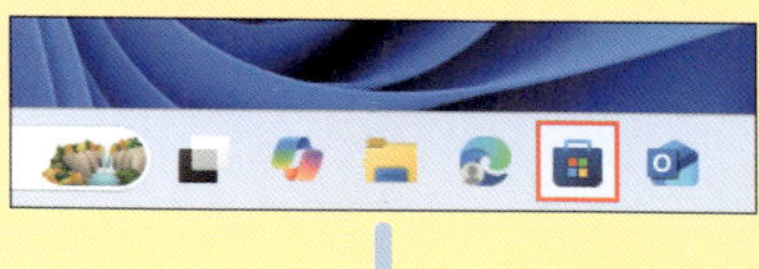

1 画面をスクロールして削除したいアプリを探します。

2 削除するアプリの[その他のオプション]をクリックし、[アンインストール]をクリックします。

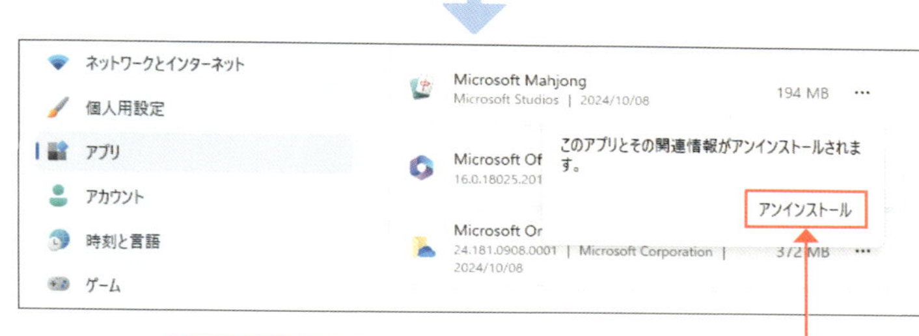

3 確認メッセージが表示されます。
削除するには、[アンインストール]をクリックします。

4 アプリがアンインストールされます。

5 ここをクリックして設定画面を閉じます。

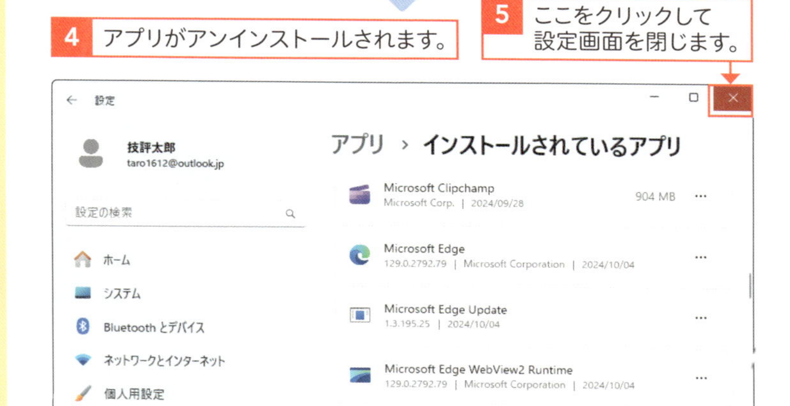

Section

85 手軽にビデオ通話がしたい

ここで学ぶこと

- ビデオ通話
- Microsoft Teams
- カメラ

パソコンを使ってビデオ通話をするには、Webカメラやマイクを使います。ほとんどのノートパソコンには、Webカメラやマイクがあらかじめ付いていますので、かんたんにビデオ通話をすることができます。ここでは、「Microsoft Teams」というアプリを使ってビデオ通話する方法を紹介します。

1 「Microsoft Teams」を起動する

解説

「Microsoft Teams」を使う

「Microsoft Teams」とは、Windows 11に付属しているアプリの1つです。ビデオ通話やメッセージのやり取りをするチャットなどができます。

ヒント

アカウントについて

Microsoftアカウントを取得している場合、「Microsoft Teams」でMicrosoftアカウントを使用できます。ここでは、Microsoftアカウントを使用して「Microsoft Teams」を利用しています。

補足

ようこそ画面が表示された場合

「ようこそ」の画面が表示された場合は、画面の内容を確認します。[続行]、または[別のアカウントを使用]をクリックしてサインインします。続いて、画面を大きく表示します。「Microsoft Teams」の説明動画が表示された場合は、[始めましょう]をクリックします。

1 28ページの方法でスタートメニューを表示します。

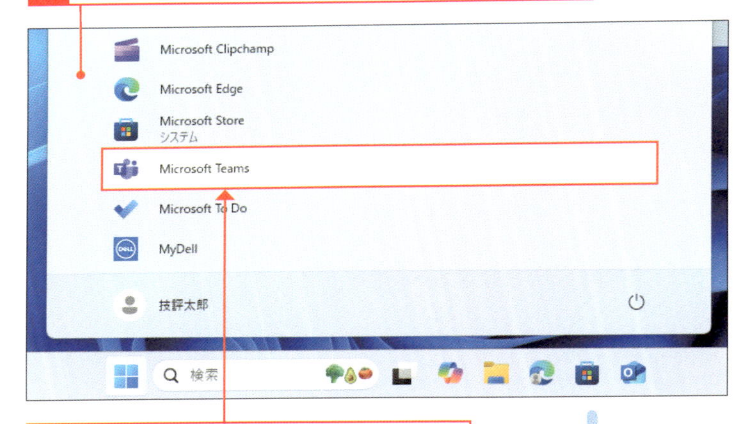

2 [Microsoft Teams]をクリックします。

3 次の画面が表示された場合は、[サインイン]をクリックします。

4 続いて、Microsoftアカウントのメールアドレスを入力してサインインします。

2 ビデオ通話の準備をする

会議を開始する

会議を開始すると、会議の画面を開くURLが表示されます。このURLを参加者に伝えて、URLのページを開いてもらうとビデオ通話ができます。参加者がWindows 11を利用している場合は、「Microsoft Teams」やブラウザーを使ってビデオ通話ができます。

メールでURLを送る

会議の画面を開くURLを、参加者にメールで送るには、手順5の画面で[メールで共有]をクリックします。すると、メールをやり取りするアプリが開き、会議の案内が書かれた新規メールが自動的に表示されます。宛先に参加者を指定してメールを送ります。何時から会議をするかも伝えておきましょう。

補足

他の方法で会議を開始する

会議を開始するには、画面左の[チャット]をクリックし、カメラのマークをクリックする方法もあります。

1 ここをクリックして画面を最大化します。

2 [今すぐ会議]をクリックします。　**3** 会議の名前を入力します。

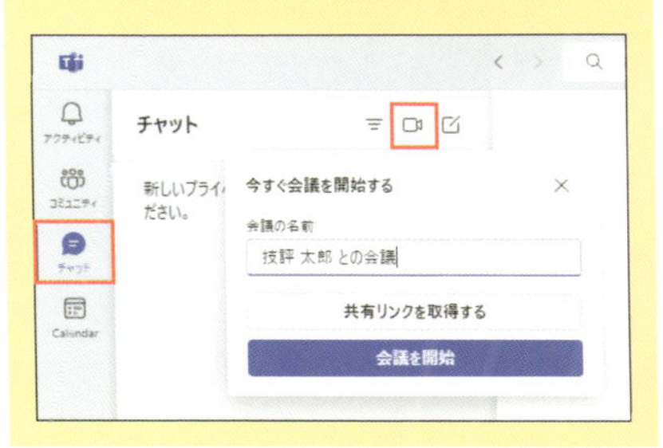

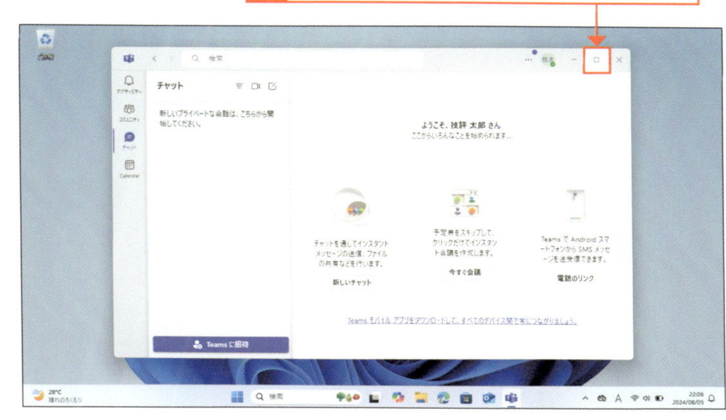

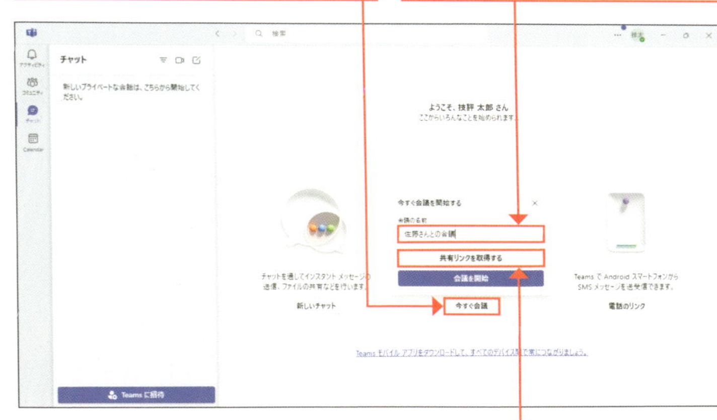

4 [共有リンクを取得する]をクリックします。

同時にURLがコピーされます。

6 ここをクリックしても、会議の画面を開くURLをコピーできます。

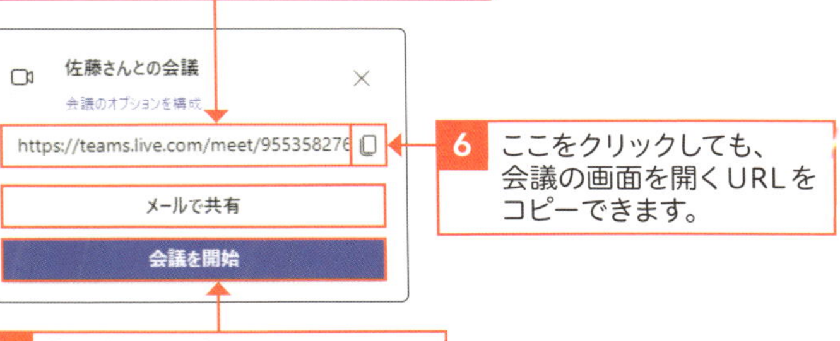

7 [会議を開始]をクリックします。

3 会議を開始する

会議の画面を開く

前のページの手順7の方法で、会議を開始します。会議を開始する画面を間違って閉じてしまった場合は、Microsoft Teamsの画面上部の［検索］ボックスに、前のページの手順3で指定した会議の名前を入力して検索された会議に参加します。または、Edgeを起動し、参加者に伝えた会議の画面を開くURLのページを開き、［Teamsアプリで参加する］をクリックします。

ヒント 相手に参加してもらう

会議を開始したら、ビデオ通話相手に会議に参加してもらいましょう。相手が、217ページで表示したURLをブラウザーで開くと、「Microsoft Teams」で開くか確認メッセージが表示されます。ゲストとして参加するか、Microsoft アカウントでサインインして参加するか選択できます。

注意 カメラが映らない

カメラが動作しない場合、アプリにカメラのアクセスを許可しているか確認します。「設定」画面を開き、左側の［プライバシーとセキュリティ］の項目を選択します。続いて表示される画面で［カメラ］を選択し、「Microsoft Teams」にカメラの使用を許可します。また、パソコンの上部や側面にカメラのオン／オフを切り替えるスイッチがある場合もあります。

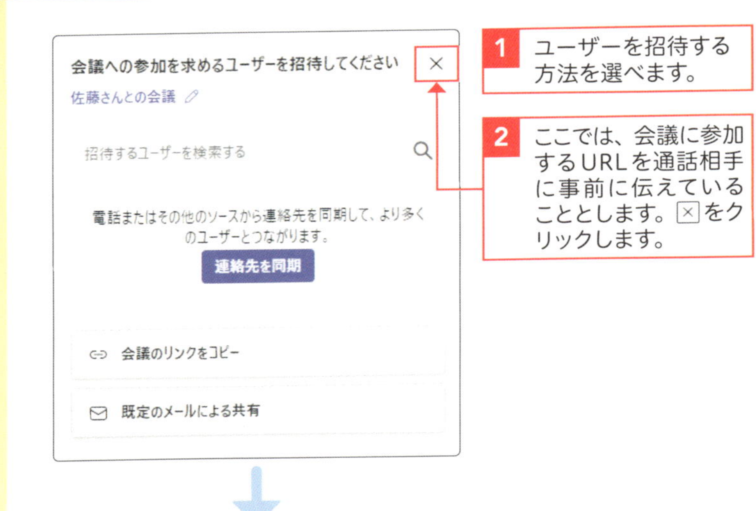

1 ユーザーを招待する方法を選べます。

2 ここでは、会議に参加するURLを通話相手に事前に伝えていることとします。☒をクリックします。

3 カメラとマイクを準備します。ここをクリックすると、カメラやマイクをオンに切り替えられます。

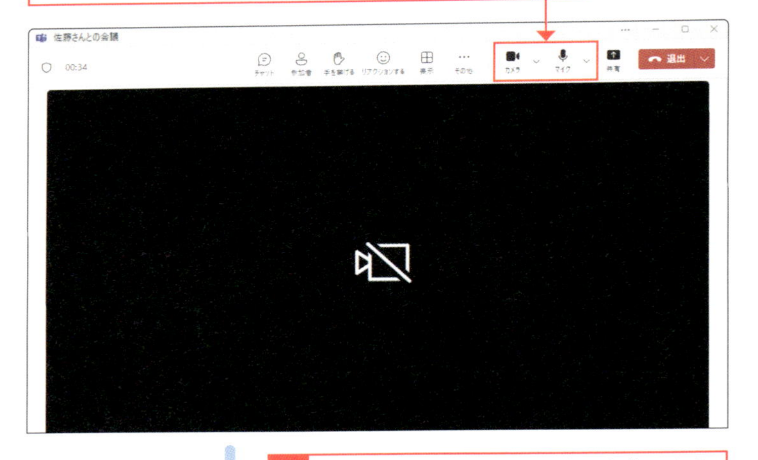

4 ここをクリックして、画面を最大化します。

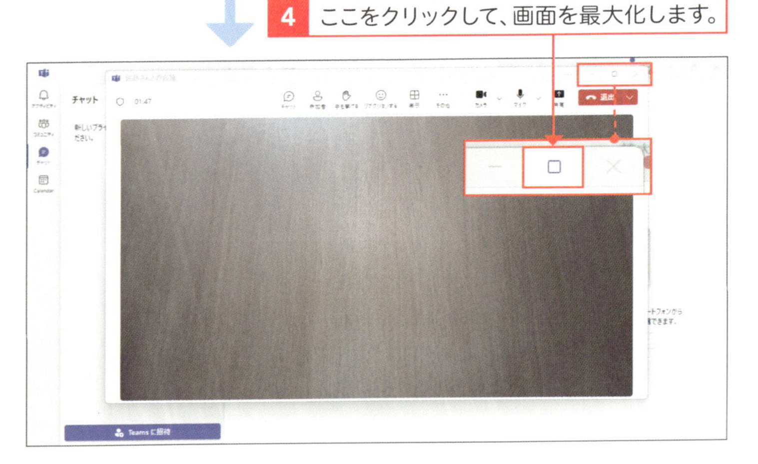

4 ビデオ通話をする

解説 ビデオ通話をする

ビデオ通話相手が会議に参加しようとすると、ロビーで待機した状態になります。会議を開始した人は、参加を許可するか指定します。

解説 ビデオ通話を終了する

複数の人数でビデオ通話をしている場合などで、自分だけ会議から退出する場合は、［退出］をクリックします。会議を終了する場合は、手順4のように操作します。

ヒント 通話中の画面について

ビデオ通話中に、右上のボタンをクリックすると、次のようなことができます。

ボタン	内容
チャット	メッセージのやり取りをします。
参加者	参加者の一覧を表示します。
手を挙げる	発言時などに挙手していることを伝えます。
リアクションする	絵文字などを表示します。
表示	画面の表示方法を変更します。
その他	この会議に関するさまざまな設定を変更します。
カメラ	カメラのオンとオフを切り替えます。
マイク	マイクのオンとオフを切り替えます。
共有	ビデオ通話相手とパソコンの画面を共有したりします。

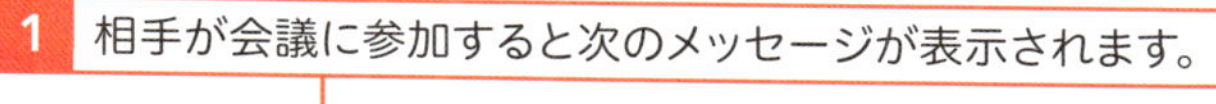

1 相手が会議に参加すると次のメッセージが表示されます。

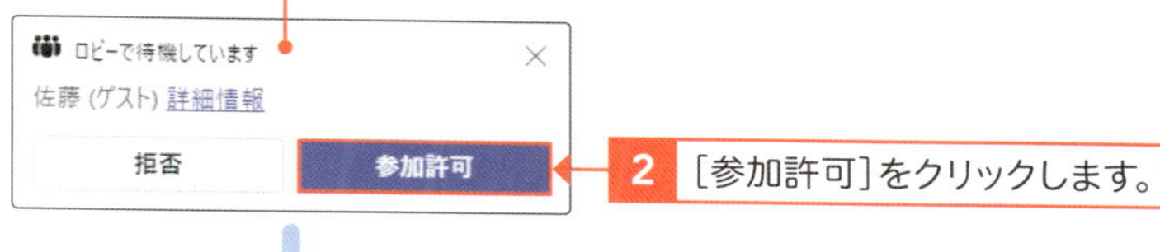

2 ［参加許可］をクリックします。

3 ビデオ通話が始まります。中央に相手のカメラの画面、右下に自分のカメラの画面が表示されます。

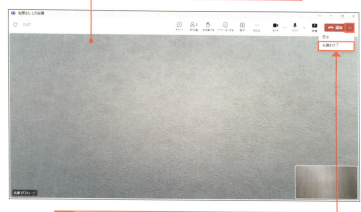

4 会議を終了するには、［退出］の横の をクリックし、［会議を終了］をクリックします。

5 確認メッセージが表示されます。

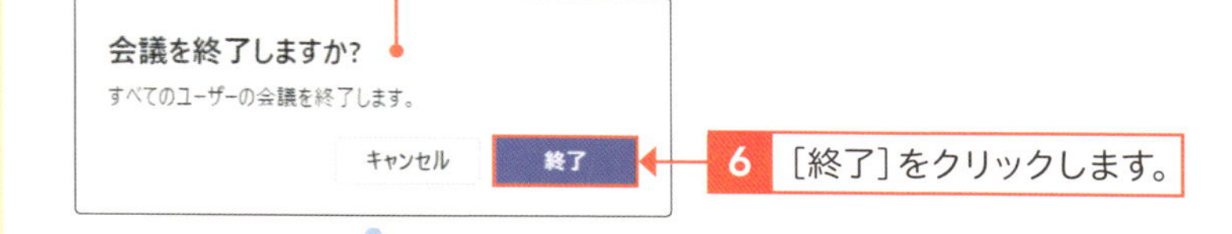

6 ［終了］をクリックします。

7 「Microsoft Teams」の［閉じる］をクリックして閉じます。

Section 86

Bluetooth機器を使いたい

ここで学ぶこと

- Bluetooth
- 周辺機器
- ペアリング

Bluetoothとは、無線で通信をする規格の1つです。Bluetoothは比較的近距離での通信に向き、消費電力も少ないため、パソコンの近くで使う機器を接続する場合などに利用されます。Bluetooth対応機器には、たとえば、マウスやイヤホンなどがあります。ペアリングという設定をして接続します。

1 Bluetoothの設定を確認する

解説

Bluetoothをオンにする

パソコンとBluetooth対応機器を接続するには、Bluetooth機器を接続する準備ができているか確認します。

ヒント

Bluetooth機器を接続できるか確認する

多くのノートパソコンは、Bluetoothに対応しています。[スタート]ボタンを右クリックし、[デバイスマネージャー]をクリックしてデバイスマネージャーの画面を開き、Bluetoothの項目が表示されている場合は、Bluetoothに対応しています。Bluetooth対応のノートパソコンでBluetoothの項目が表示されていない場合は、お使いのパソコンメーカーのホームページなどで、対応方法を確認してみましょう。なお、Bluetooth対応でないノートパソコンでBluetooth対応機器を使用したい場合は、Bluetoothアダプターを接続して使用する方法があります。

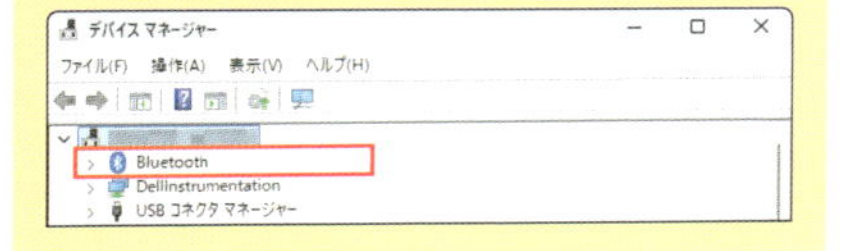

1 202ページの方法で[設定]画面を表示します。

2 [Bluetoothとデバイス]をクリックします。

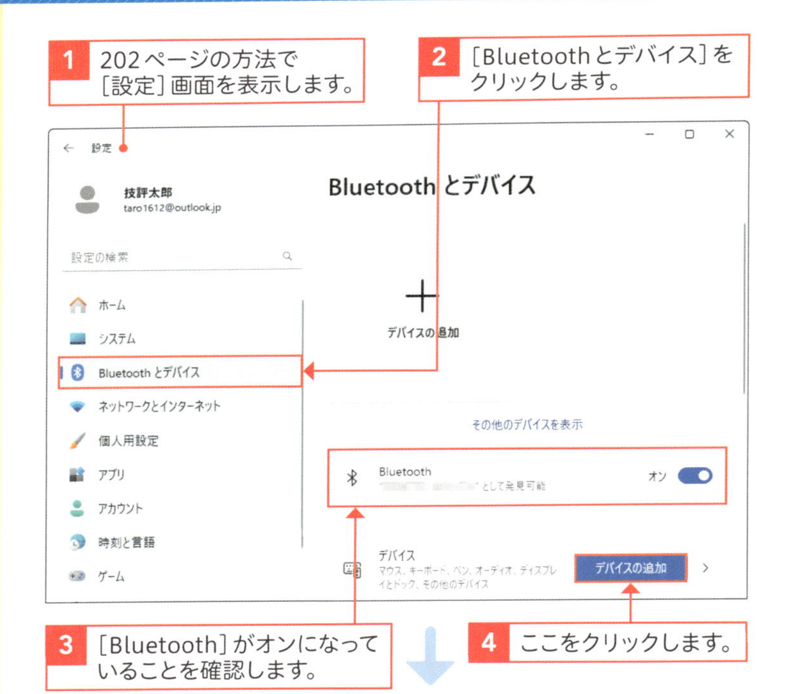

3 [Bluetooth]がオンになっていることを確認します。

4 ここをクリックします。

5 接続する機器の種類を選び、クリックします。

② 機器を接続する

解説
ペアリングをする

Bluetooth対応機器を使用するには、ノートパソコンとBluetooth対応機器でペアリングという設定をします。Bluetooth対応機器をペアリングモードにする方法は、使用する機器によって異なりますので、説明書などをご確認ください。次に同じ機器を接続するには、通常は、ペアリングの設定をしなくても利用できます。

ヒント
タスクバーから接続する

タスクバーからBluetooth機器を接続するには、[ネットワーク][スピーカー][バッテリー]のいずれかのアイコンをクリックします。ᛒの右の > をクリックします。Bluetooth対応機器をペアリングモードにして接続する機器が表示されたら、クリックして接続します。Bluetoothがオフになっている場合は、ᛒをクリックしてオンにして操作します。

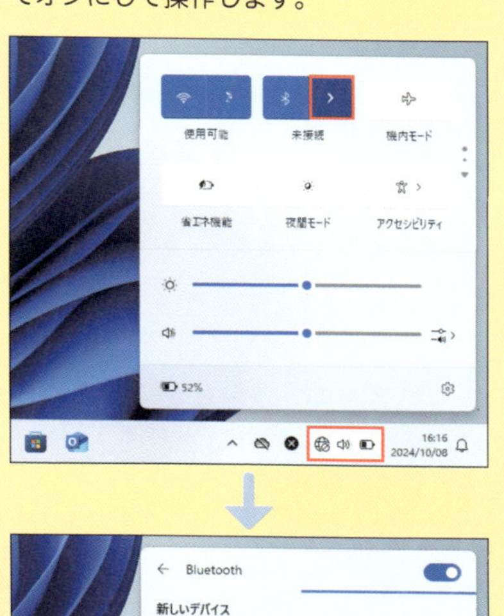

Bluetooth
新しいデバイス

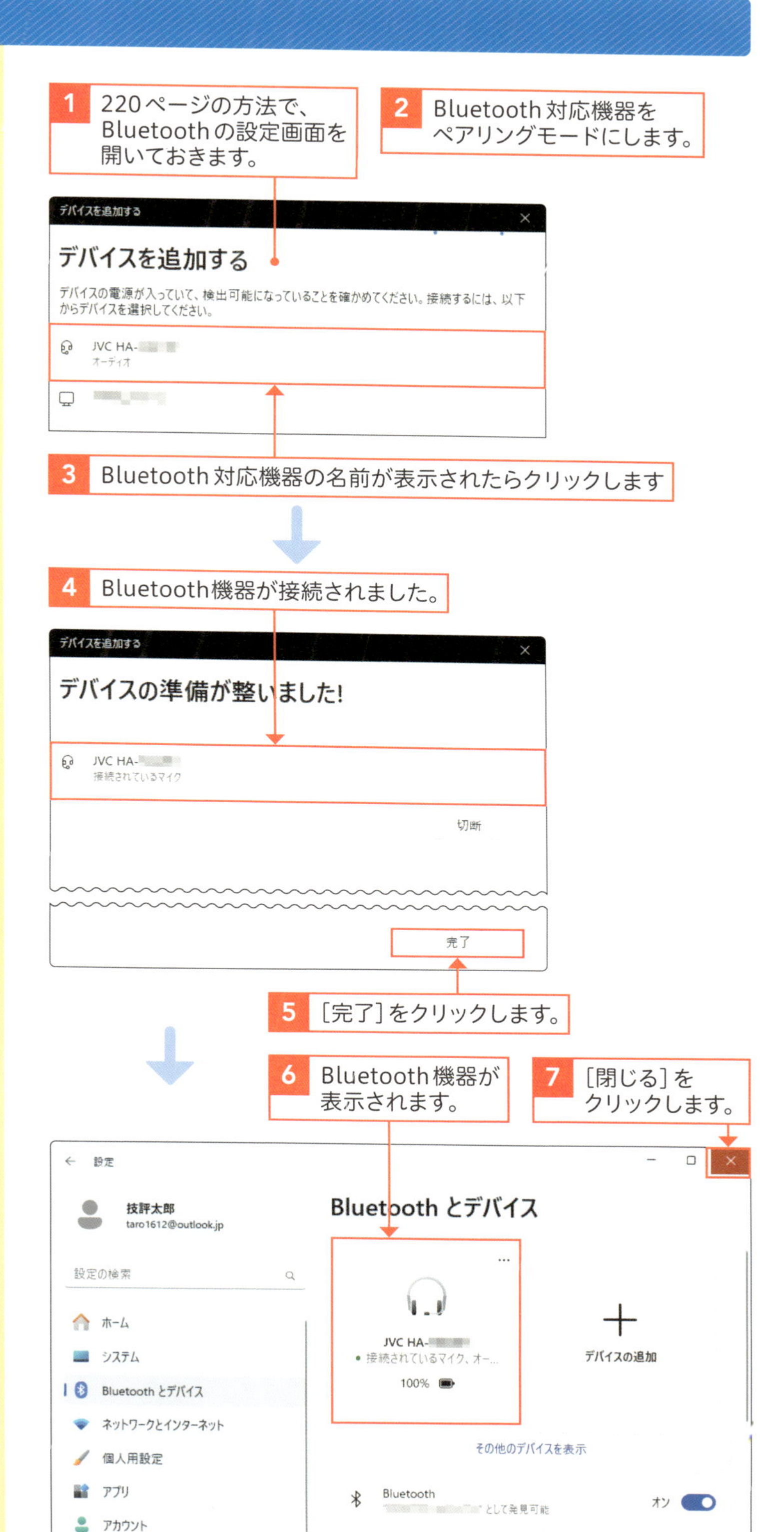

1 220ページの方法で、Bluetoothの設定画面を開いておきます。
2 Bluetooth対応機器をペアリングモードにします。
デバイスを追加する
デバイスの電源が入っていて、検出可能になっていることを確かめてください。接続するには、以下からデバイスを選択してください。
3 Bluetooth対応機器の名前が表示されたらクリックします
4 Bluetooth機器が接続されました。
デバイスの準備が整いました!
切断
完了
5 [完了]をクリックします。
6 Bluetooth機器が表示されます。
7 [閉じる]をクリックします。
設定
技評太郎
taro1612@outlook.jp
設定の検索
ホーム
システム
Bluetooth とデバイス
ネットワークとインターネット
個人用設定
アプリ
アカウント
Bluetooth とデバイス
100%
デバイスの追加
その他のデバイスを表示
Bluetooth
オン

Section 87

プリンターや外付けDVDドライブを使いたい

ここで学ぶこと

- プリンター
- 外付けDVDドライブ
- 設定

パソコンにプリンターなどの周辺機器を接続して使う準備をしましょう。Windows 11では、多くの場合、周辺機器を接続するだけで使用する準備ができます。ここでは、プリンターや外付け光学ドライブを使用する方法を例に紹介します。一般的には、USBケーブルを使用して機器を接続します。

1 プリンターを接続して設定を確認する

解説

プリンターを接続する

プリンターをパソコンに接続します。ほとんどの場合、使用できる準備が自動的に整います。

補足

[スタート]ボタンから表示する

[スタート]ボタンを右クリックし、表示されるメニューの[設定]をクリックしても、[設定]画面を表示できます。

1 パソコンとプリンターを接続します。

2 プリンターの電源を入れます。

3 [スタート]ボタンをクリックします。

4 [設定]をクリックします。

5 [Bluetoothとデバイス]をクリックします。

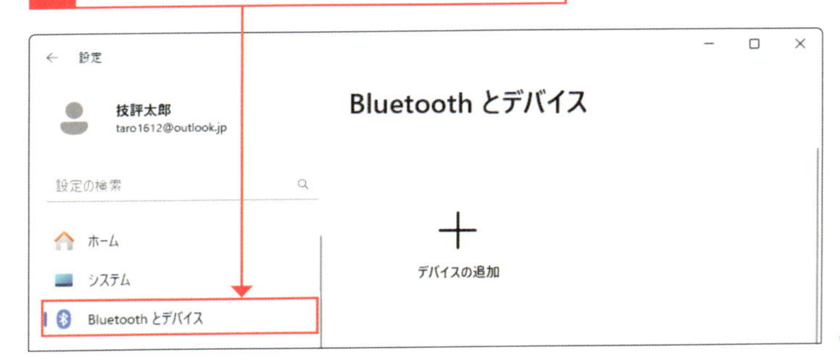

手動で追加する

プリンターを手動で追加するには、パソコンとプリンターを接続してプリンターの電源を入れたあとに、手順6の画面で[デバイスの追加]をクリックします。プリンターが認識されたら、[デバイスの追加]をクリックします。

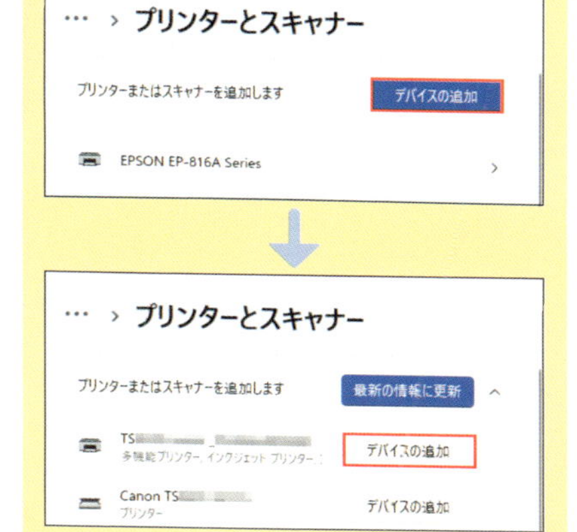

解説 プリンターの設定

プリンターの設定を確認したり変更したりするには、プリンターとスキャナーの画面を開き、接続しているプリンターの印刷設定画面を確認します。

ヒント 印刷設定画面

プリンターの印刷設定画面は、印刷を行うアプリからも表示できます。たとえば、Wordの印刷画面で、プリンター名の下の[プリンターのプロパティ]をクリックすると、印刷設定画面が表示されます(167ページ参照)。

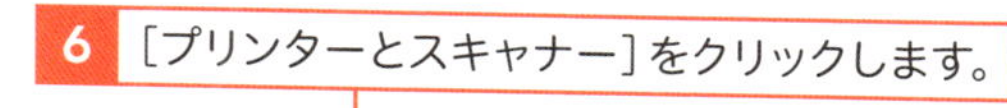

6 [プリンターとスキャナー]をクリックします。

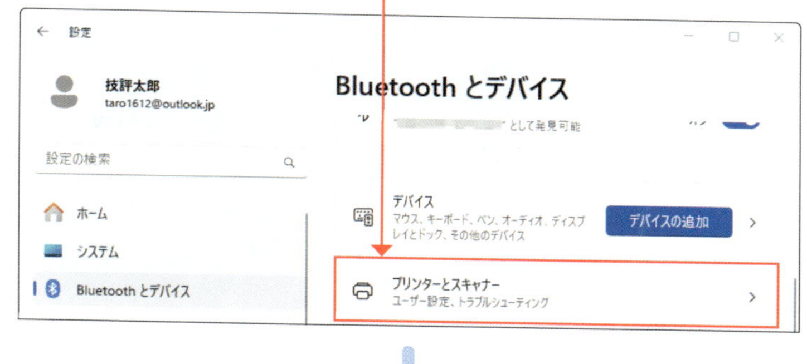

7 接続しているプリンターの項目をクリックします。

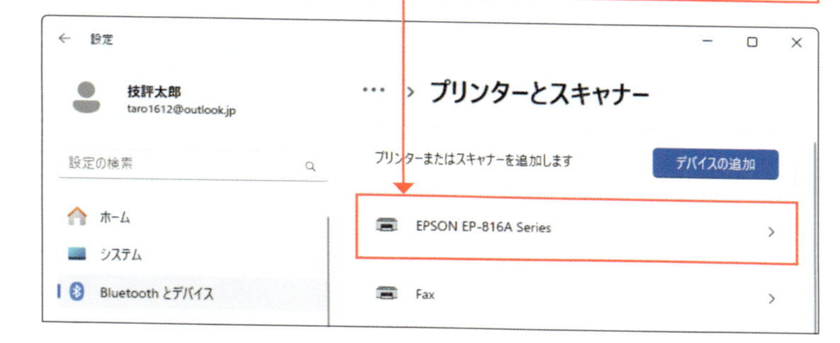

8 プリンターの状態が表示されます。

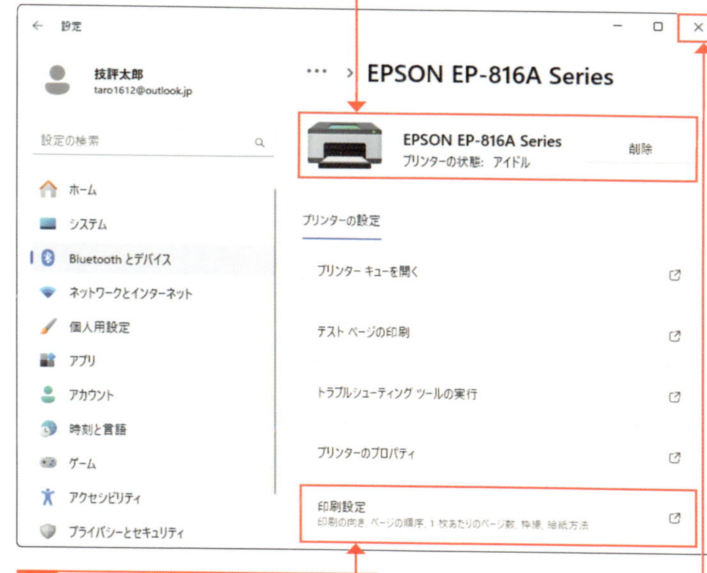

9 [印刷設定]をクリックすると、印刷設定画面が表示されます。

10 ここをクリックして設定画面を閉じます。

2 外付けDVDドライブを接続する

解説

外付けの光学ドライブ

BDやDVD、CDをセットして利用するための光学ドライブを使います。光学ドライブは、ノートパソコンにあらかじめついている場合もあります。ここでは、外付けの光学ドライブを使う準備をします。なお、光学ドライブによって、BDやDVD、CDなど利用できる光学ディスクの種類は異なります。

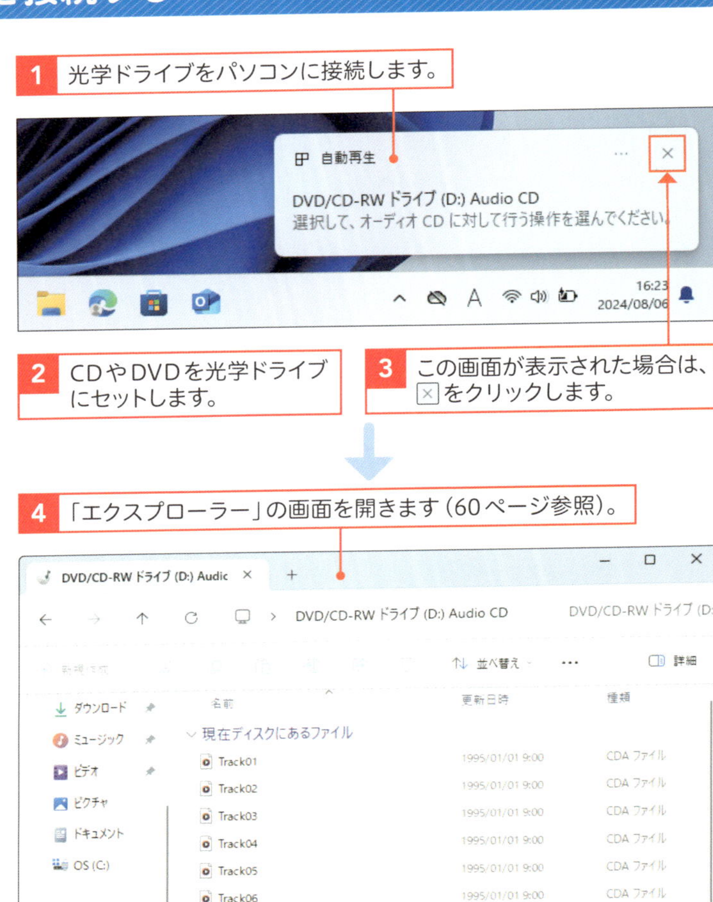

2 CDやDVDを光学ドライブにセットします。

3 この画面が表示された場合は、☒をクリックします。

4 「エクスプローラー」の画面を開きます（60ページ参照）。

5

クリックします。

6 光学ドライブにセットされたCDやDVDなどの中身が表示されます。

7 ここをクリックしてウィンドウを閉じます。

💡 **ヒント**

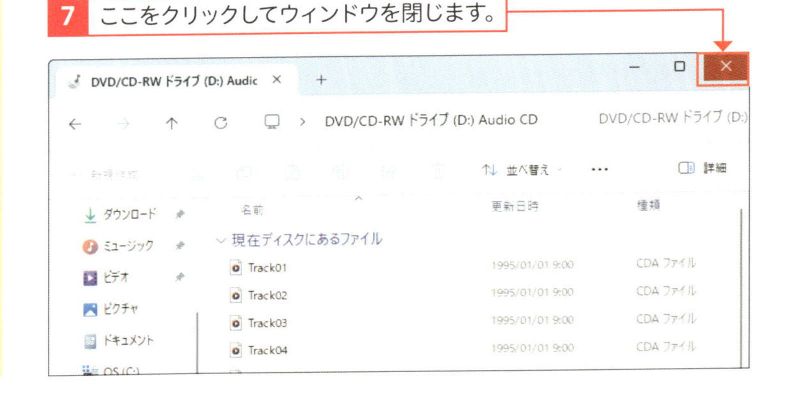

ディスクの取り外し

CDやDVDなどのディスクを取り出すには、「エクスプローラー」の画面で光学ドライブの項目を右クリックし、[取り出し]をクリックします。すると、CDやDVDを取り出す準備ができます。

付　録

Appendix

Appendix

01 Microsoftアカウントを取得しよう

ここで学ぶこと

- Microsoftアカウント
- ユーザー名
- パスワード

Microsoftアカウントを利用すると、OneDriveというインターネット上の保存スペースを利用したり、「Microsoft Store」アプリからさまざまなアプリをかんたんに利用したりできます。Microsoftアカウントは無料で取得できます。ここでは、新しいメールアドレスを取得してMicrosoftアカウントを作成する方法を紹介します。

1 アカウントを新規に登録する

1 70ページの方法で「Microsoft Edge」を起動して「https://signup.live.com」のホームページを開きます。

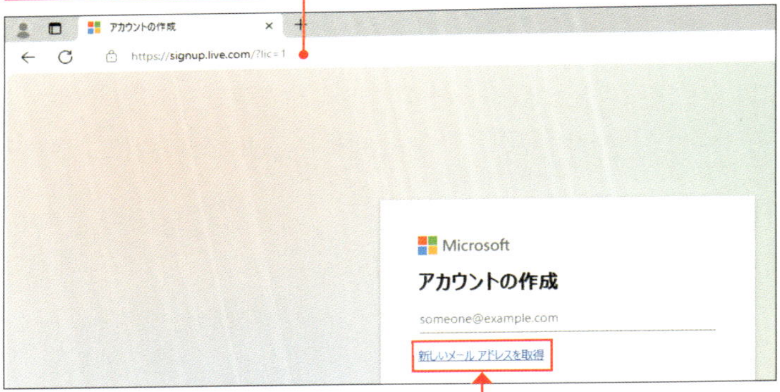

2 [新しいメールアドレスを取得]をクリックします。

3 Microsoftアカウントとして登録する新規メールアドレスを入力します。

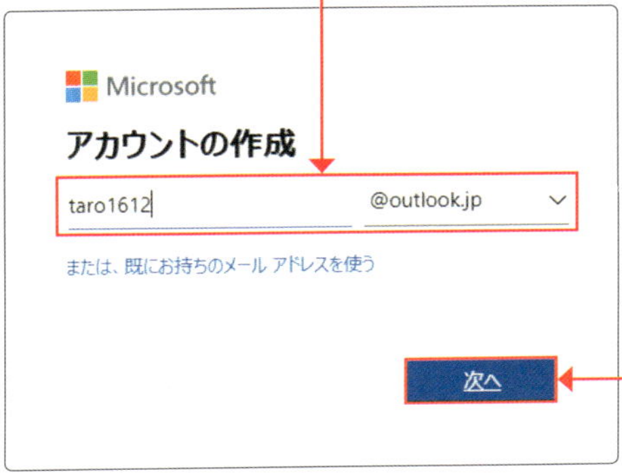

4 [次へ]をクリックします。

解説

初期設定で取得している場合

Microsoftアカウントは、パソコンの初期設定時にも取得できます。初期設定時にMicrosoftアカウントを取得している場合、新たにMicrosoftアカウントを取得する必要はありません。

解説

ユーザー名について

Microsoftアカウントを取得するときは、自分がすでに持っているメールアドレスでアカウント登録をするか、新しいメールアドレスを取得してアカウントを作成するかを選択できます。ここでは、新しいメールアドレスを取得しています。新しいメールアドレスを入力したときは、忘れないようにメモしておきましょう。「@」以降の文字もメモしておきます。

2 氏名などを入力する

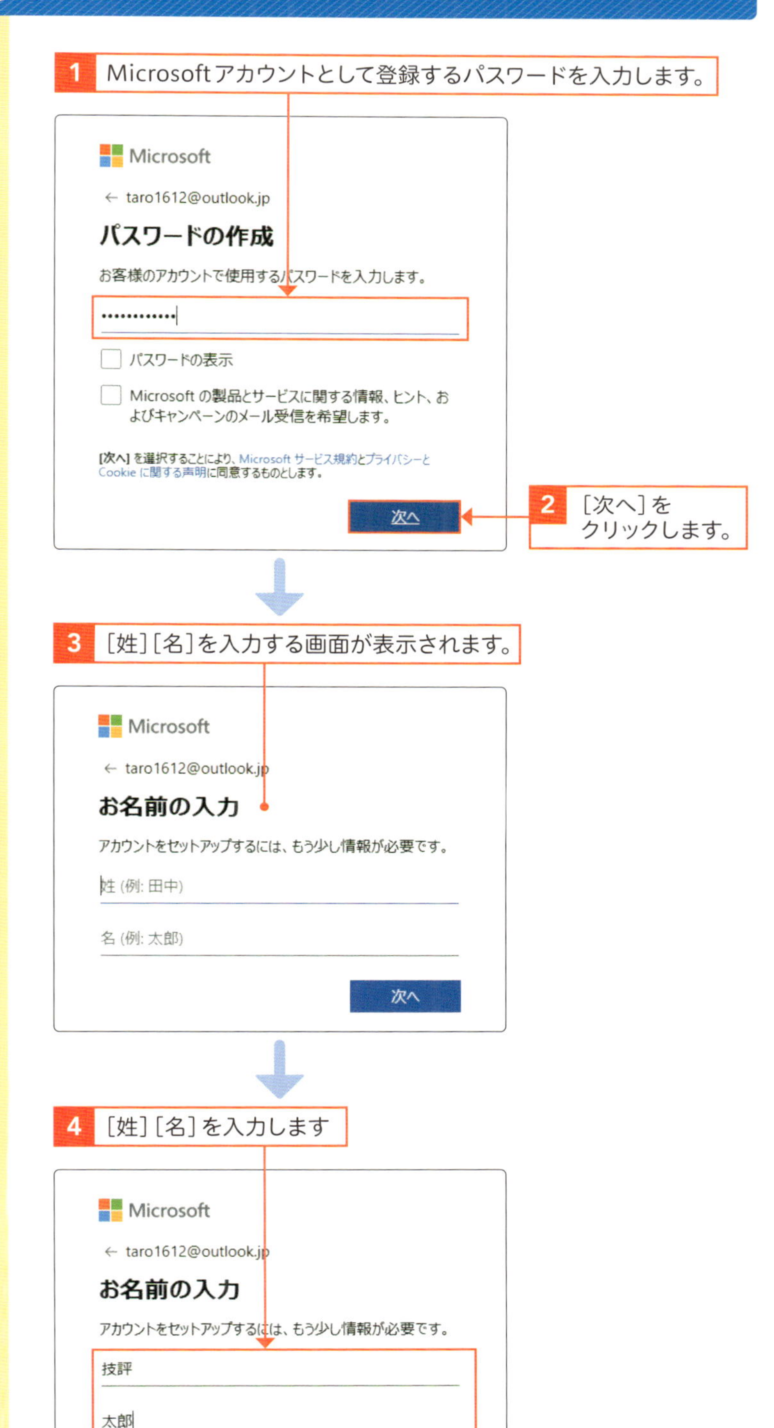

重要用語

Microsoftアカウント

Microsoftアカウントを登録すると、マイクロソフト社が提供するインターネット上のさまざまなサービスを利用できます。第5章で紹介した「ClipChamp」や「OneDrive」を利用するときもMicrosoftアカウントが必要です。Microsoftアカウントは、無料で取得できます。また、Windows 11のパソコンを使用するときに、Microsoftアカウントでサインインすることもできます。

重要用語

サインイン

サインインとは、パソコンを使用したりインターネット上のサービスを利用したりするときに、使用者を識別して利用できる状態にすることです。ユーザー名やパスワードなどの情報を入力してサインインの操作をします。

ヒント

パスワードを入力する

Microsoftアカウントとして登録する任意のパスワードを入力します。パスワードは8文字以上で指定します。大文字と小文字を区別しますので、大文字小文字の違いも正しく入力しましょう。また、パスワードを忘れないようにメモしておきましょう。

③ 生年月日などを入力する

ヒント [国／地域] を選択する

[国／地域] に [日本] が表示されていることを確認します。他の国を選択してしまった場合は、▼をクリックして選択し直します。

1 [国／地域] の情報を確認します。

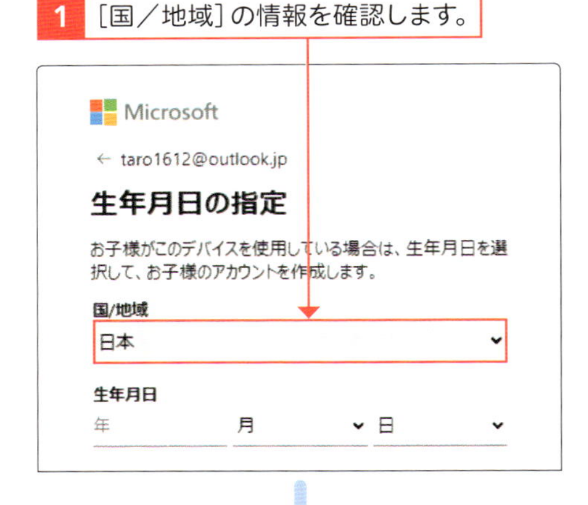

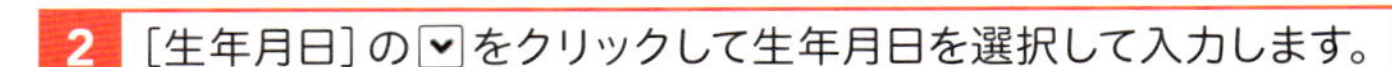

2 [生年月日] の▼をクリックして生年月日を選択して入力します。

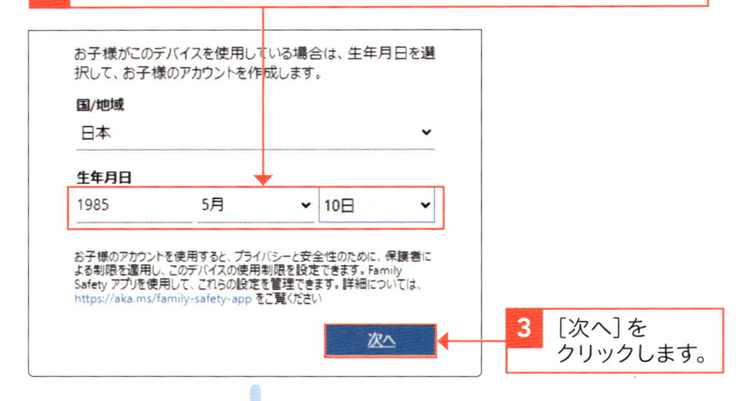

3 [次へ] をクリックします。

4 アカウントの作成画面が表示されます。

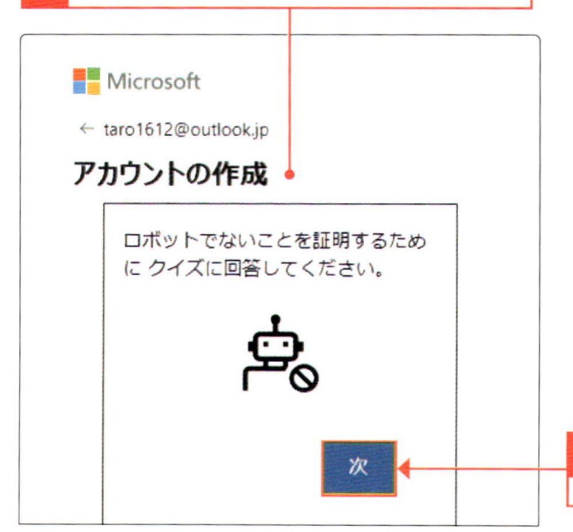

5 [次へ] をクリックします。

ヒント 生年月日などを指定する

生年月日や性別などの情報を登録します。生年月日は、[年] [月] [日] ごとにそれぞれ指定します。[年] [月] [日] 欄をクリックして選択します。

付録

4 登録を完了する

注意 クイズに答える

ロボットによる不正なアクセスではないことを示すために、画面に表示されるクイズに答えます。答えを見つけてクリックします。クイズの内容は、その時に応じて異なります。間違えてしまった場合は、画面の指示に従って操作を進めます。

ヒント サインアウトする

この手順でMicrosoftアカウントを取得すると、Microsoftアカウントのページが表示されて、サインインした状態になります。サインアウトするには、画面右上のアイコンをクリックして[サインアウト]をクリックします。

ヒント 「Microsoft Edge」にサインインする

登録の完了時に、「Microsoft Edge」にサインインするかの画面が表示された場合、サインインをしてプロファイルを変更し、「Microsoft Edge」を使用するときの設定内容を同期するかを指定します。サインインしない場合は、[今は行わない]をクリックします。

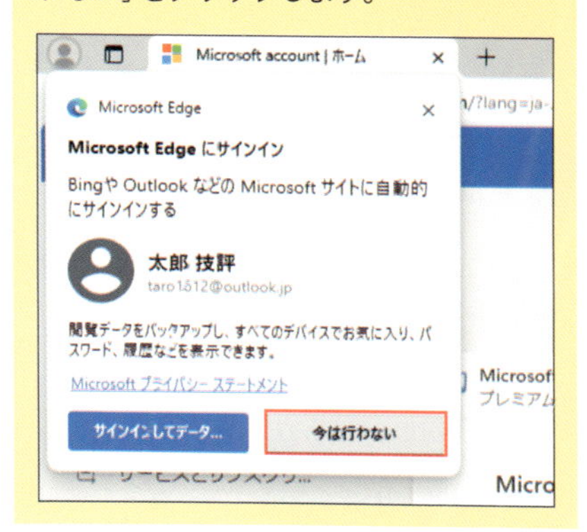

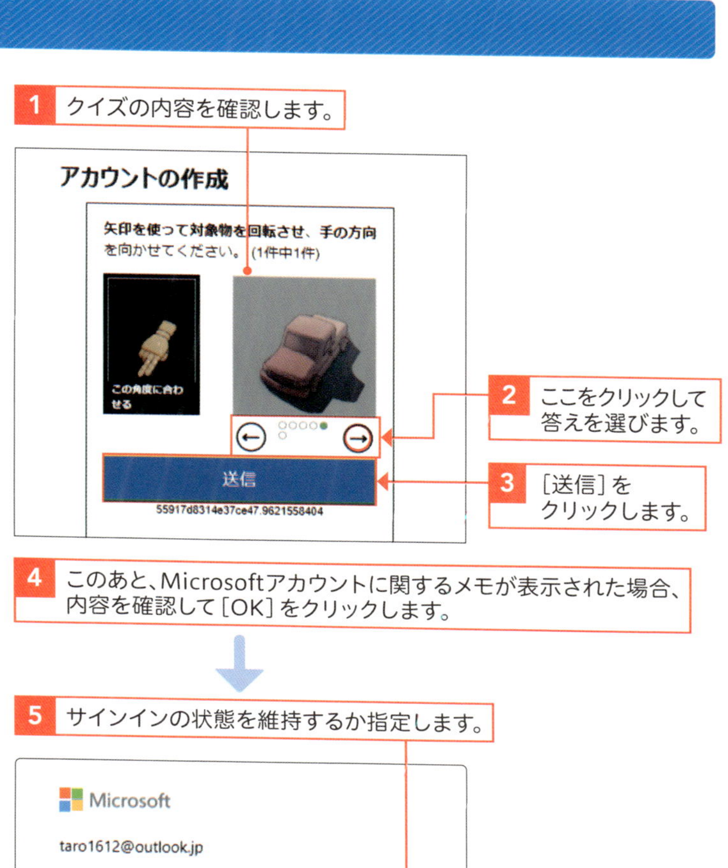

1 クイズの内容を確認します。

2 ここをクリックして答えを選びます。

3 [送信]をクリックします。

4 このあと、Microsoftアカウントに関するメモが表示された場合、内容を確認して[OK]をクリックします。

5 サインインの状態を維持するか指定します。

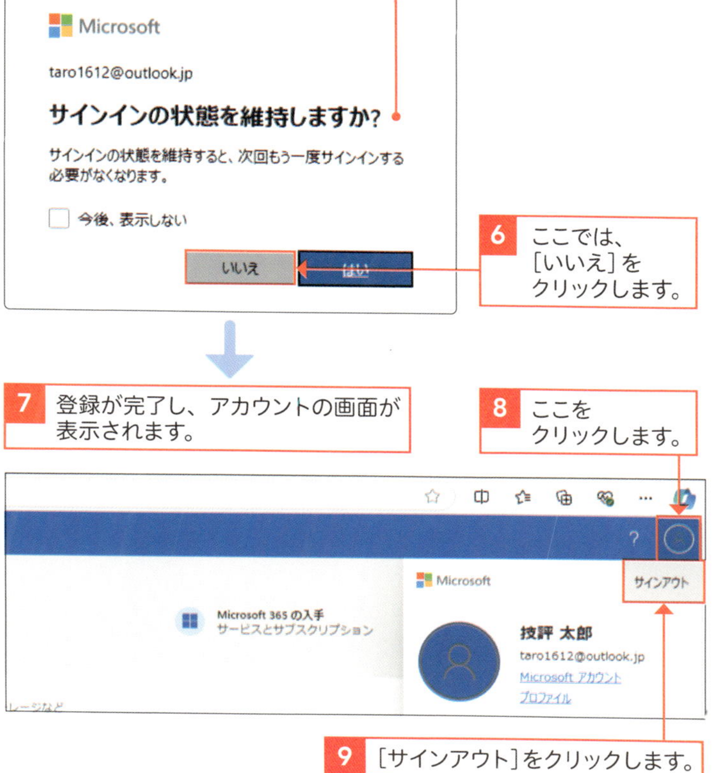

6 ここでは、[いいえ]をクリックします。

7 登録が完了し、アカウントの画面が表示されます。

8 ここをクリックします。

9 [サインアウト]をクリックします。

Appendix 02

Microsoftアカウントに切り替えよう

ここで学ぶこと

- サインイン
- ローカルアカウント
- Microsoftアカウント

Windows 11のパソコンを使用するには、ローカルアカウントかMicrosoftアカウントでサインインします。ローカルアカウントでもほとんどの機能を利用できますが、Microsoftアカウントを利用するとより多くの機能を利用できます。ここでは、Microsoftアカウントでサインインする方法を紹介します。

1 設定を確認する

Microsoft アカウントでサインインしている場合

手順3の画面で「Microsoftアカウント」と表示されている場合、すでにMicrosoftアカウントでサインインしている状態です。その場合、設定を変更する必要はありません。[閉じる]をクリックして終了します。

Microsoft アカウントでログインする

Microsoftアカウントでログインすると、「Outlook for Windows」を起動したときにMicrosoftアカウントとして登録しているメールの設定が自動的に行われたり、「Microsoft Store」でアプリをダウンロードして追加できたりします。Windows 11の操作によっては、Microsoftアカウントが必要な場合があります。

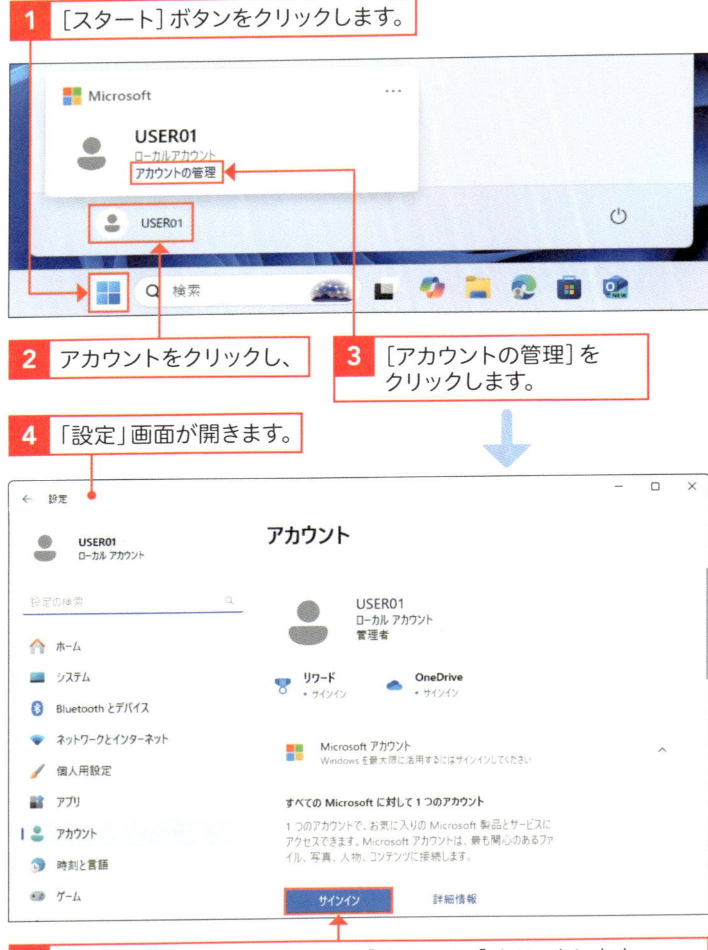

1. [スタート]ボタンをクリックします。
2. アカウントをクリックし、
3. [アカウントの管理]をクリックします。
4. 「設定」画面が開きます。
5. [Microsoftアカウント]の下の[サインイン]クリックします。

② Microsoftアカウントを入力する

解説

メールアドレスとパスワードを入力する

Microsoftアカウントとして登録したメールアドレスとパスワードを入力します。Microsoftアカウントの取得方法については、226ページで紹介しています。

Microsoftアカウントを登録していない場合

Microsoftアカウントを登録していない場合、226ページの方法で作成できます。また、ここで表示される画面の[作成]をクリックしてMicrosoftアカウントを取得する画面を開くこともできます。

1 設定画面が表示されます。

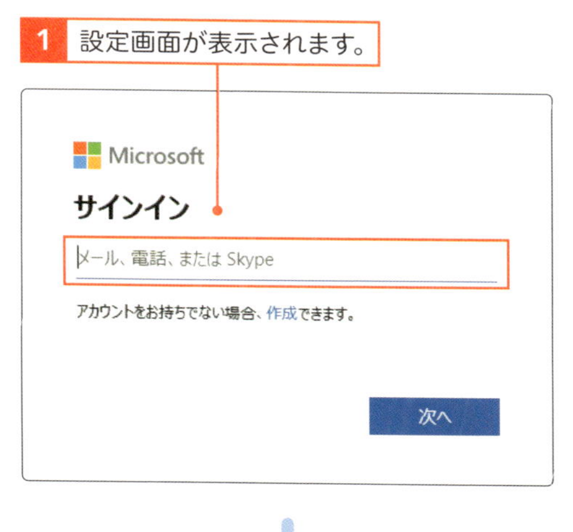

2 Microsoftアカウントのユーザー名を入力します。

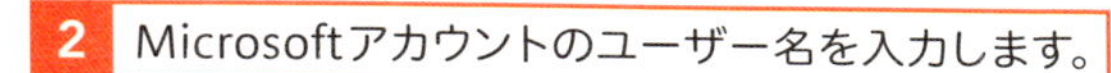

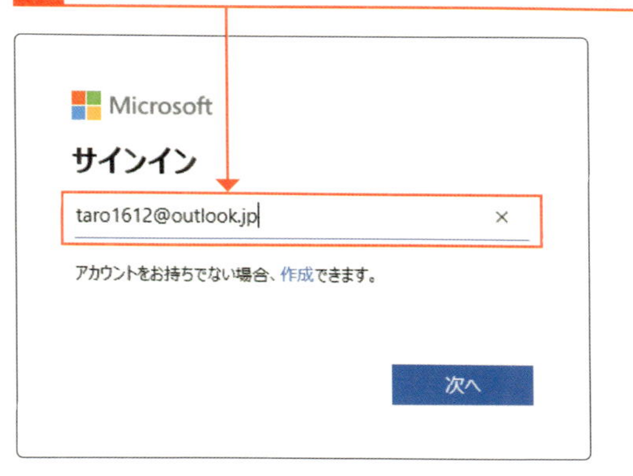

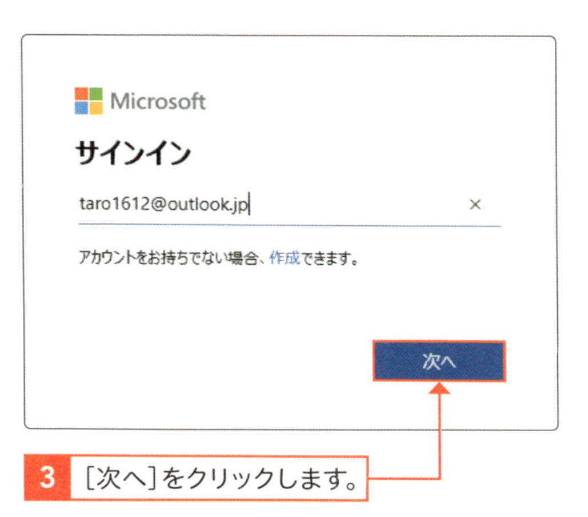

3 [次へ]をクリックします。

③ サインインする

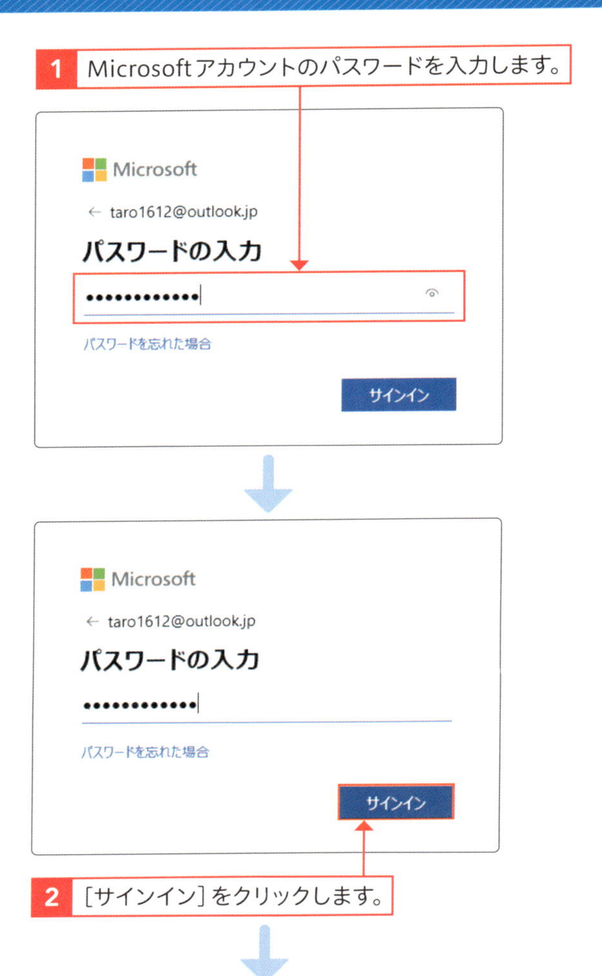

1 Microsoftアカウントのパスワードを入力します。

2 ［サインイン］をクリックします。

3 現在のWindowsのパスワードを入力する画面が表示されます。

補足

パスワードを忘れた場合

Microsoftアカウントのパスワードを忘れてしまった場合、［パスワードを忘れた場合］をクリックして画面の指示に従ってパスワードを再設定します。

ヒント

ローカルアカウントでパスワードを設定する

ローカルアカウントのパスワードを変更したり追加したりするには、230ページの方法で［アカウント］の設定画面を開き、画面左の［アカウント］をクリックします。表示される画面で［サインインオプション］をクリックします。［パスワード］欄をクリックし、画面の指示に従ってパスワードを設定します。

ヒント

パスワードを入力する

Microsoftアカウントでサインインできるようにするには、現在使用しているローカルアカウントでサインインするときのパスワードを入力します。パスワードを設定していない場合は、空欄のまま［次へ］をクリックします。

4 設定を完了する

重要用語

PIN

PINとは、暗証番号でパソコンにサインインするときに使用します。あとからPINを指定するには、「設定」画面の［アカウント］の［サインインオプション］の［PIN］をクリックし、［セットアップ］をクリックします。

ヒント

設定を確認する

Microsoftアカウントの設定を確認するには、230ページの手順12の操作のあと［Microsoftアカウント］をクリックし、表示される画面の右側をスクロールして［ユーザーの情報］をクリックします。すると、ユーザー情報を確認できます。［ローカルアカウントでサインインに切り替える］をクリックすると、ローカルアカウントに切り替えられます。［自分のアカウントを管理］をクリックすると、「Microsoft Edge」が起動してMicrosoftアカウントの管理画面が表示されます。

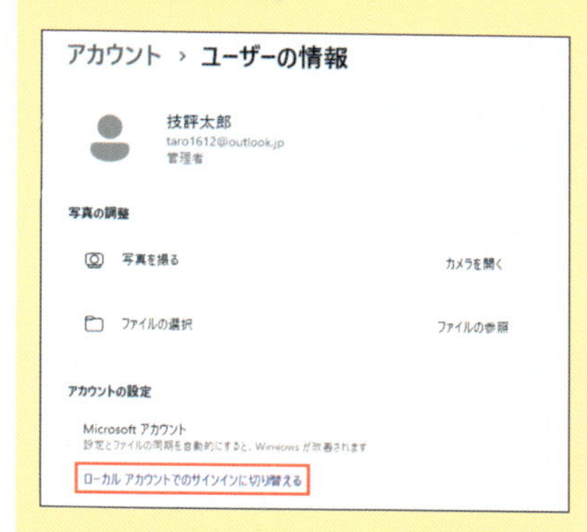

注意

次回パソコンを起動するときは

次回以降パソコンを起動するときは、Microsoftアカウントのパスワードを入力してサインインします（19ページ参照）。

1 Windowsのパスワードが設定されている場合は入力します（前のページのヒント参照）。

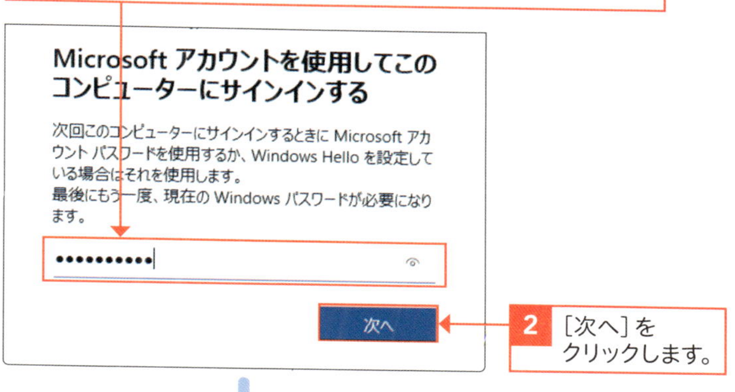

2 ［次へ］をクリックします。

3 指紋認証の設定画面やPINの作成画面が表示された場合は、［閉じる］をクリックします。

4 「設定」画面に戻ります。

5 ［閉じる］をクリックします。

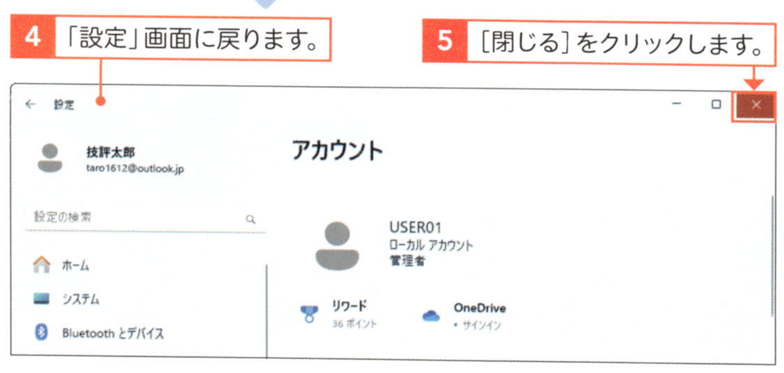

Appendix 03

「Outlook for Windows」にプロバイダーのメールを設定しよう

ここで学ぶこと

- アカウント
- プロバイダー
- メールアドレス

プロバイダーから提供されているメールアドレスを使用して「Outlook for Windows」でメールのやり取りをするには、「Outlook for Windows」にアカウントを追加する必要があります。プロバイダーから提供されるメールアドレスやパスワードなどが書かれた資料を手元に用意して設定しましょう。

1 アカウントを追加する準備をする

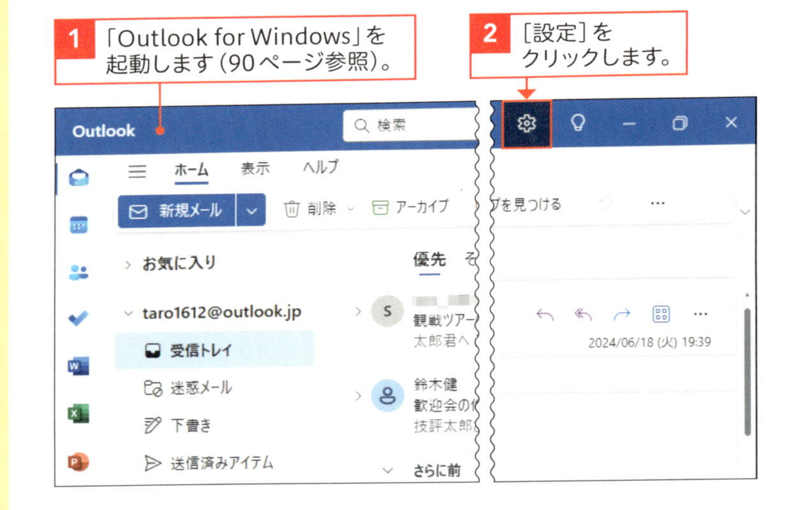

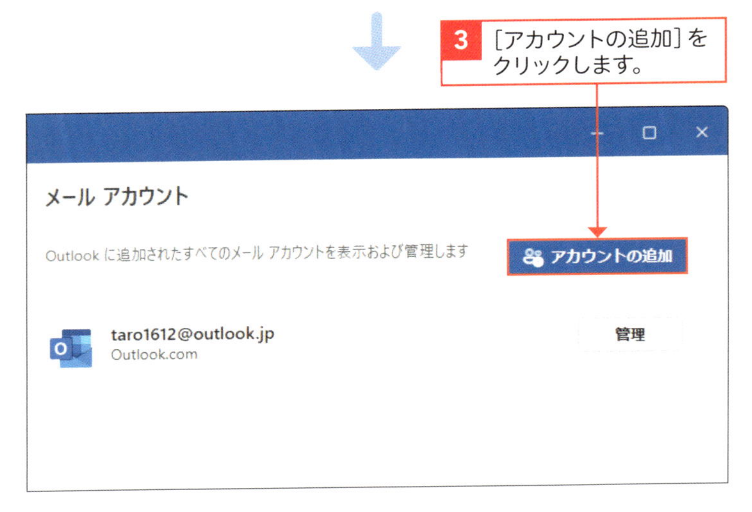

ヒント

Microsoft アカウントのメールを使う

Microsoft アカウントでパソコンにサインインしている場合、「Outlook for Windows」には、Microsoft アカウントのメールをやり取りするアカウントが自動的に追加される場合があります。追加されない場合は、次に表示する画面でアカウントを追加できます。

ヒント

アカウントを削除する

設定したアカウントを削除するには、アカウントの管理画面でアカウントの横の［管理］クリックします。続いて表示される画面で［削除］をクリックし、画面の指示に従って操作します。

② アカウントを追加する

アカウントを追加する

メールアドレスやパスワード、また、追加するアカウントの種類などは、プロバイダーから提供される資料を確認して指定します。なお、アカウントの種類によって、次に表示される画面の設定内容などは異なります。

1. メールアドレスを入力します。
2. [続行]をクリックします。
3. 次の場面が表示された場合、[プロバイダーを選択]をクリックします。
4. アカウントの種類（ここでは、「POP」）を選択します。

235

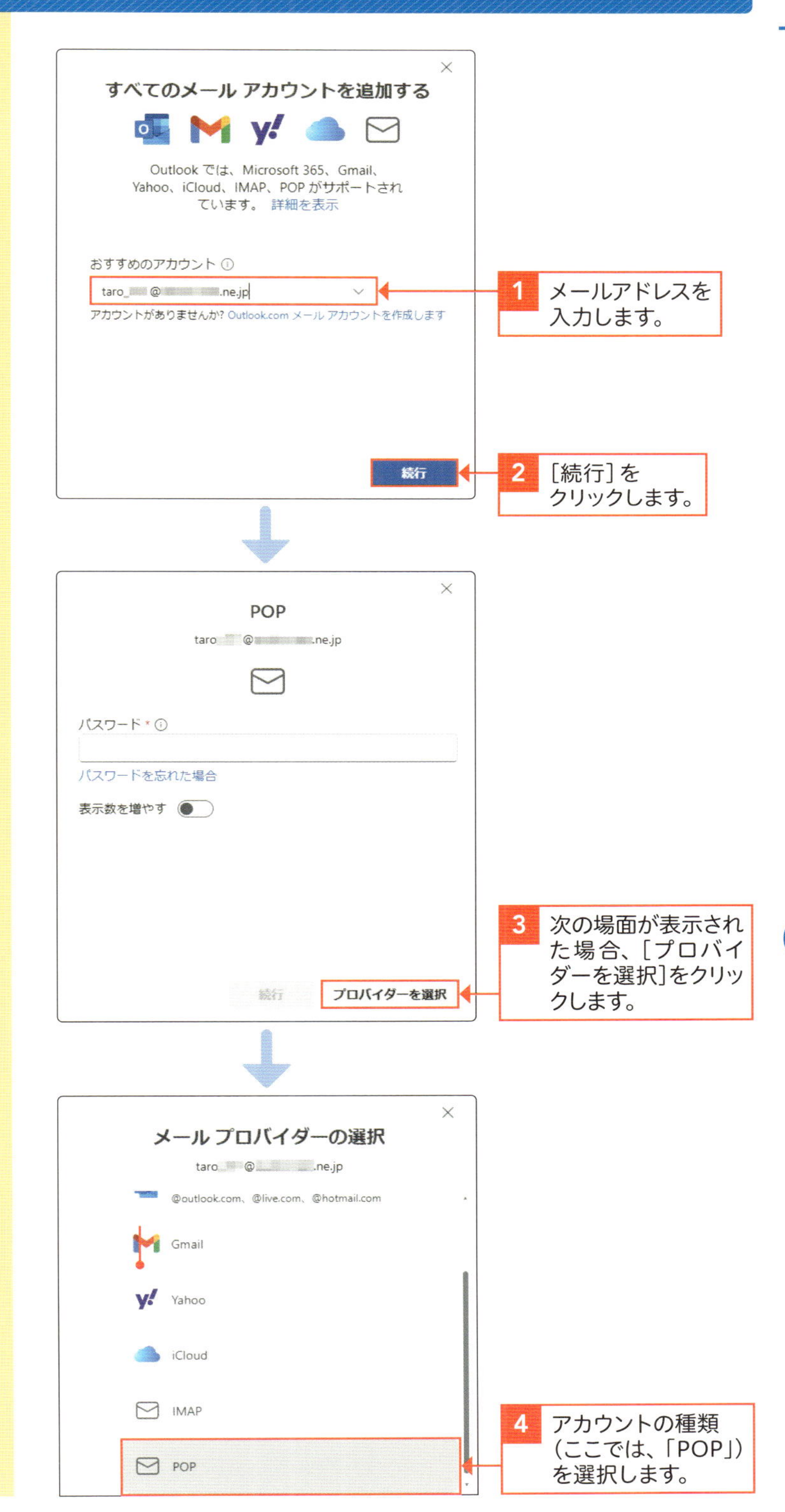

③ 詳細の設定をする

プロバイダーの資料を見て設定する

プロバイダーから提供される資料を見ながら、ユーザー名、受信サーバーや送信サーバーなどの情報を指定します。設定内容が分からない場合は、プロバイダーのホームページを見てみましょう。

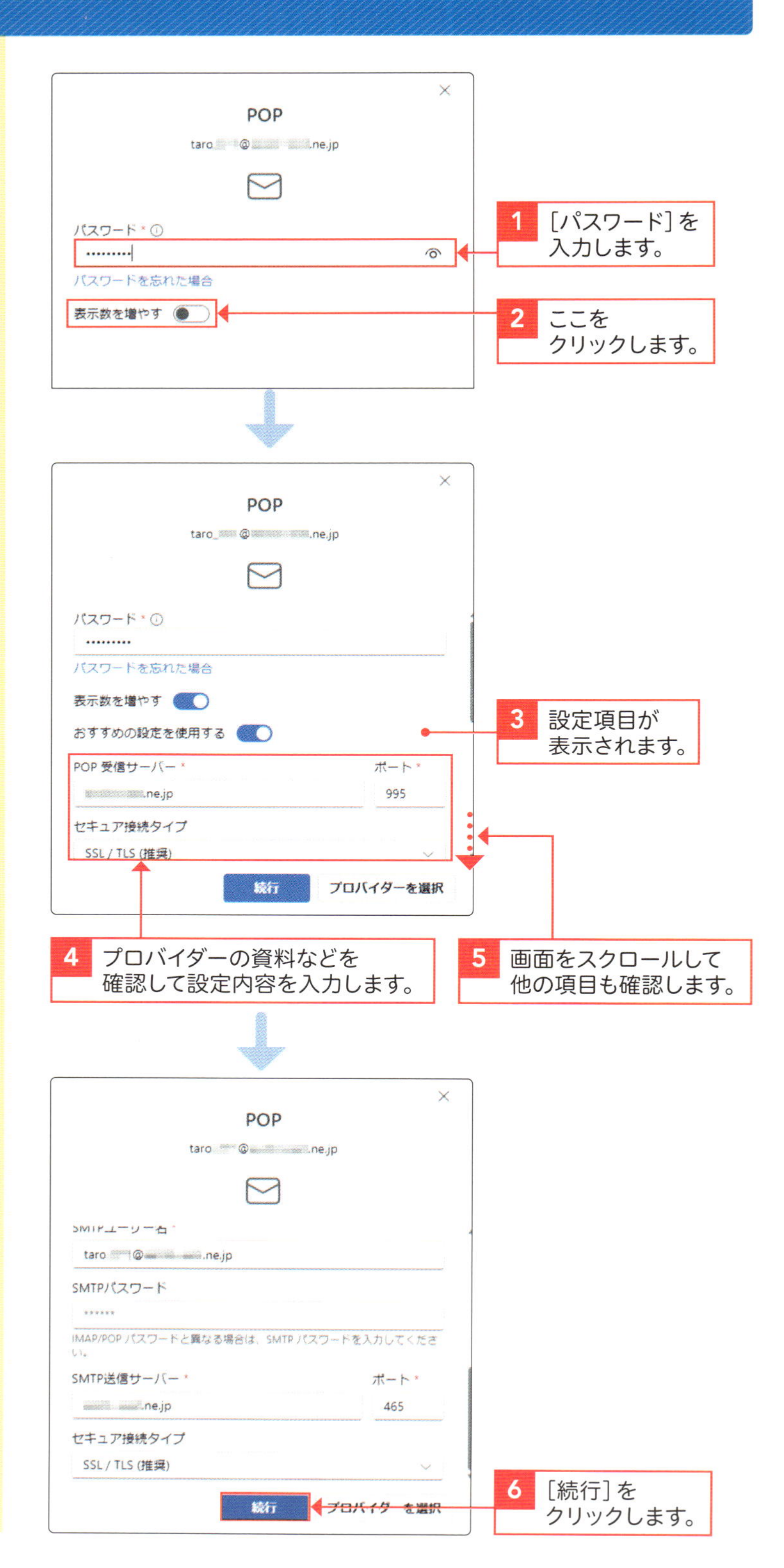

4 設定を完了する

画面を進める

「Outlook for Windows」に、プロバイダーなどのメールアカウントを追加して利用するには、アカウントをMicrosoft Cloudと同期して使用します。説明画面の「詳細情報」をクリックすると、「Microsoft Edge」が起動して、同期に関する説明が表示されます。

アカウントの設定を確認する

設定したアカウントを確認するには、234ページのアカウントの管理画面でアカウントの横の[管理]をクリックします。続いて表示される画面で確認します。[修復]をクリックすると、設定を変更する画面が表示されます。

別のアプリを使う方法もある

ノートパソコンに、「Microsoft Office」のアプリが入っている場合は、メールのやり取りに「Outlook」という別のアプリを使用する方法もあります。「Outlook」は、メールや予定管理などができる多機能なアプリです。

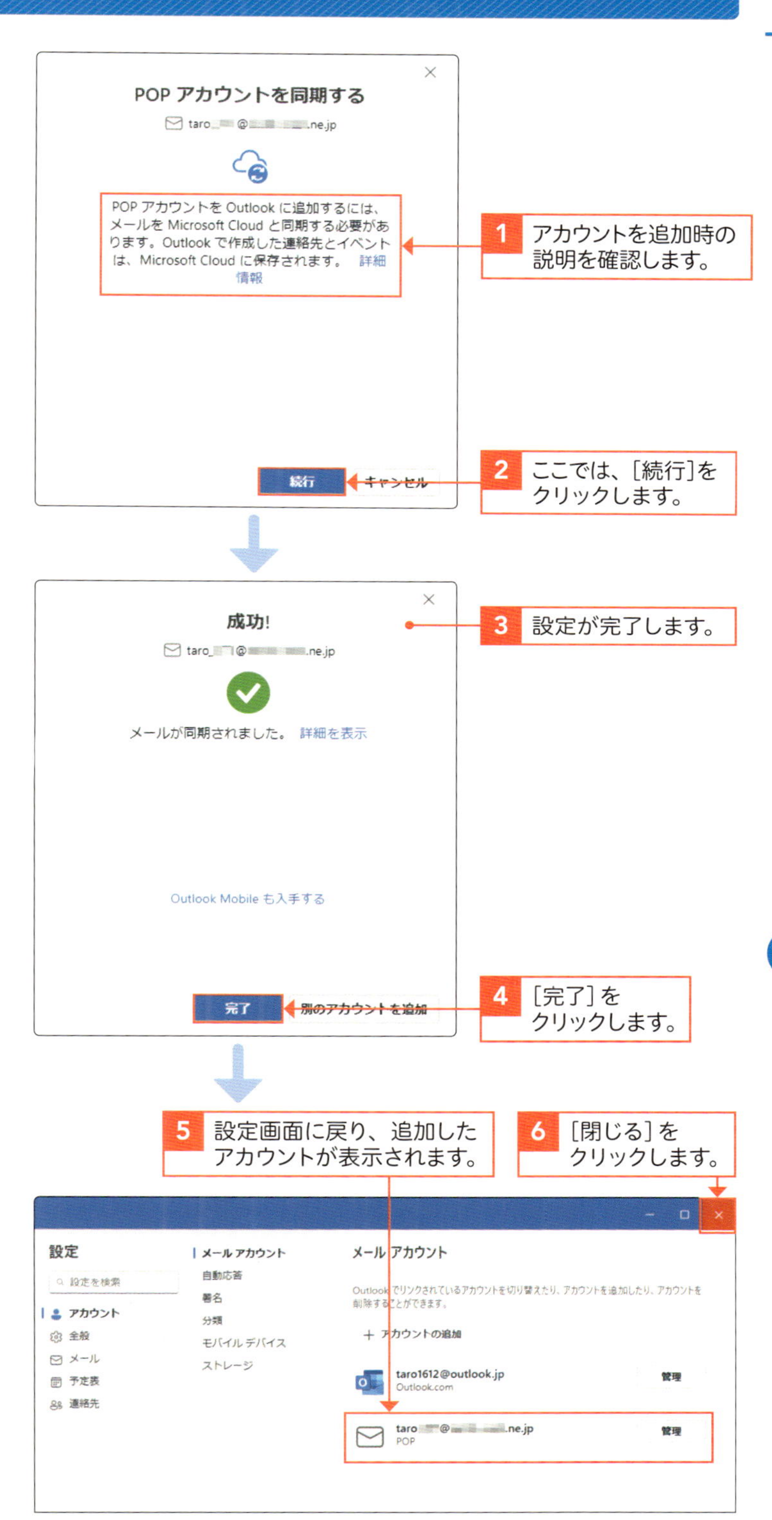

1 アカウントを追加時の説明を確認します。

2 ここでは、[続行]をクリックします。

3 設定が完了します。

4 [完了]をクリックします。

5 設定画面に戻り、追加したアカウントが表示されます。

索引

記号・英数字

ア行

カ行

サ行

タ行

ナ行

ハ行

マ行

ヤ・ラ・ワ行

お問い合わせについて

本書に関するご質問については、本書に記載されている内容に関するもののみとさせていただきます。本書の内容と関係のないご質問につきましては、一切お答えできませんので、あらかじめご了承ください。また、電話でのご質問は受け付けておりませんので、必ずFAXか書面にて下記までお送りください。
なお、ご質問の際には、必ず以下の項目を明記していただきますようお願いいたします。

1. お名前
2. 返信先の住所またはFAX番号
3. 書名（今すぐ使えるかんたん　ノートパソコン　Windows 11 Copilot対応　［改訂新版］）
4. 本書の該当ページ
5. ご使用のOSとソフトウェア
6. ご質問内容

お送りいただいたご質問には、できる限り迅速にお答えできるよう努力いたしておりますが、場合によってはお答えするまでに時間がかかることがあります。また、回答の期日をご指定なさっても、ご希望にお応えできるとは限りません。あらかじめご了承くださいますよう、お願いいたします。

今すぐ使えるかんたん
ノートパソコン　Windows 11
Copilot対応　［改訂新版］

2022年 3 月12日　　初　版　　第1刷発行
2024年12月 5 日　　第2版　　第1刷発行

著　者 ● 門脇 香奈子
発行者 ● 片岡 巌
発行所 ● 株式会社 技術評論社
東京都新宿区市谷左内町21-13
電話　03-3513-6150　販売促進部
03-3513-6160　書籍編集部
製本／印刷 ● 株式会社シナノ

装丁 ● 田邉 恵里香
撮影 ● 蝦名 悟
本文デザイン ● ライラック
DTP ● 五野上 恵美
編集 ● 渡邉 健多

ISBN978-4-297-14522-4　C3055
Printed in Japan

● お問い合わせの例

FAX

1. お名前
   技術　太郎
2. 返信先の住所またはFAX番号
   03-××××-××××
3. 書名
   今すぐ使えるかんたん
   ノートパソコン　Windows 11
   Copilot対応　［改訂新版］
4. 本書の該当ページ
   156ページ
5. ご使用のOSとソフトウェア
   Windows 11、
   Word 2024
6. ご質問内容
   改ページ位置が表示されない

※ ご質問の際に記載いただきました個人情報は、回答後速やかに破棄させていただきます。

● 問い合わせ先

〒162-0846
東京都新宿区市谷左内町21-13
株式会社技術評論社　書籍編集部
「今すぐ使えるかんたん ノートパソコン
Windows 11　Copilot対応　［改訂新版］」質問係

［FAX］03-3513-6167
［URL］https://book.gihyo.jp/116